Otto Forster

Analysis 1

vieweg studium

Grundkurs Mathematik

Diese Reihe wendet sich an den Studenten der mathematischen, naturwissenschaftlichen und technischen Fächer. Ihm – und auch dem Schüler der Sekundarstufe II – soll die Vorbereitung auf Vorlesungen und Prüfungen erleichtert und gleichzeitig ein Einblick in die Nachbarfächer geboten werden. Die Reihe wendet sich aber auch an den Mathematiker, Naturwissenschaftler und Ingenieur in der Praxis und an die Lehrer dieser Fächer.

Zu der Reihe vieweg studium gehören folgende Abteilungen:

Basiswissen, Grundkurs und Aufbaukurs
Mathematik, Physik, Chemie, Biologie

Otto Forster

Analysis 1

Differential- und Integralrechnung
einer Veränderlichen

4., durchgesehene Auflage

Mit 44 Abbildungen

Friedr. Vieweg & Sohn
Braunschweig / Wiesbaden

Dr. rer. nat. Otto Forster ist Professor am
Mathematischen Institut der Universität München

(Eine Kurzbiographie des Autors steht auf Seite 207)

1.– 5. Tausend Januar 1976
6.–10. Tausend November 1976
11.–15. Tausend Januar 1978
16.–20. Tausend September 1979
21.-25. Tausend September 1980
26.–30. Tausend September 1981
31.–35. Tausend September 1982
36.–40. Tausend September 1983
41.–45. Tausend Dezember 1983
46.–50. Tausend Oktober 1984
51.–60. Tausend September 1985
61.–70. Tausend August 1987

Satz: Friedr. Vieweg & Sohn, Braunschweig
Druck und buchbinderische Verarbeitung: W. Langelüddecke, Braunschweig
Printed in Germany

ISBN 3-528-37224-9 (Paperback)

Inhaltsverzeichnis

Vorwort

Dieses Buch ist entstanden aus der Ausarbeitung einer Vorlesung, die ich im WS 1970/71 für Studenten der Mathematik und Physik des ersten Semesters an der Universität Regensburg gehalten habe. Diese Ausarbeitung wurde später von verschiedenen Kollegen als Begleittext zur Vorlesung benutzt.

Der Inhalt umfaßt im wesentlichen den traditionellen Lehrstoff der Analysis-Kurse des ersten Semesters an deutschen Universitäten und Technischen Hochschulen. Bei der Stoffauswahl wurde angestrebt, dem konkreten mathematischen Inhalt, der auch für die Anwendungen wichtig ist, vor einem großen abstrakten Begriffsapparat den Vorzug zu geben und dabei gleichzeitig in systematischer Weise möglichst einfach und schnell zu den grundlegenden Begriffen (Grenzwert, Stetigkeit, Differentiation, Riemannsches Integral) vorzudringen und sie mit vielen Beispielen zu illustrieren. Deshalb wurde auch die Einführung der elementaren Funktionen vor die Abschnitte über Differentiation und Integration gezogen, um dort genügend Beispielmaterial zur Verfügung zu haben. Auf die numerische Seite der Analysis (Approximation von Größen, die nicht in endlich vielen Schritten berechnet werden können) wird an verschiedenen Stellen eingegangen, um den Grenzwertbegriff konkreter zu machen.

Der Umfang des Stoffes ist so angelegt, daß er in einer vierstündigen Vorlesung in einem Wintersemester durchgenommen werden kann. Die einzelnen Paragraphen entsprechen je nach Länge einer bis zwei Vorlesungs-Doppelstunden. Bei Zeitmangel können die §§ 17 und 23 sowie Teile der §§ 16 (Konvexität) und 20 (Gamma-Funktion) weggelassen werden.

Für seine Unterstützung möchte ich mich bei Herrn D. Leistner bedanken. Er hat die seinerzeitige Vorlesungs-Ausarbeitung geschrieben, beim Lesen der Korrekturen geholfen und das Namens- und Sachverzeichnis erstellt.

O. Forster

Münster, Oktober 1975

§ 1. Vollständige Induktion

Der Beweis durch vollständige Induktion ist ein wichtiges Hilfsmittel in der Mathematik. Er kann häufig bei folgendem Problem angewendet werden. Es sei n_0 eine ganze Zahl und $A(n)$ für jede ganze Zahl $n \geq n_0$ eine Aussage. Es soll bewiesen werden: $A(n)$ ist richtig für alle $n \geq n_0$. Die Gültigkeit dieser (unendlich vielen) Aussagen $A(n)$ kann man nicht für jedes n einzeln nachprüfen. Hier hilft die vollständige Induktion.

Beweisprinzip der vollständigen Induktion

Um die Aussage $A(n)$ *für alle* $n \geq n_0$ *zu beweisen, genügt es, zu zeigen:*

(I) $A(n_0)$ *ist richtig* (Induktionsanfang).

(II) *Für beliebiges* $n \geq n_0$ *gilt: Falls* $A(n)$ *richtig ist, ist auch* $A(n+1)$ *richtig* (Induktionsschritt).

Die Wirkungsweise dieses Beweisprinzips ist leicht einzusehen: Nach (I) ist zunächst $A(n_0)$ richtig. Wendet man (II) auf den Fall $n = n_0$ an, so erhält man die Gültigkeit von $A(n_0 + 1)$. Wiederholte Anwendung von (II) liefert dann die Richtigkeit von $A(n_0 + 2)$, $A(n_0 + 3)$ usw.

Bevor wir einige Beispiele für Beweise durch vollständige Induktion bringen, erinnern wir an die Bedeutung des Summen- und Produktzeichens.

Seien $m \leq n$ ganze Zahlen. Für jede ganze Zahl k mit $m \leq k \leq n$ sei a_k eine reelle Zahl. Dann setzt man

$$\sum_{k=m}^{n} a_k = a_m + a_{m+1} + \ldots + a_n,$$

$$\prod_{k=m}^{n} a_k = a_m a_{m+1} \cdot \ldots \cdot a_n.$$

Für $m = n$ besteht die Summe (das Produkt) aus einem einzigen Summanden (Faktor). Für $n = m - 1$ führt man folgende Konventionen ein:

$$\sum_{k=m}^{m-1} a_k := 0 \qquad \text{(leere Summe)},$$

$$\prod_{k=m}^{m-1} a_k := 1 \qquad \text{(leeres Produkt)}.$$

(Hier bedeutet X := A, daß X nach Definition gleich A ist). Für $l-1 \leq m \leq n$ gilt

a) $$\sum_{k=l}^{m} a_k + \sum_{k=m+1}^{n} a_k = \sum_{k=l}^{n} a_k,$$

b) $$\left(\prod_{k=l}^{m} a_k\right)\left(\prod_{k=m+1}^{n} a_k\right) = \prod_{k=l}^{n} a_k.$$

Als natürliche Zahlen bezeichnen wir alle Elemente der Menge

$$\mathbb{N} = \{0, 1, 2, 3, \ldots\}$$

der nicht-negativen ganzen Zahlen (einschließlich der Null).

Satz 1. *Für alle natürlichen Zahlen* n *gilt*

$$\sum_{k=1}^{n} k = \frac{n(n+1)}{2}.$$

Beweis (durch vollständige Induktion nach n).

i) Induktionsanfang n = 0.

$$\sum_{k=1}^{0} k = 0 = \frac{0(0+1)}{2}.$$

ii) Induktionsschritt $n \rightarrow n+1$.

Sei $\sum_{k=1}^{n} k = \frac{n(n+1)}{2}$ bereits bewiesen (Induktionsvoraussetzung). Es ist zu zeigen

$$\sum_{k=1}^{n+1} k = \frac{(n+1)\ (n+2)}{2}.$$

Dies sieht man so:

$$\sum_{k=1}^{n+1} k = \sum_{k=1}^{n} k + (n+1) \underset{\text{IV}}{=} \frac{n(n+1)}{2} + (n+1) = \frac{(n+1)\ (n+2)}{2}, \text{ q.e.d.}$$

Dabei haben wir an der durch IV angedeuteten Stelle die Induktionsvoraussetzung verwendet.

Der Satz 1 erinnert an die bekannte Geschichte über C. F. Gauß, der als kleiner Schüler seinen Lehrer dadurch in Erstaunen versetzte, daß er die Aufgabe, alle Zahlen von 1 bis 100 zusammenzuzählen, in kürzester Zeit im Kopf löste. Gauß verwendete dazu keine vollständige Induktion, sondern benützte folgenden Trick: Er faßte den ersten mit dem letzten Summanden, den zweiten mit dem vorletzten zusammen usw.

$$\sum_{k=1}^{100} k = (1 + 100) + (2 + 99) + \ldots + (50 + 51) = 50 \cdot 101 = 5050.$$

Natürlich ergibt sich dasselbe Resultat auch mit der Formel von Satz 1.

Satz 2. *Für alle natürlichen Zahlen* n *gilt* $\sum_{k=1}^{n} (2k-1) = n^2$.

Die Summe der ersten n ungeraden Zahlen ist also stets eine Quadratzahl: $1 + 3 = 4$, $1 + 3 + 5 = 9$, $1 + 3 + 5 + 7 = 16$, usw.

Beweis durch vollständige Induktion nach n. Induktionsanfang $n = 0$.

$$\sum_{k=1}^{0} (2k-1) = 0 = 0^2.$$

Induktionsschritt $n \to n+1$. Sei $\sum_{k=1}^{n} (2k-1) = n^2$ bereits bewiesen.

Dann gilt

$$\sum_{k=1}^{n+1} (2k-1) = \sum_{k=1}^{n} (2k-1) + 2(n+1) - 1 = n^2 + 2n + 1 = (n+1)^2, \text{ q.e.d.}$$

Definition. Für eine natürliche Zahl n setzen wir

$$n! := \prod_{k=1}^{n} k, \text{ (gelesen: n Fakultät).}$$

Satz 3. *Die Anzahl der möglichen Anordnungen einer* n-*elementigen Menge* $\{A_1, \ldots, A_n\}$ *ist gleich* n!.

Beweis durch vollständige Induktion nach n. Induktionsanfang $n = 1$. Eine einelementige Menge besitzt nur eine Anordnung ihrer Elemente. Andererseits ist 1! ebenfalls gleich 1.

Induktionsschritt. Der Satz sei für n-elementige Mengen bereits bewiesen. Die möglichen Anordnungen der $(n+1)$-elementigen Menge $\{A_1, \ldots, A_{n+1}\}$ zerfallen folgendermaßen in $n+1$ Klassen $\mathcal{K}_k$, $k = 1, \ldots, n+1$: Die Anordnungen der Klasse $\mathcal{K}_k$ haben das Element A_k an erster Stelle, bei beliebiger Anordnung der übrigen n

Elemente. Nach Induktionsvoraussetzung besteht jede Klasse K_k aus n! Anordnungen. Die Gesamtzahl aller möglichen Anordnungen von $\{A_1, \ldots, A_{n+1}\}$ ist also gleich $(n+1)\,n! = (n+1)!$, q.e.d.

Bemerkung. Die beim Induktionsschritt benützte Überlegung kann auch dazu dienen, alle Anordnungen systematisch aufzuzählen (wir schreiben kurz k statt A_k):

n = 2

1 2	2 1

n = 3

1 2 3	2 1 3	3 1 2
1 3 2	2 3 1	3 2 1

n = 4

1 2 3 4	2 1 3 4	3 1 2 4	4 1 2 3
1 2 4 3	2 1 4 3	3 1 4 2	4 1 3 2
1 3 2 4	2 3 1 4	3 2 1 4	4 2 1 3
1 3 4 2	2 3 4 1	3 2 4 1	4 2 3 1
1 4 2 3	2 4 1 3	3 4 1 2	4 3 1 2
1 4 3 2	2 4 3 1	3 4 2 1	4 3 2 1

Definition. Für natürliche Zahlen n und k setzt man

$$\binom{n}{k} := \prod_{j=1}^{k} \frac{n-j+1}{j} = \frac{n(n-1)\cdot\ldots\cdot(n-k+1)}{1\cdot 2\cdot\ldots\cdot k}\,.$$

Die Zahlen $\binom{n}{k}$ heißen *Binomialkoeffizienten* wegen ihres Auftretens im Binomischen Lehrsatz (vgl. den folgenden Satz 5).

Aus der Definition folgt unmittelbar

$$\binom{n}{k} = 0 \text{ für } k > n,$$

$$\binom{n}{k} = \frac{n!}{k!\,(n-k)!} = \binom{n}{n-k} \text{ für } 0 \le k \le n.$$

Hilfssatz. *Für* $1 \le k \le n$ *gilt*

$$\binom{n}{k} = \binom{n-1}{k-1} + \binom{n-1}{k}\,.$$

Beweis. Für $k = n$ ist die Formel offenbar richtig. Für $1 \le k \le n-1$ hat man

$$\binom{n-1}{k-1} + \binom{n-1}{k} = \frac{(n-1)!}{(k-1)!\,(n-k)!} + \frac{(n-1)!}{k!(n-k-1)!}$$

$$= \frac{k(n-1)! + (n-k)\,(n-1)!}{k!\,(n-k)!} = \frac{n!}{k!(n-k)!} = \binom{n}{k}.$$

Satz 4. *Die Anzahl der* k-*elementigen Teilmengen einer* n-*elementigen Menge* $\{A_1, \ldots, A_n\}$ *ist gleich* $\binom{n}{k}$.

Bemerkung. Dieser Satz zeigt, daß die Zahlen $\binom{n}{k}$ ganz sind, was aus ihrer Definition nicht unmittelbar ersichtlich ist.

Beweis. Es sei C_k^n die Anzahl der k-elementigen Teilmengen von $\{A_1, \ldots, A_n\}$.

Wir beweisen $C_k^n = \binom{n}{k}$ durch vollständige Induktion nach n.

Induktionsanfang $n = 1$. Es ist $C_0^1 = C_1^1 = \binom{1}{0} = \binom{1}{1} = 1$, da die Menge $\{A_1\}$ nur eine nullelementige Teilmenge, nämlich $\emptyset$, und eine einelementige Teilmenge, nämlich $\{A_1\}$, hat. (Übrigens gilt der Satz auch für $n = 0$.)

Induktionsschritt $n \to n + 1$. Es sei $C_k^n = \binom{n}{k}$ schon bewiesen. Da trivialerweise

$$C_0^{n+1} = 1 = \binom{n+1}{0} \text{ und } C_{n+1}^{n+1} = 1 = \binom{n+1}{n+1},$$

brauchen wir nur noch den Fall $1 \leq k \leq n$ zu behandeln. Die k-elementigen Teilmengen von $\{A_1, \ldots, A_{n+1}\}$ zerfallen in zwei Klassen K_0 und K_1, wobei K_0 alle Teilmengen umfasse, die A_{n+1} nicht enthalten, und K_1 alle Teilmengen, die A_{n+1} enthalten. Die Anzahl der Mengen in der Klasse K_0 ist gleich der Anzahl der k-elementigen Teilmengen von $\{A_1, \ldots, A_n\}$, also nach Induktionsvoraussetzung gleich $\binom{n}{k}$. Da die Mengen der Klasse K_1 alle das Element A_{n+1} enthalten und die übrigen $k-1$ Elemente der Menge $\{A_1, \ldots, A_n\}$ entnommen sind, besteht K_1 nach Induktionsvoraussetzung aus $\binom{n}{k-1}$ Mengen. Damit ergibt sich unter Benutzung des Hilfssatzes

$$C_k^{n+1} = \binom{n}{k} + \binom{n}{k-1} = \binom{n+1}{k}, \text{ q. e. d.}$$

Beispiel: Es gibt

$$\binom{49}{6} = \frac{49 \cdot 48 \cdot 47 \cdot 46 \cdot 45 \cdot 44}{1 \cdot 2 \cdot 3 \cdot 4 \cdot 5 \cdot 6} = 13\,983\,816$$

6-elementige Teilmengen einer Menge von 49 Elementen. Die Chance, beim Lotto „6 aus 49" die richtige Kombination zu erraten, ist also etwa 1 : 14 Millionen.

Im Beweis des nächsten Satzes verwenden wir folgende Regel für das Summenzeichen:

$$\sum_{k=m}^{n} a_k = \sum_{k=m+1}^{n+1} a_{k-1}.$$

Denn setzt man in a_{k-1} den Index k der Reihe nach gleich $m + 1$ bis $n + 1$, so erhält man ebenso wie in der ersten Summe die Summanden a_m bis a_n.

Satz 5 (Binomischer Lehrsatz). *Seien* x, y *reelle Zahlen und* n *eine natürliche Zahl. Dann gilt*

$$(x+y)^n = \sum_{k=0}^{n} \binom{n}{k} x^{n-k} y^k.$$

Folgerungen.

$$\sum_{k=0}^{n} \binom{n}{k} = 2^n, \quad \sum_{k=0}^{n} (-1)^k \binom{n}{k} = 0, \quad (n \geq 1).$$

Man erhält dies, wenn man $x = y = 1$ bzw. $x = 1$ und $y = -1$ setzt.

Beweis (durch vollständige Induktion nach n).

Induktionsanfang $n = 0$.

$$(x+y)^0 = 1; \quad \sum_{k=0}^{0} \binom{0}{k} x^{0-k} y^k = \binom{0}{0} x^0 y^0 = 1.$$

(Man definiert $a^0 = 1$ für jede reelle Zahl a.)

Induktionsschritt $n \to n+1$.

$$(x+y)^{n+1} = (x+y)^n (x+y) \underset{IV}{=} \left(\left(\sum_{k=0}^{n} \binom{n}{k} x^{n-k} y^k\right)\right) (x+y) =$$

$$= \sum_{k=0}^{n} \binom{n}{k} x^{n+1-k} y^k + \sum_{k=0}^{n} \binom{n}{k} x^{n-k} y^{k+1} =$$

$$= \left(x^{n+1} + \sum_{k=1}^{n} \binom{n}{k} x^{n+1-k} y^k\right) + \left(\sum_{k=0}^{n-1} \binom{n}{k} x^{n-k} y^{k+1} + y^{n+1}\right) =$$

$$= x^{n+1} + \sum_{k=1}^{n} \binom{n}{k} x^{n+1-k} y^k + \sum_{k=1}^{n} \binom{n}{k-1} x^{n-(k-1)} y^k + y^{n+1} =$$

$$= x^{n+1} + \sum_{k=1}^{n} \left\{ \binom{n}{k} + \binom{n}{k-1} \right\} x^{n+1-k} y^k + y^{n+1} =$$

$$= \binom{n+1}{0} x^{n+1} + \sum_{k=1}^{n} \binom{n+1}{k} x^{n+1-k} y^k + \binom{n+1}{n+1} y^{n+1} =$$

$$= \sum_{k=0}^{n+1} \binom{n+1}{k} x^{n+1-k} y^k, \quad \text{q.e.d.}$$

Für die ersten n hat man insbesondere

$$
\begin{aligned}
(x+y)^0 &= 1,\\
(x+y)^1 &= x+y,\\
(x+y)^2 &= x^2 + 2xy + y^2,\\
(x+y)^3 &= x^3 + 3x^2y + 3xy^2 + y^3,\\
(x+y)^4 &= x^4 + 4x^3y + 6x^2y^2 + 4xy^3 + y^4, \text{ usw.}
\end{aligned}
$$

Die auftretenden Koeffizienten kann man im sog. *Pascalschen Dreieck* anordnen:

$$
\begin{array}{ccccccccccc}
 & & & & & 1 & & & & & \\
 & & & & 1 & & 1 & & & & \\
 & & & 1 & & 2 & & 1 & & & \\
 & & 1 & & 3 & & 3 & & 1 & & \\
 & 1 & & 4 & & 6 & & 4 & & 1 & \\
1 & & 5 & & 10 & & 10 & & 5 & & 1\\
 & \cdot & & & & & & & & \cdot & \\
\cdot & & & & & & & & & & \cdot
\end{array}
$$

Aufgrund der Beziehung $\binom{n}{k} = \binom{n-1}{k-1} + \binom{n-1}{k}$ ist jede Zahl im Innern des Dreiecks die Summe der beiden unmittelbar über ihr stehenden.

Satz 6 (Summenformel für die geometrische Reihe). *Für* $x \neq 1$ *und jede natürliche Zahl* n *gilt*

$$\sum_{k=0}^{n} x^k = \frac{1-x^{n+1}}{1-x}.$$

Beweis (durch vollständige Induktion nach n).

Induktionsanfang $n = 0$.

$$\sum_{k=0}^{0} x^k = 1 = \frac{1-x^{0+1}}{1-x}.$$

Induktionsschritt $n \to n+1$.

$$\sum_{k=0}^{n+1} x^k = \sum_{k=0}^{n} x^k + x^{n+1} = \frac{1-x^{n+1}}{1-x} + x^{n+1} = \frac{1-x^{(n+1)+1}}{1-x}, \text{ q. e. d.}$$

▲ **Aufgaben**

1.1. Man beweise $\binom{n+1}{k+1} = \sum_{m=k}^{n} \binom{m}{k}$, $(n \geq k)$.

1.2. Für eine reelle Zahl x und eine natürliche Zahl k werde definiert

$$\binom{x}{k} = \prod_{j=1}^{k} \frac{x-j+1}{j}.$$

Man beweise

$$\binom{x+y}{n} = \sum_{k=0}^{n} \binom{x}{n-k}\binom{y}{k}.$$

1.3. Man beweise die Summenformeln

$$\sum_{k=1}^{n} k^2 = \frac{n(n+1)\ (2n+1)}{6} \quad \text{und} \quad \sum_{k=1}^{n} k^3 = \frac{n^2(n+1)^2}{4}.$$

1.4. Sei r eine natürliche Zahl. Man zeige: Es gibt rationale Zahlen $a_{r1}, \ldots, a_{rr}$, so daß für alle natürlichen Zahlen n gilt

$$\sum_{k=1}^{n} k^r = \frac{1}{r+1} n^{r+1} + a_{rr} n^r + \ldots + a_{r1} n.$$

1.5. Man zeige, daß nach dem Gregorianischen Kalender (Schaltjahr, wenn die Jahreszahl durch 4 teilbar ist, mit Ausnahme der Jahre, die durch 100 aber nicht durch 400 teilbar sind) der 13. eines Monats im langjährigen Durchschnitt häufiger auf einen Freitag fällt als auf irgend einen anderen Wochentag. Hinweis: Der Geburtstag von Gauß, der 30. April 1777, war ein Mittwoch. (Diese Aufgabe ist weniger eine Übung zur vollständigen Induktion, als eine Übung im systematischen Abzählen.)

§ 2. Die Körperaxiome

Wir setzen in diesem Buch die reellen Zahlen als gegeben voraus. Um auf sicherem Boden zu stehen, werden wir in diesem und den folgenden Paragraphen einige Axiome formulieren, aus denen sich alle Eigenschaften und Gesetze der reellen Zahlen ableiten lassen.

In diesem Paragraphen behandeln wir die sogenannten Körperaxiome, aus denen alle Rechenregeln für die vier Grundrechnungsarten folgen. Da diese Regeln alle aus dem Schulunterricht geläufig sind, und dem Anfänger erfahrungsgemäß Beweise selbstverständlich erscheinender Aussagen Schwierigkeiten machen, kann dieser Paragraph bei der ersten Lektüre übergangen werden.

Mit $\mathbb{R}$ sei die Menge der reellen Zahlen bezeichnet. In $\mathbb{R}$ sind zwei Verknüpfungen (Addition und Multiplikation)

$$\begin{array}{l} \mathbb{R} \times \mathbb{R} \to \mathbb{R} \\ (x,y) \mapsto x+y \end{array} \quad \text{und} \quad \begin{array}{l} \mathbb{R} \times \mathbb{R} \to \mathbb{R} \\ (x,y) \mapsto xy \end{array}$$

gegeben, die folgenden Axiomen genügen:

I. Axiome der Addition

(I.1) *Assoziativgesetz:* $x + (y + z) = (x + y) + z$ für alle $x, y, z \in \mathbb{R}$.

(I.2) *Kommutativgesetz:* $x + y = y + x$ für alle $x, y \in \mathbb{R}$.

(I.3) *Existenz der Null:* Es gibt eine Zahl $0 \in \mathbb{R}$ mit $x + 0 = x$ für alle $x \in \mathbb{R}$.

(I.4) *Existenz des Negativen:* Zu jedem $x \in \mathbb{R}$ existiert eine Zahl $-x \in \mathbb{R}$ mit $x + (-x) = 0$.

Folgerungen aus den Axiomen der Addition

(2.1) Die Zahl 0 ist durch ihre Eigenschaft eindeutig bestimmt.

Beweis: Sei $0' \in \mathbb{R}$ ein weiteres Element mit $x + 0' = x$ für alle $x \in \mathbb{R}$. Dann gilt insbesondere $0 + 0' = 0$. Andererseits gilt $0' + 0 = 0'$ nach Axiom I.3. Da nach dem Kommutativgesetz I.2 aber $0 + 0' = 0' + 0$, folgt $0 = 0'$, q.e.d.

(2.2) Das Negative einer Zahl $x \in \mathbb{R}$ ist eindeutig bestimmt.

Beweis: Sei x' eine reelle Zahl mit $x + x' = 0$. Addition von $-x$ von links auf beiden Seiten der Gleichung ergibt $(-x) + (x + x') = (-x) + 0$. Nach den Axiomen I.1 und I.3 folgt daraus $((-x) + x) + x' = -x$. Nach I.2 und I.4 ist $(-x) + x = = x + (-x) = 0$, also $((-x) + x) + x' = 0 + x' = x' + 0 = x'$, wobei I.2 und I.3 benutzt wurde. Durch Vergleich erhält man $x' = -x$, q.e.d.

(2.3) Es gilt $-0 = 0$.

Beweis. Nach I.4 gilt $0 + (-0) = 0$ und nach I.3 ist $0 + 0 = 0$. Da aber das Negative von 0 eindeutig ist, folgt $-0 = 0$.

Bezeichnung. Für $x, y \in \mathbb{R}$ setzt man $x - y := x + (-y)$.

(2.4) Die Gleichung $a + x = b$ hat eine eindeutig bestimmte Lösung, nämlich $x = b - a$.

Beweis. i) Wir zeigen zunächst, daß $x = b - a$ die Gleichung löst. Es ist nämlich $a + (b - a) = a + (b + (-a)) = a + ((-a) + b) = (a + (-a)) + b = 0 + b = b + 0 = b$, q.e.d.
Dabei wurde bei jeder Umformung eines der Axiome I.1 bis I.4 benutzt.

ii) Wir zeigen jetzt die Eindeutigkeit der Lösung. Sei y irgendeine reelle Zahl mit $a + y = b$. Addition von $-a$ auf beiden Seiten ergibt $(-a) + (a + y) = (-a) + b$, also $((-a) + a) + y = b + (-a)$. Nun ist $((-a) + a) + y = 0 + y = y$, also $y = b - a$, q.e.d.

(2.5) Für jede reelle Zahl x gilt $-(-x) = x$.

Beweis. Nach Definition des Negativen von $-x$ gilt $(-x) + (-(-x)) = 0$. Andererseits ist nach I.4 und I.2 auch $(-x) + x = 0$. Aus der Eindeutigkeit des Negativen folgt nun $-(-x) = x$.

(2.6) Für alle $x, y \in \mathbb{R}$ gilt $-(x+y) = -x-y$.

Beweis. Nach Definition des Negativen von $x+y$ ist $(x+y)+(-(x+y)) = 0$. Addition von $-x$ auf beiden Seiten liefert $y+(-(x+y)) = -x$. Andererseits hat die Gleichung $y+z=-x$ für z die eindeutig bestimmte Lösung $z=-x-y$. Daraus folgt $-(x+y) = -x-y$.

II. Axiome der Multiplikation

(II.1) *Assoziativgesetz:*	$(xy)z = x(yz)$ für alle $x, y, z \in \mathbb{R}$.
(II.2) *Kommutativgesetz:*	$xy = yx$ für alle $x, y \in \mathbb{R}$.
(II.3) *Existenz der Eins:*	Es gibt eine Zahl $1 \in \mathbb{R}$, $1 \neq 0$, so daß $x \cdot 1 = x$ für alle $x \in \mathbb{R}$.
(II.4) *Existenz des Inversen:*	Zu jedem von 0 verschiedenen $x \in \mathbb{R}$ gibt es ein $x^{-1} \in \mathbb{R}$ mit $xx^{-1} = 1$.

III. Distributivgesetz: $x(y+z) = xy + xz$ für alle $x, y, z \in \mathbb{R}$.

Folgerungen aus den Axiomen II und III

(2.7) Die Eins ist durch ihre Eigenschaften eindeutig bestimmt.

(2.8) Das Inverse einer reellen Zahl $x \neq 0$ ist eindeutig bestimmt.

Die Aussagen (2.7) und (2.8) werden ganz analog den entsprechenden Aussagen (2.1) und (2.2) für die Addition bewiesen, indem man überall die Addition durch die Multiplikation, die Null durch die Eins und das Negative durch das Inverse ersetzt.

(2.9) Für alle $a, b \in \mathbb{R}$, $a \neq 0$, ist die Gleichung $ax = b$ eindeutig lösbar. Die Lösung ist $x = a^{-1}b =: \frac{b}{a}$.

Beweis. i) $x = a^{-1}b$ löst die Gleichung, denn $a(a^{-1}b) = (aa^{-1})b = 1 \cdot b = b \cdot 1 = b$.
ii) Zur Eindeutigkeit. Sei y eine beliebige Zahl mit $ay = b$. Multiplikation mit a^{-1} von links ergibt $a^{-1}(ay) = a^{-1}b$. Nun ist $a^{-1}(ay) = (a^{-1}a)y = 1 \cdot y = y \cdot 1 = y$, also $y = a^{-1}b$.

(2.10) Für alle $x, y, z \in \mathbb{R}$ gilt $(x+y)z = xz + yz$.

Beweis. Unter Benutzung von II.2 und III erhalten wir

$$(x+y)z = z(x+y) = zx + zy = xz + yz, \text{ q.e.d.}$$

(2.11) Für alle $x \in \mathbb{R}$ gilt $x \cdot 0 = 0$.

Beweis. Da $0 = 0 + 0$, folgt aus dem Distributivgesetz

$$x \cdot 0 + x \cdot 0 = x(0+0) = x \cdot 0.$$

Andererseits ist $x \cdot 0 + 0 = x \cdot 0$. Aus der Eindeutigkeit der Lösung der Gleichung $x \cdot 0 + z = x \cdot 0$ folgt nun die Behauptung.

(2.12) Für $x, y \in \mathbb{R}$ gilt $xy = 0$ genau dann, wenn $x = 0$ oder $y = 0$.
(Anders ausgedrückt: Ein Produkt ist genau dann Null, wenn einer der Faktoren Null ist.)

Beweis. Wir müssen zwei Aussagen beweisen:
i) Wenn $xy = 0$, dann ist $x = 0$ oder $y = 0$.
ii) Wenn $x = 0$ oder $y = 0$, dann ist $xy = 0$.

Zu i). Sei $xy = 0$. Angenommen, $x \neq 0$. Dann folgt aus (2.9), daß $y = x^{-1} \cdot 0 = 0$. Also ist wenigstens eine der beiden Zahlen x oder y gleich 0.

Zu ii). Dies folgt unmittelbar aus (2.11).

(2.13) Für alle $x, y \in \mathbb{R}$ gilt $(-x)y = -(xy)$.

Beweis. Es ist $0 \cdot y = (x + (-x))y = xy + (-x)y$, also $xy + (-x)y = 0$. Andererseits ist $xy + (-(xy)) = 0$. Aus der Eindeutigkeit des Negativen folgt nun $(-x)y = -(xy)$.

(2.14) Für alle $x \in \mathbb{R}$ gilt $(-1)x = -x$. Dies ergibt sich aus (2.13), wenn man dort $x = 1$ setzt.

(2.15) Für alle $x, y \in \mathbb{R}$ gilt $(-x)(-y) = xy$.

Beweis. Nach (2.13) gilt $(-x)(-y) = -(x(-y))$. Wiederum nach (2.13) ist $x(-y) = -(xy)$, d.h. $(-x)(-y) = -(-(xy))$. Da nach (2.5) gilt $-(-(xy)) = xy$, folgt die Behauptung.

(2.16) Für alle reellen Zahlen $x \neq 0$ gilt $(x^{-1})^{-1} = x$.

(2.17) Für alle reellen Zahlen $x \neq 0, y \neq 0$ gilt $(xy)^{-1} = x^{-1}y^{-1}$.

Die Regeln (2.16) und (2.17) sind analog den Regeln (2.5) und (2.6) für die Addition und werden analog bewiesen.

Allgemeines Assoziativgesetz

Die Addition von mehr als zwei Zahlen wird durch Klammerung auf die Addition von jeweils zwei Summanden zurückgeführt:

$$x_1 + x_2 + \ldots + x_n := (\ldots((x_1 + x_2) + x_3) + \ldots) + x_n.$$

Man beweist jedoch durch wiederholte Anwendung des Assoziativgesetzes I.1, daß jede andere Klammerung zum selben Resultat führt. Entsprechendes gilt für das Produkt $x_1 x_2 \cdot \ldots \cdot x_n$.

Allgemeines Kommutativgesetz

Sei $(i_1, \ldots, i_n)$ eine Permutation (d.h. Umordnung) von $(1, \ldots, n)$. Dann gilt

$$x_1 + x_2 + \ldots + x_n = x_{i_1} + x_{i_2} + \ldots + x_{i_n},$$

$$x_1 x_2 \cdot \ldots \cdot x_n = x_{i_1} x_{i_2} \cdot \ldots \cdot x_{i_n}.$$

Dies folgt durch wiederholte Anwendung der Kommutativgesetze I.2 bzw. II.2.

Aus dem allgemeinen Kommutativgesetz kann man folgende Regel für *Doppelsummen* ableiten:

$$\sum_{i=1}^{n} \sum_{j=1}^{m} a_{ij} = \sum_{j=1}^{m} \sum_{i=1}^{n} a_{ij}.$$

Denn nach Definition gilt

$$\sum_{i=1}^{n} \sum_{j=1}^{m} a_{ij} = \left(\sum_{j=1}^{m} a_{1j}\right) + \ldots + \left(\sum_{j=1}^{m} a_{nj}\right) =$$
$$= (a_{11} + a_{12} + \ldots + a_{1m}) + \ldots + (a_{n1} + a_{n2} + \ldots + a_{nm}).$$

Andererseits ist

$$\sum_{j=1}^{m} \sum_{i=1}^{n} a_{ij} = \left(\sum_{i=1}^{n} a_{i1}\right) + \ldots + \left(\sum_{i=1}^{n} a_{im}\right) =$$
$$= (a_{11} + a_{21} + \ldots + a_{n1}) + \ldots + (a_{1m} + a_{2m} + \ldots + a_{nm}).$$

Es kommen also in beiden Fällen alle nm Summanden a_{ij} $(1 \leq i \leq n, 1 \leq j \leq m)$ vor, nur in anderer Reihenfolge.

Allgemeines Distributivgesetz

Durch wiederholte Anwendung von III und Folgerung (2.10) beweist man

$$\left(\sum_{i=1}^{n} x_i\right) \left(\sum_{j=1}^{m} y_j\right) = \sum_{i=1}^{n} \sum_{j=1}^{m} x_i y_j .$$

Potenzen

Sei x eine reelle Zahl und n eine positive ganze Zahl. Dann definiert man

$$x^0 := 1,$$
$$x^n := \underbrace{x \cdot x \cdot \ldots \cdot x}_{n\text{-mal}},$$
$$x^{-n} := (x^{-1})^n, \text{ falls } x \neq 0.$$

Für die Potenzen gelten folgende Rechenregeln:

(2.18) $x^n x^m = x^{n+m}$,

(2.19) $(x^n)^m = x^{nm}$,

(2.20) $x^n y^n = (xy)^n$.

Dabei sind n und m beliebige ganze Zahlen und x und y reelle Zahlen, die als von null verschieden vorauszusetzen sind, falls negative Exponenten vorkommen.

Wir beweisen als Beispiel die Aussage (2.20) und überlassen die anderen dem Leser als Übung.

1. Fall: $n \geq 0$. Wir verwenden vollständige Induktion nach n. Für $n = 0$ ist die Behauptung klar.
Induktionsschritt $n \to n + 1$. Sei $x^n y^n = (xy)^n$ schon bewiesen, dann gilt
$x^{n+1} y^{n+1} = x^n x y^n y = x^n y^n x y = (xy)^n (xy) = (xy)^{n+1}$, q.e.d.

2. Fall: $n < 0$. Dann ist $m := -n > 0$ und

$$x^n y^n = x^{-m} y^{-m} = (x^{-1})^m (y^{-1})^m.$$

Nach dem 1. Fall gilt $(x^{-1})^m (y^{-1})^m = (x^{-1} y^{-1})^m$, also unter Benutzung von (2.17)

$$x^n y^n = (x^{-1} y^{-1})^m = ((xy)^{-1})^m = (xy)^{-m} = (xy)^n, \text{ q.e.d.}$$

Bemerkung. Eine Menge K zusammen mit zwei Verknüpfungen

$$\begin{array}{lcl} K \times K \to K & & K \times K \to K \\ & \text{und} & \\ (x,y) \mapsto x+y & & (x,y) \mapsto x \cdot y, \end{array}$$

die den Axiomen I–III genügen, nennt man *Körper.* In jedem Körper gelten alle in diesem Paragraphen hergeleiteten Rechenregeln, da zu ihrem Beweis nur die Axiome benutzt wurden.

Beispiele. $\mathbb{R}$, $\mathbb{Q}$ (Menge der rationalen Zahlen) und $\mathbb{C}$ (Menge der komplexen Zahlen) bilden mit der üblichen Addition und Multiplikation einen Körper. Dagegen ist die Menge $\mathbb{Z}$ der ganzen Zahlen kein Körper, da das Axiom von der Existenz des Inversen verletzt ist (z.B. besitzt die Zahl $2 \in \mathbb{Z}$ in $\mathbb{Z}$ kein Inverses).

Ein merkwürdiger Körper ist die Menge $\mathbb{F}_2 = \{0, 1\}$ mit den Verknüpfungen

+	0	1
0	0	1
1	1	0

und

·	0	1
0	0	0
1	0	1

Die Körperaxiome können hier durch direktes Nachprüfen aller Fälle verifiziert werden. $\mathbb{F}_2$ ist der kleinst-mögliche Körper, denn jeder Körper muß mindestens die Null und die Eins enthalten. In $\mathbb{F}_2$ gilt $1 + 1 = 0$. Also kann man die Aussage $1 + 1 \neq 0$ nicht mit Hilfe der Körperaxiome beweisen. Insbesondere kann man allein aufgrund der Körperaxiome die natürlichen Zahlen noch nicht als Teilmenge der reellen Zahlen auffassen. Hierzu sind weitere Axiome erforderlich. Die Anordnungsaxiome des nächsten Paragraphen ermöglichen eine „Einbettung“ der natürlichen Zahlen in den Körper der reellen Zahlen.

▲ Aufgaben

Man beweise die folgenden Regeln für das Bruchrechnen ($a, b, c, d \in \mathbb{R}$; $b \neq 0$, $d \neq 0$):

2.1. $\dfrac{a}{b} = \dfrac{c}{d}$ genau dann, wenn $ad = bc$.

2.2. $\dfrac{a}{b} \pm \dfrac{c}{d} = \dfrac{ad \pm bc}{bd}$.

2.3. $\dfrac{a}{b} \cdot \dfrac{c}{d} = \dfrac{ac}{bd}$.

2.4. $\dfrac{\frac{a}{b}}{\frac{c}{d}} = \dfrac{ad}{bc}$, $(c \neq 0)$.

§ 3. Anordnungsaxiome

In der Analysis ist das Rechnen mit Ungleichungen ebenso wichtig wie das Rechnen mit Gleichungen. Das Rechnen mit Ungleichungen beruht auf den Anordnungsaxiomen. Es stellt sich heraus, daß alles auf den Begriff des positiven Elements zurückgeführt werden kann.

In $\mathbb{R}$ sind gewisse Elemente als positiv ausgezeichnet (Schreibweise: $x > 0$), so daß folgende *Anordnungsaxiome* erfüllt sind:

(A.1) Für jedes $x \in \mathbb{R}$ gilt genau eine der drei Beziehungen: $x > 0$, $x = 0$, $-x > 0$.

(A.2) Sind $x > 0$ und $y > 0$, so folgt $x + y > 0$.

(A.3) Sind $x > 0$ und $y > 0$, so folgt $xy > 0$.

Die Axiome (A.2) und (A.3) lassen sich zusammenfassend kurz so ausdrücken: Summe und Produkt positiver Zahlen sind wieder positiv.

Definition. Man setzt $x > y$, falls $x - y > 0$ gilt. $x \geq y$ bedeutet $x > y$ oder $x = y$. Statt $x > y$ (bzw. $x \geq y$) schreibt man auch $y < x$ (bzw. $y \leq x$).

Folgerungen aus den Axiomen

(3.1) $x < 0$ ist gleichbedeutend mit $-x > 0$.

Beweis. $x < 0$ heißt nach Definition $0 > x$ und dies ist definitionsgemäß gleichbedeutend mit $0 - x > 0$, d.h. $-x > 0$.

(3.2) Transitivität der Kleiner-Relation: Aus $x < y$ und $y < z$ folgt $x < z$.

Beweis. Die Voraussetzungen bedeuten $y - x > 0$ und $z - y > 0$. Aus Axiom (A.2) folgt daraus $(y - x) + (z - y) = z - x > 0$, d.h. $z > x$ oder $x < z$.

(3.3) Gilt $x < y$ und ist a eine beliebige reelle Zahl, so folgt $a + x < a + y$.

Beweis. Nach Voraussetzung ist $(a + y) - (a + x) = y - x > 0$. Daher ist nach Definition $a + x < a + y$.

(3.4) Aus $x < y$ und $x' < y'$ folgt $x + x' < y + y'$.

Beweis. Nach (3.3) folgt aus den Voraussetzungen $x + x' < y + x'$ und
$y + x' < y + y'$.
Aus der Transitivität (3.2) folgt $x + x' < y + y'$.

(3.5) Gilt $x < y$ und ist $a > 0$, so folgt $ax < ay$. (Anders ausgedrückt: Man darf eine Ungleichung mit einer positiven Zahl multiplizieren.)

Beweis. Da nach Voraussetzung $y - x > 0$ und $a > 0$, folgt aus dem Axiom (A.3), daß $a(y - x) > 0$, d.h. $ay - ax > 0$. Dies bedeutet aber $ax < ay$.

(3.6) Aus $0 \leq x < y$ und $0 \leq a < b$ folgt $ax < by$.

Beweis. Steht bei einer der beiden Voraussetzungen das Gleichheitszeichen, so ist stets $ax = 0 < by$. Sei also $0 < x < y$ und $0 < a < b$. Aus (3.5) folgt

$$ax < ay \quad \text{und} \quad ay < by.$$

Aus der Transitivität folgt dann $ax < by$.

(3.7) Gilt $x < y$ und ist $a < 0$, so folgt $ax > ay$. (Anders ausgedrückt: Multipliziert man eine Ungleichung mit einer negativen Zahl, so verwandelt sich das Kleiner- in ein Größerzeichen.)

Beweis. Nach Voraussetzung ist $y - x > 0$ und $-a > 0$. Nach Axiom (A.3) folgt daraus $(-a)(y - x) > 0$, d.h. $ax - ay > 0$, also $ax > ay$.

(3.8) Für jede reelle Zahl $x \neq 0$ gilt $x^2 > 0$.

Beweis. Falls $x > 0$, folgt die Behauptung aus Axiom (A.3). Andernfalls ist $-x > 0$ und wieder nach (A.3) ist $(-x) \cdot (-x) = x^2 > 0$.

(3.9) Ist $x > 0$ (bzw. $x < 0$), so ist auch $x^{-1} > 0$ (bzw. $x^{-1} < 0$).

Beweis. Es gilt $x^{-1} = x(x^{-1})^2$ und in jedem Fall $(x^{-1})^2 > 0$ nach (3.8). Deshalb folgt die Behauptung wegen (3.5) durch Multiplikation der Ungleichung $x > 0$ (bzw. $x < 0$) mit $(x^{-1})^2$.

(3.10) Aus $0 < x < y$ folgt $x^{-1} > y^{-1}$.

Beweis. Da x und y positiv sind, ist $xy > 0$, also nach (3.9) $(xy)^{-1} = x^{-1}y^{-1} > 0$. Man darf deshalb nach (3.5) die Ungleichung $x < y$ mit $x^{-1}y^{-1}$ multiplizieren und erhält:

$$y^{-1} = x(x^{-1}y^{-1}) < y(x^{-1}y^{-1}) = x^{-1}, \text{ q.e.d.}$$

(3.11) Es gilt $1 > 0$.

Dies folgt aus (3.8) wegen $1 = 1^2$.

Einbettung der natürlichen Zahlen in die reellen Zahlen

Das Null- und Einselement von $\mathbb{R}$ werde zur Unterscheidung von den natürlichen Zahlen 0 und 1 vorübergehend mit $0_{\mathbb{R}}$ und $1_{\mathbb{R}}$ bezeichnet. Für eine natürliche Zahl $n \geq 2$ werde definiert:

$$n_{\mathbb{R}} := \underbrace{1_{\mathbb{R}} + \ldots + 1_{\mathbb{R}}}_{\text{n-mal}} .$$

(3.12) Es gilt $n_{\mathbb{R}} > 0_{\mathbb{R}}$ für alle natürlichen Zahlen $n \neq 0$.

Beweis durch Induktion nach n. Nach (3.11) ist die Behauptung richtig für $n = 1$. Induktionsschritt $n \to n + 1$. Nach (3.11) und Induktionsvoraussetzung gilt $1_{\mathbb{R}} > 0_{\mathbb{R}}$ und $n_{\mathbb{R}} > 0_{\mathbb{R}}$. Nach Axiom (A.2) folgt daraus

$$(n + 1)_{\mathbb{R}} = n_{\mathbb{R}} + 1_{\mathbb{R}} > 0_{\mathbb{R}}, \text{ q.e.d.}$$

Aus (3.12) folgt für natürliche Zahlen $n \neq m$, daß auch $n_{\mathbb{R}} \neq m_{\mathbb{R}}$. Denn ist etwa n die größere der beiden Zahlen n und m, so gibt es eine natürliche Zahl $k \neq 0$ mit $n = m + k$, woraus folgt $n_{\mathbb{R}} = m_{\mathbb{R}} + k_{\mathbb{R}}$. Da $k_{\mathbb{R}} > 0$, ergibt sich mittels (3.3) $n_{\mathbb{R}} > m_{\mathbb{R}}$, also wegen Axiom (A.1) insbesondere $n_{\mathbb{R}} \neq m_{\mathbb{R}}$. Die Abbildung

$$\mathbb{N} \to \mathbb{R}, \quad n \mapsto n_{\mathbb{R}},$$

ist also injektiv. Die natürlichen Zahlen sind so in die reellen Zahlen „eingebettet". Addition und Multiplikation laufen bei den natürlichen Zahlen und den ihnen zugeordneten reellen Zahlen auf dasselbe hinaus, d. h. $(n + m)_{\mathbb{R}} = n_{\mathbb{R}} + m_{\mathbb{R}}$ und $(nm)_{\mathbb{R}} = n_{\mathbb{R}}m_{\mathbb{R}}$, wie man durch vollständige Induktion beweisen kann. Wir werden deshalb von jetzt ab die natürlichen Zahlen mit den ihnen zugeordneten reellen Zahlen identifizieren und wieder n statt $n_{\mathbb{R}}$ schreiben.

Bemerkung. Ein Körper, in dem gewisse Elemente als positiv ausgezeichnet sind, so daß die Axiome (A.1), (A.2) und (A.3) gelten, heißt *angeordneter Körper*. $\mathbb{R}$ und $\mathbb{Q}$ sind angeordnete Körper. Der Körper $\mathbb{F}_2$ kann nicht angeordnet werden, denn in ihm gilt im Widerspruch zu (3.12) $1 + 1 = 0$. Ebenso besitzt der Körper der komplexen Zahlen keine Anordnung, da $i^2 = -1$, was der Regel (3.8) widerspricht.

Der Absolutbetrag. Für $x \in \mathbb{R}$ setzt man

$$|x| := \begin{cases} x, & \text{falls } x \geq 0, \\ -x, & \text{falls } x < 0. \end{cases}$$

Eigenschaften des Absolutbetrags

(3.13) Es gilt stets $|x| \geq 0$ und $|x| = 0$ genau dann, wenn $x = 0$.

(3.14) $|-x| = |x|$ für alle $x \in \mathbb{R}$.

Beweis. 1. Fall: $x \geq 0$. Dann ist $|x| = x$ und $|-x| = -(-x) = x$.
2. Fall: $x < 0$. Dann ist $|x| = -x$. Wegen $-x > 0$ ist ebenfalls $|-x| = -x$.

(3.15) $|xy| = |x||y|$ für alle $x, y \in \mathbb{R}$.
Dies beweist man durch direkte Verifikation in jedem der vier möglichen Fälle i) $x \geq 0, y \geq 0$; ii) $x \geq 0, y < 0$; iii) $x < 0, y \geq 0$; iv) $x < 0, y < 0$.

(3.16) $\left|\dfrac{x}{y}\right| = \dfrac{|x|}{|y|}$ für alle $x, y \in \mathbb{R}, y \neq 0$.

Beweis. Da $x = \dfrac{x}{y} \cdot y$, gilt nach (3.15) $|x| = \left|\dfrac{x}{y}\right| \cdot |y|$. Daraus folgt die Behauptung.

Satz 1 (Dreiecksungleichung). *Für alle* $x, y \in \mathbb{R}$ *gilt*

$$|x + y| \leq |x| + |y|.$$

Beweis. Da $x \leq |x|$ und $y \leq |y|$, folgt mit (3.3) und (3.4)

$$x + y \leq |x| + |y|.$$

Wegen $-x \leq |x|$ und $-y \leq |y|$ ist außerdem

$$-(x + y) = -x - y \leq |x| + |y|,$$

also insgesamt $|x + y| \leq |x| + |y|$.

Corollar. *Für alle* $x, y \in \mathbb{R}$ *gilt* $|x + y| \geq |x| - |y|$.

Beweis. Sei $u := x + y$ und $v := -y$. Nach der Dreiecksungleichung ist $|u + v| \leq |u| + |v|$, d.h.

$$|x| \leq |x + y| + |-y| = |x + y| + |y|.$$

Addition von $-|y|$ auf beiden Seiten der Ungleichung ergibt die Behauptung.

Das Archimedische Axiom. Seien $x, y \in \mathbb{R}$, $x > 0$, $y > 0$. Dann existiert eine natürliche Zahl n, so daß $nx > y$.

Bemerkung. Ein angeordneter Körper heißt *archimedisch angeordnet*, wenn in ihm das Archimedische Axiom gilt. $\mathbb{R}$ und $\mathbb{Q}$ sind archimedisch angeordnete Körper. Es gibt angeordnete Körper, in denen das Archimedische Axiom nicht gilt (siehe z.B. [8]). Also ist das Archimedische Axiom von den bisherigen Axiomen unabhängig.

Folgerungen aus dem Archimedischen Axiom

(3.17) Zu jeder reellen Zahl $x > 0$ gibt es eine natürliche Zahl n mit $n > x$.

Aus (3.17) folgt, daß es zu jedem $x \in \mathbb{R}$ eine eindeutig bestimmte ganze Zahl n gibt mit $n \leq x < n + 1$.

Definition. Für $x \in \mathbb{R}$ bezeichnet man mit entier (x) oder [x] die eindeutig bestimmte ganze Zahl n mit $n \leq x < n + 1$.

Beispiele. $\text{entier}(\frac{3}{2}) = 1$; $\text{entier}(-\frac{3}{2}) = -2$; $\text{entier}(0) = 0$.

(3.18) Zu jedem $\epsilon > 0$ existiert eine natürliche Zahl $n > 0$ mit $\frac{1}{n} < \epsilon$.

Beweis. Nach (3.17) existiert ein n mit $n > \frac{1}{\epsilon}$. Daraus folgt mit (3.10) $\frac{1}{n} < \epsilon$.

Satz 2 (Bernoullische Ungleichung). *Sei* $x \geq -1$. *Dann gilt*

$$(1 + x)^n \geq 1 + nx \quad \textit{für alle} \quad n \in \mathbb{N}.$$

Beweis durch vollständige Induktion nach n. Der Induktionsanfang $n = 0$ ist klar. Induktionsschritt $n \to n + 1$. Da $1 + x \geq 0$, folgt durch Multiplikation der Induktionsvoraussetzung $(1 + x)^n \geq 1 + nx$ mit $1 + x$:

$$(1 + x)^{n+1} \geq (1 + nx)(1 + x) = 1 + (n + 1)x + nx^2 \geq 1 + (n + 1)x, \text{ q.e.d.}$$

Satz 3. *Sei* $b > 1$. *Dann gibt es zu jedem* $K > 0$ *ein* $n \in \mathbb{N}$, *so daß* $b^n > K$.

Beweis. Sei $x := b - 1$. Nach Voraussetzung gilt $x > 0$. Nach der Bernoullischen Ungleichung ist

$$b^n = (1 + x)^n \geq 1 + nx.$$

Nach dem Archimedischen Axiom gibt es ein $n \in \mathbb{N}$ mit $nx > K - 1$. Für dieses n ist dann $b^n > K$.

Corollar. *Sei* $0 < b < 1$. *Dann gibt es zu jedem* $\epsilon > 0$ *ein* $n \in \mathbb{N}$ *mit* $b^n < \epsilon$.

Beweis. Nach (3.10) ist $\frac{1}{b} > 1$, also gibt es nach Satz 3 ein $n \in \mathbb{N}$ mit $(\frac{1}{b})^n > \frac{1}{\epsilon}$. Wieder nach (3.10) folgt daraus $b^n < \epsilon$.

▲ **Aufgaben**

3.1. Man zeige $n^2 \leq 2^n$ für jede natürliche Zahl $n \neq 3$.

3.2. Man zeige $2^n < n!$ für jede natürliche Zahl $n \geq 4$.

3.3. Man beweise: Für jede natürliche Zahl $n \geq 1$ gilt

i) $\binom{n}{k} \frac{1}{n^k} \leq \frac{1}{k!}$ für alle $k \geq 0$,

ii) $\left(1+\frac{1}{n}\right)^n \leq \sum_{k=0}^{n} \frac{1}{k!} < 3$,

iii) $\left(\frac{n}{3}\right)^n \leq \frac{1}{3} n!$

3.4. Man zeige, daß für alle $x, y \in \mathbb{R}$ gilt

$$\max(x,y) = \frac{1}{2}(x+y+|x-y|), \quad \min(x,y) = \frac{1}{2}(x+y-|x-y|).$$

Dabei bezeichnet $\max(x,y)$ die größere und $\min(x,y)$ die kleinere der beiden Zahlen x, y.

3.5. Man beweise mithilfe des Binomischen Lehrsatzes: Für jede reelle Zahl $x \geq 0$ und jede natürliche Zahl $n \geq 2$ gilt

$$(1+x)^n \geq \frac{n^2}{4} x^2.$$

§ 4. Folgen, Grenzwerte

Wir kommen jetzt zu einem der zentralen Begriffe der Analysis, dem des Grenzwertes einer Folge. Seine Bedeutung beruht darauf, daß viele Größen nicht durch einen in endlich vielen Schritten exakt berechenbaren Ausdruck gegeben, sondern nur mit beliebiger Genauigkeit approximiert werden können. Eine Zahl mit beliebiger Genauigkeit approximieren heißt sie als Grenzwert einer Folge darstellen. Dies werden wir jetzt präzisieren.

Unter einer *Folge* reeller Zahlen versteht man eine Abbildung $\mathbb{N} \to \mathbb{R}$. Jedem $n \in \mathbb{N}$ ist also ein $a_n \in \mathbb{R}$ zugeordnet.

Man schreibt hierfür $(a_n)_{n \in \mathbb{N}}$ oder $(a_0, a_1, a_2, \ldots)$.
Kleine Verallgemeinerung: Sei n_0 eine ganze Zahl. Dann bezeichnet man $(a_n)_{n \geq n_0}$ oder $(a_{n_0}, a_{n_0+1}, a_{n_0+2}, \ldots)$ ebenfalls als Folge.

Beispiele

(4.1) Sei $a_n = a$ für alle $n \in \mathbb{N}$. Man erhält die konstante Folge $(a, a, a, a, \ldots)$.

(4.2) Sei $a_n = \frac{1}{n}$, $(n \geq 1)$. Dies ergibt $(1, \frac{1}{2}, \frac{1}{3}, \frac{1}{4}, \ldots)$.

(4.3) $a_n = (-1)^n$: $(1, -1, 1, -1, 1, -1, \ldots)$.

(4.4) $a_n = \frac{n}{n+1}$: $(0, \frac{1}{2}, \frac{2}{3}, \frac{3}{4}, \frac{4}{5}, \ldots)$.

(4.5) $a_n = \frac{n}{2^n}$: $(0, \frac{1}{2}, \frac{1}{2}, \frac{3}{8}, \frac{1}{4}, \frac{5}{32}, \ldots)$.

(4.6) Sei $a_0 = 1$, $a_1 = 1$ und $a_n = a_{n-1} + a_{n-2}$ für $n \geq 2$. Dadurch ist rekursiv eine Folge definiert. Diese Folge

$$(1, 1, 2, 3, 5, 8, 13, 21, \ldots),$$

in der jedes Glied von der dritten Stelle an gleich der Summe der zwei vorangehenden Zahlen ist, heißt Folge der „Fibonacci-Zahlen".

(4.7) Sei b eine beliebige reelle Zahl und $a_n = b^n$. Dann ist

$$(a_n)_{n \in \mathbb{N}} = (1, b, b^2, b^3, \ldots).$$

Definition. Sei $(a_n)_{n \in \mathbb{N}}$ eine Folge reeller Zahlen. Die Folge heißt *konvergent* gegen $a \in \mathbb{R}$ (in Zeichen: $\lim\limits_{n\to\infty} a_n = a$ oder kurz: $\lim a_n = a$), falls gilt:

Zu jedem $\epsilon > 0$ gibt es ein $N(\epsilon) \in \mathbb{N}$, so daß

$|a_n - a| < \epsilon$ für alle $n \geq N(\epsilon)$.

Dabei deutet die Schreibweise $N(\epsilon)$ an, daß diese natürliche Zahl von ϵ abhängt. Im allgemeinen wird man $N(\epsilon)$ um so größer wählen müssen, je kleiner ϵ ist.

Andere Formulierung: Die Folge $(a_n)_{n \in \mathbb{N}}$ heißt konvergent gegen a, wenn in jeder ϵ-Umgebung von a fast alle Glieder der Folge liegen. Dabei versteht man unter der ϵ-Umgebung von a das Intervall (siehe Bild 1)

$$]a - \epsilon, a + \epsilon[:= \{x \in \mathbb{R}: |x - a| < \epsilon\} = \{x \in \mathbb{R}: a - \epsilon < x < a + \epsilon\}.$$

„Fast alle" bedeutet alle bis auf endlich viele.

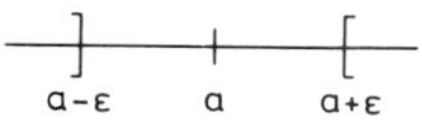

Bild 1. ϵ-Umgebung

Es gilt also genau dann $\lim a_n = a$, wenn in jedem Intervall $]a - \epsilon, a + \epsilon[$ (für beliebig kleines $\epsilon > 0$) unendlich viele, außerhalb aber höchstens endlich viele Glieder der Folge liegen.

Definition. Eine Folge reeller Zahlen heißt *divergent*, wenn sie gegen keine reelle Zahl konvergiert.

Behandlung der Beispiele

(4.1) Wenn $a_n = a$ für alle n, so gilt $\lim a_n = a$. Denn sei $\epsilon > 0$ beliebig vorgegeben. Dann gilt

$|a_n - a| = 0 < \epsilon$ für alle $n \geq 0$.

(4.2) $\lim\limits_{n\to\infty} \frac{1}{n} = 0$. Sei $\epsilon > 0$ vorgegeben und $N(\epsilon)$ eine natürliche Zahl mit $N(\epsilon) > \frac{1}{\epsilon}$. Dann ist

$$\left|\frac{1}{n} - 0\right| = \frac{1}{n} < \epsilon \quad \text{für alle } n \geq N(\epsilon).$$

(4.3) Die Folge $a_n = (-1)^n$, $n \in \mathbb{N}$, divergiert.

Beweis. Angenommen, die Folge (a_n) konvergiert gegen eine reelle Zahl a. Dann gibt es nach Definition für $\epsilon = 1$ ein $N \in \mathbb{N}$ mit

$|a_n - a| < 1$ für alle $n \geq N$.

Für alle $n \geq N$ gilt dann nach der Dreiecksungleichung

$$2 = |a_{n+1} - a_n| = |(a_{n+1} - a) + (a - a_n)| \leq$$
$$\leq |a_{n+1} - a| + |a - a_n| < 1 + 1 = 2.$$

Es ergibt sich also der Widerspruch $2 < 2$, d.h. die Folge kann nicht gegen a konvergieren.

(4.4) $\lim\limits_{n\to\infty} \frac{n}{n+1} = 1$. Denn sei $\epsilon > 0$ beliebig. Dann ist

$$\left|\frac{n}{n+1} - 1\right| = \frac{1}{n+1} < \epsilon \quad \text{für alle } n \geq \frac{1}{\epsilon}\,.$$

(4.5) $\lim\limits_{n\to\infty} \frac{n}{2^n} = 0$.

Beweis. Für alle $n > 3$ gilt $n^2 \leq 2^n$, wie man durch vollständige Induktion beweist (vgl. Aufgabe 3.1). Daraus folgt

$$\frac{n^2}{2^n} \leq 1, \text{ also } \frac{n}{2^n} \leq \frac{1}{n}\,.$$

Sei $\epsilon > 0$ vorgegeben und $N(\epsilon) > \max(3, \frac{1}{\epsilon})$. Dann ist

$$\left|\frac{n}{2^n} - 0\right| = \frac{n}{2^n} \leq \frac{1}{n} < \epsilon \quad \text{für alle } n \geq N(\epsilon), \text{ q.e.d.}$$

Bevor wir die nächsten Beispiele behandeln, führen wir den Begriff der Beschränktheit von Folgen ein.

Definition. Eine Folge $(a_n)_{n\in\mathbb{N}}$ reeller Zahlen heißt *nach oben* (bzw. *nach unten*) *beschränkt*, wenn es ein $K \in \mathbb{R}$ gibt, so daß $a_n \leq K$ (bzw. $a_n \geq K$) für alle $n \in \mathbb{N}$. Die Folge heißt *beschränkt*, wenn sie nach oben und unten beschränkt ist.

Bemerkung. Die Folge (a_n) ist genau dann beschränkt, wenn es ein $M \geq 0$ gibt, so daß $|a_n| \leq M$ für alle n.

Satz 1. *Jede konvergente Folge* $(a_n)_{n\in\mathbb{N}}$ *ist beschränkt.*

Beweis. Sei $\lim a_n = a$. Dann gibt es ein $N \in \mathbb{N}$, so daß

$$|a_n - a| < 1 \quad \text{für alle } n \geq N.$$

Daraus folgt

$$|a_n| \leq |a| + |a_n - a| \leq |a| + 1 \quad \text{für } n \geq N.$$

Sei $M := \max(|a_0|, |a_1|, \ldots, |a_{N-1}|, |a| + 1)$. Damit gilt

$$|a_n| \leq M \quad \text{für alle } n \in \mathbb{N}, \text{ q.e.d.}$$

Bemerkung. Die Umkehrung von Satz 1 gilt nicht. Z.B. ist die Folge $a_n = (-1)^n$, $n \in \mathbb{N}$, beschränkt, aber nicht konvergent.

(4.6) Die Folge (a_n) der Fibonacci-Zahlen divergiert. Denn man zeigt leicht durch vollständige Induktion, daß $a_n \geq n$ für alle n. Die Folge ist also nicht beschränkt, kann deshalb nach Satz 1 nicht konvergieren.

(4.7) Das Konvergenzverhalten der Folge $(b^n)_{n\in\mathbb{N}}$ hängt vom Wert von b ab.

1. Fall. Für $|b| < 1$ gilt $\lim\limits_{n\to\infty} b^n = 0$.

Beweis. Nach § 3, Corollar zu Satz 3, existiert zu vorgegebenem $\epsilon > 0$ ein $N \in \mathbb{N}$ mit $|b|^N < \epsilon$. Dann ist

$$|b^n - 0| = |b^n| = |b|^n \leq |b|^N < \epsilon \quad \text{für alle } n \geq N.$$

2. Fall. Für $b = 1$ ist $b^n = 1$ für alle n, also $\lim b^n = 1$.

3. Fall. $b = -1$. Nach Beispiel (4.3) divergiert die Folge $(-1)^n$.

4. Fall. Sei $|b| > 1$. Dann divergiert die Folge (b^n). Denn aus § 3, Satz 3, ergibt sich, daß die Folge (b^n) unbeschränkt ist.

Satz 2 (Eindeutigkeit des Limes). *Die Folge* $(a_n)_{n \in \mathbb{N}}$ *konvergiere sowohl gegen* a *als auch gegen* a'. *Dann gilt* $a = a'$.

Bemerkung. Satz 2 macht die Schreibweise $\lim\limits_{n\to\infty} a_n = a$ erst sinnvoll.

Beweis. Angenommen, es wäre $a \neq a'$. Sei $\epsilon := |a - a'|/2$.
Da $\lim a_n = a$, gibt es ein $N_1 \in \mathbb{N}$, so daß $|a_n - a| < \epsilon$ für $n \geq N_1$.
Da $\lim a_n = a'$, gibt es ein $N_2 \in \mathbb{N}$, so daß $|a_n - a'| < \epsilon$ für $n \geq N_2$.
Für $n := \max(N_1, N_2)$ gilt dann sowohl $|a_n - a| < \epsilon$ als auch $|a_n - a'| < \epsilon$.
Daraus folgt

$$|a - a'| = |(a - a_n) + (a_n - a')| \leq |a_n - a| + |a_n - a'| < 2\epsilon = |a - a'|,$$

d.h. $|a - a'| < |a - a'|$. Dies ist Widerspruch, also muß doch $a = a'$ sein, q.e.d.

Häufig geht man bei der Untersuchung der Konvergenz von Folgen nicht direkt auf die Definition zurück, sondern führt sie nach gewissen Regeln auf schon bekannte Folgen zurück. Dazu dienen die nächsten Sätze.

Satz 3 (Summe konvergenter Folgen). *Seien* $(a_n)_{n \in \mathbb{N}}$ *und* $(b_n)_{n \in \mathbb{N}}$ *zwei konvergente Folgen reeller Zahlen mit* $\lim a_n = a$ *und* $\lim b_n = b$. *Dann ist auch die Folge* $(c_n)_{n \in \mathbb{N}}$ *mit* $c_n := a_n + b_n$ *konvergent und es gilt*

$$\lim_{n\to\infty} c_n = a + b.$$

Anders ausgedrückt: $\lim\limits_{n\to\infty} (a_n + b_n) = \lim\limits_{n\to\infty} a_n + \lim\limits_{n\to\infty} b_n$.

Beweis. Sei $\epsilon > 0$ beliebig vorgegeben. Dann ist auch $\frac{\epsilon}{2} > 0$. Wegen der Konvergenz der Folgen (a_n) und (b_n) existieren $N_1, N_2 \in \mathbb{N}$ mit

$$|a_n - a| < \frac{\epsilon}{2} \text{ für } n \geq N_1 \quad \text{und} \quad |b_n - b| < \frac{\epsilon}{2} \text{ für } n \geq N_2.$$

Dann gilt für alle $n \geq N := \max(N_1, N_2)$

$$|(a_n + b_n) - (a + b)| \leq |a_n - a| + |b_n - b| < \frac{\epsilon}{2} + \frac{\epsilon}{2} = \epsilon, \text{ q.e.d.}$$

(4.8) *Beispiel.* Sei $c_n = \frac{n+1}{n}$, $n \geq 1$. Wir setzen $a_n = 1$ und $b_n = \frac{1}{n}$. Dann gilt $c_n = a_n + b_n$. Wie bereits gezeigt, ist $\lim a_n = 1$ und $\lim b_n = 0$. Also gilt

$$\lim_{n\to\infty} \frac{n+1}{n} = \lim c_n = \lim a_n + \lim b_n = 1 + 0 = 1.$$

Satz 4 (Produkt konvergenter Folgen). *Seien* $(a_n)_{n\in\mathbb{N}}$ *und* $(b_n)_{n\in\mathbb{N}}$ *zwei konvergente Folgen reeller Zahlen. Dann ist auch die Folge* $(a_n b_n)_{n\in\mathbb{N}}$ *konvergent und es gilt*

$$\lim_{n\to\infty}(a_n b_n) = (\lim_{n\to\infty} a_n)(\lim_{n\to\infty} b_n)\,.$$

Beweis. Sei $\lim a_n =: a$ und $\lim b_n =: b$. Nach Satz 1 ist die Folge (a_n) beschränkt, es gibt also ein $K > 0$, so daß $|a_n| \le K$ für alle n. Wir können außerdem (durch eventuelle Vergrößerung von K) annehmen, daß $|b| \le K$. Wegen der Konvergenz der Folgen (a_n) und (b_n) gibt es zu vorgegebenem $\epsilon > 0$ natürliche Zahlen N_1 und N_2, so daß

$$|a_n - a| < \frac{\epsilon}{2K} \quad \text{für } n \ge N_1 \quad \text{bzw.} \ |b_n - b| < \frac{\epsilon}{2K} \quad \text{für } n \ge N_2\,.$$

Für alle $n \ge N := \max(N_1, N_2)$ gilt dann

$$|a_n b_n - ab| = |a_n(b_n - b) + (a_n - a)b| \le |a_n|\,|b_n - b| + |a_n - a|\,|b|$$

$$< K\cdot\frac{\epsilon}{2K} + \frac{\epsilon}{2K}\cdot K = \epsilon, \text{ q.e.d.}$$

Corollar 1. *Sei* $(a_n)_{n\in\mathbb{N}}$ *eine konvergente Folge reeller Zahlen und* $\lambda \in \mathbb{R}$. *Dann ist auch die Folge* $(\lambda a_n)_{n\in\mathbb{N}}$ *konvergent und es gilt*

$$\lim_{n\to\infty}(\lambda a_n) = \lambda \lim_{n\to\infty} a_n\,.$$

Man erhält dieses aus Satz 4, wenn man für (b_n) die konstante Folge $b_n = \lambda$ wählt.

Corollar 2 (Differenz konvergenter Folgen). *Seien* $(a_n)_{n\in\mathbb{N}}$ *und* $(b_n)_{n\in\mathbb{N}}$ *konvergente Folgen reeller Zahlen. Dann ist auch die Folge* $(a_n - b_n)_{n\in\mathbb{N}}$ *konvergent und es gilt*

$$\lim_{n\to\infty}(a_n - b_n) = \lim_{n\to\infty} a_n - \lim_{n\to\infty} b_n\,.$$

Dies folgt aus Corollar 1 und Satz 3, da $a_n - b_n = a_n + (-1)\,b_n$.

Satz 5 (Quotient konvergenter Folgen). *Seien* $(a_n)_{n\in\mathbb{N}}$ *und* $(b_n)_{n\in\mathbb{N}}$ *konvergente Folgen reeller Zahlen mit* $\lim b_n =: b \neq 0$. *Dann gibt es ein* $n_0 \in \mathbb{N}$, *so daß* $b_n \neq 0$ *für* $n \ge n_0$ *und die Folge* $\left(\frac{a_n}{b_n}\right)_{n\ge n_0}$ *ist konvergent. Für ihren Grenzwert gilt*

$$\lim\left(\frac{a_n}{b_n}\right) = \frac{\lim a_n}{\lim b_n}\,.$$

Beweis. Wir behandeln zunächst den Spezialfall, daß (a_n) die konstante Folge $a_n = 1$ ist. Da $b \neq 0$, gibt es ein $n_0 \in \mathbb{N}$, so daß

$$|b_n - b| < \frac{|b|}{2} \quad \text{für alle } n \ge n_0\,.$$

Daraus folgt $|b_n| \ge |b|/2$, insbesondere $b_n \neq 0$ für alle $n \ge n_0$. Zu vorgegebenem $\epsilon > 0$ gibt es ein $N_1 \in \mathbb{N}$, so daß

$$|b_n - b| < \frac{\epsilon\,|b|^2}{2} \quad \text{für alle } n \ge N_1\,.$$

Dann gilt für $n \geq N := \max(n_0, N_1)$

$$\left|\frac{1}{b_n} - \frac{1}{b}\right| = \left|\frac{b - b_n}{b_n b}\right| = \frac{1}{|b_n||b|} \cdot |b_n - b| < \frac{2}{|b|^2} \cdot \frac{\epsilon |b|^2}{2} = \epsilon,$$

also $\lim \frac{1}{b_n} = \frac{1}{b}$. Der allgemeine Fall läßt sich mithilfe von Satz 4 auf diesen Spezialfall zurückführen, da $\frac{a_n}{b_n} = a_n \cdot \frac{1}{b_n}$.

(4.9) Wir betrachten als Beispiel die Folge $a_n := \frac{3n^2+13n}{n^2-2}$, $n \in \mathbb{N}$. Für $n > 0$ kann man schreiben $a_n = \frac{3+13/n}{1-2/n^2}$. Da $\lim \frac{1}{n} = 0$, gilt nach Satz 4 auch $\lim \frac{1}{n^2} = 0$ und nach Corollar 1 ist $\lim \frac{13}{n} = 0$ und $\lim \frac{2}{n^2} = 0$, also $\lim (3 + \frac{13}{n}) = 3$ und $\lim(1 - \frac{2}{n^2}) = 1$. Damit ergibt sich

$$\lim_{n\to\infty} \frac{3n^2 + 13n}{n^2 - 2} = \frac{\lim(3 + \frac{13}{n})}{\lim(1 - \frac{2}{n^2})} = \frac{3}{1} = 3.$$

Satz 6. *Seien* $(a_n)_{n \in \mathbb{N}}$ *und* $(b_n)_{n \in \mathbb{N}}$ *zwei konvergente Folgen reeller Zahlen mit* $a_n \leq b_n$ *für alle* $n \in \mathbb{N}$. *Dann gilt auch*

$$\lim_{n\to\infty} a_n \leq \lim_{n\to\infty} b_n.$$

Vorsicht! Wenn $a_n < b_n$ für alle n, dann ist nicht notwendig $\lim a_n < \lim b_n$, wie man an dem Beispiel der Folgen $a_n = 0$ und $b_n = \frac{1}{n}$ $(n \geq 1)$ sieht, die beide gegen 0 konvergieren.

Beweis. Angenommen, es sei $\lim b_n =: b < a =: \lim a_n$. Dann ist $\epsilon := (a-b)/2 > 0$, es gibt also $N_1, N_2 \in \mathbb{N}$ mit

$$|a_n - a| < \epsilon \text{ für } n \geq N_1 \text{ und } |b_n - b| < \epsilon \text{ für } n \geq N_2.$$

Für $n \geq \max(N_1, N_2)$ gilt dann

$$a_n > a - \epsilon \text{ und } b_n < b + \epsilon.$$

Nach Definition von ϵ ist aber $a - \epsilon = b + \epsilon$, also folgt $b_n < a_n$. Dies ist ein Widerspruch zu $a_n \leq b_n$.

Corollar. *Sei* $(a_n)_{n \in \mathbb{N}}$ *eine konvergente Folge reeller Zahlen mit* $A \leq a_n \leq B$ *für alle* n. *Dann gilt auch*

$$A \leq \lim_{n\to\infty} a_n \leq B.$$

Unendliche Reihen

Sei $(a_n)_{n \in \mathbb{N}}$ eine Folge reeller Zahlen. Die Folge

$$s_n := \sum_{k=0}^{n} a_k, \quad n \in \mathbb{N},$$

der Partialsummen heißt (unendliche) Reihe und wird mit $\sum_{k=0}^{\infty} a_k$ bezeichnet.

Konvergiert die Folge $(s_n)_{n \in \mathbb{N}}$, so wird ihr Grenzwert ebenfalls mit $\sum_{k=0}^{\infty} a_k$ bezeichnet.

$\sum_{k=0}^{\infty} a_k$ bedeutet also zweierlei:

i) Die Folge $\left(\sum_{k=0}^{n} a_k\right)_{n \in \mathbb{N}}$ der Partialsummen.

ii) Im Falle der Konvergenz den Grenzwert $\lim_{n \to \infty} \sum_{k=0}^{n} a_k$.

Übrigens läßt sich jede Folge $(c_n)_{n \in \mathbb{N}}$ auch als Reihe darstellen. Denn es gilt

$$c_n = c_0 + \sum_{k=1}^{n} (c_k - c_{k-1}),\ n \in \mathbb{N}\,.$$

(4.10) Wir betrachten als Beispiel die Reihe $\sum_{k=1}^{\infty} \frac{1}{k(k+1)}$. Hier ist $s_n := \sum_{k=1}^{n} \frac{1}{k(k+1)} = \frac{n}{n+1}$, wie man leicht durch Induktion beweist. Da $\lim s_n = 1$, konvergiert die unendliche Reihe und es gilt

$$\sum_{k=1}^{\infty} \frac{1}{k(k+1)} = 1\,.$$

Satz 7 (Unendliche geometrische Reihe). *Sei* $|x| < 1$. *Dann gilt*

$$\sum_{k=0}^{\infty} x^k = \frac{1}{1-x}\,.$$

Beweis. Für die Partialsummen gilt nach § 1, Satz 6

$$s_n = \sum_{k=0}^{n} x^k = \frac{1-x^{n+1}}{1-x}\,.$$

Nach Beispiel (4.7) ist $\lim_{n \to \infty} x^{n+1} = 0$, also $\lim s_n = \frac{1}{1-x}$, q.e.d.

Beispiele

(4.11) $1 + \frac{1}{2} + \frac{1}{4} + \frac{1}{8} + \ldots = \frac{1}{1-\frac{1}{2}} = 2.$

(4.12) $1 - \frac{1}{2} + \frac{1}{4} - \frac{1}{8} \pm \ldots = \frac{1}{1-(-\frac{1}{2})} = \frac{2}{3}\,.$

Satz 8. *Seien* $\sum_{k=0}^{\infty} a_k$ *und* $\sum_{k=0}^{\infty} b_k$ *zwei konvergente Reihen und* $\lambda \in \mathbb{R}$. *Dann sind auch die Reihen* $\sum_{k=0}^{\infty} (a_k + b_k)$, $\sum_{k=0}^{\infty} (a_k - b_k)$ *und* $\sum_{k=0}^{\infty} (\lambda a_k)$ *konvergent und* *es gilt*

$$\sum_{k=0}^{\infty} (a_k \pm b_k) = \sum_{k=0}^{\infty} a_k \pm \sum_{k=0}^{\infty} b_k\,,$$

$$\sum_{k=0}^{\infty} \lambda a_k = \lambda \sum_{k=0}^{\infty} a_k\,.$$

Bemerkung. Für das Produkt zweier unendlicher Reihen gilt keine so einfache Formel, vgl. dazu § 8, Satz 3.

Beweis. Sei $c_n := \sum\limits_{k=0}^{n} a_k$ und $d_n := \sum\limits_{k=0}^{n} b_k$. Dann ist

$$\sum_{k=0}^{n} (a_k + b_k) = \sum_{k=0}^{n} a_k + \sum_{k=0}^{n} b_k = c_n + d_n\,.$$

Nach Satz 3 gilt

$$\sum_{k=0}^{\infty} (a_k + b_k) = \lim_{n\to\infty} (c_n + d_n) = \lim_{n\to\infty} c_n + \lim_{n\to\infty} d_n = \sum_{k=0}^{\infty} a_k + \sum_{k=0}^{\infty} b_k\,.$$

Die anderen Formeln werden analog auf die Corollare 1 und 2 von Satz 4 zurückgeführt.

(4.13) Beispiel: Periodischer Dezimalbruch.

$$x = 0{,}0354\overline{47}$$

bedeutet

$$x = \frac{35}{1000} + \frac{47}{10^5} + \frac{47}{10^7} + \ldots = \frac{35}{1000} + \sum_{k=0}^{\infty} \frac{47}{10^{5+2k}}\,.$$

Nach Satz 8 und Satz 7 ist

$$\sum_{k=0}^{\infty} \frac{47}{10^{5+2k}} = \frac{47}{10^5} \sum_{k=0}^{\infty} \frac{1}{10^{2k}} = \frac{47}{10^5} \cdot \frac{1}{1-10^{-2}} = \frac{47}{99000}\,,$$

also

$$x = \frac{35}{1000} + \frac{47}{99000} = \frac{439}{12375}\,.$$

Bestimmte Divergenz gegen $\pm\infty$

Definition. Eine Folge $(a_n)_{n\in\mathbb{N}}$ reeller Zahlen heißt *bestimmt divergent* gegen $+\infty$ (bzw. $-\infty$), wenn es zu jedem $K \in \mathbb{R}$ ein $N \in \mathbb{N}$ gibt, so daß

$a_n > K$ (bzw. $a_n < K$) für alle $n \geq N$.

Schreibweise: $\lim\limits_{n\to\infty} a_n = \infty$ (bzw. $\lim\limits_{n\to\infty} a_n = -\infty$).

Statt bestimmt divergent sagt man auch *uneigentlich konvergent*.

Beispiele

(4.14) Die Folge $a_n = n$, $n \in \mathbb{N}$, divergiert bestimmt gegen $+\infty$.

(4.15) Die Folge $a_n = -2^n$, $n \in \mathbb{N}$, divergiert bestimmt gegen $-\infty$.

(4.16) Die Folge $a_n = (-1)^n n$, $n \in \mathbb{N}$, divergiert. Sie divergiert jedoch nicht bestimmt gegen $+\infty$ oder $-\infty$.

Bemerkungen

a) Wie aus der Definition unmittelbar folgt, ist eine Folge, die bestimmt nach $+\infty$ (bzw. $-\infty$) divergiert, nicht nach oben (bzw. nicht nach unten) beschränkt. Die Umkehrung gilt jedoch nicht, wie das Beispiel (4.16) zeigt.

b) $+\infty$ und $-\infty$ sind Symbole, deren Bedeutung durch die Definition genau festgelegt ist. Sie lassen sich nicht als reelle Zahlen auffassen, sonst ergäben sich Widersprüche. Sei etwa $a_n = n$, $b_n = 1$ und $c_n = a_n + b_n = n + 1$. Dann ist $\lim a_n = \infty$, $\lim b_n = 1$, $\lim c_n = \infty$. Könnte man mit ∞ so rechnen wie mit reellen Zahlen, würde nach Satz 3 gelten $\infty + 1 = \infty$ und wegen der Eindeutigkeitsaussage (2.4) erhielte man den Widerspruch $1 = 0$.

Satz 9. *Die Folge* $(a_n)_{n \in \mathbb{N}}$ *sei bestimmt divergent gegen* $+\infty$ *oder* $-\infty$. *Dann gibt es ein* $n_0 \in \mathbb{N}$, *so daß* $a_n \neq 0$ *für alle* $n \geq n_0$ *und die Folge* $\left(\frac{1}{a_n}\right)_{n \geq n_0}$ *ist konvergent mit*

$$\lim_{n \to \infty} \frac{1}{a_n} = 0.$$

Beweis. Sei $\lim a_n = +\infty$. Dann gibt es nach Definition ein $n_0 \in \mathbb{N}$ mit $a_n > 0$ für alle $n \geq n_0$. Insbesondere ist dann $a_n \neq 0$ für $n \geq n_0$. Wir zeigen jetzt $\lim(1/a_n) = 0$. Sei $\epsilon > 0$ vorgegeben. Wegen $\lim a_n = \infty$ gibt es ein $N \in \mathbb{N}$ mit

$$a_n > \frac{1}{\epsilon} \quad \text{für alle } n \geq N.$$

Daraus folgt $\left|\frac{1}{a_n}\right| < \epsilon$ für $n \geq N$, q.e.d.

Der Fall $\lim a_n = -\infty$ wird durch Übergang zur Folge $(-a_n)$ bewiesen.

Satz 10. *Sei* $(a_n)_{n \in \mathbb{N}}$ *eine Folge positiver (bzw. negativer) reeller Zahlen mit* $\lim\limits_{n \to \infty} a_n = 0$. *Dann divergiert die Folge* $\left(\frac{1}{a_n}\right)_{n \in \mathbb{N}}$ *bestimmt gegen* $+\infty$ *(bzw.* $-\infty$*).*

Beweis. Wir behandeln den Fall $a_n > 0$ für alle n. Sei $K > 0$ vorgegeben. Wegen $\lim a_n = 0$ gibt es ein $N \in \mathbb{N}$, so daß

$$|a_n| < \epsilon := \frac{1}{K} \quad \text{für alle } n \geq N.$$

Also ist

$$\frac{1}{a_n} = \frac{1}{|a_n|} > \frac{1}{\epsilon} = K \quad \text{für alle } n \geq N,$$

d.h. $\lim(1/a_n) = +\infty$. Der Fall $a_n < 0$ wird ähnlich bewiesen.

(4.17) Beispielsweise ist $\lim\limits_{n\to\infty} \frac{2^n}{n} = \infty$, wie aus (4.5) folgt.

▲ Aufgaben

4.1. Seien a und b reelle Zahlen. Die Folge $(a_n)_{n\in\mathbb{N}}$ sei wie folgt rekursiv definiert:

$$a_0 := a,\quad a_1 := b,\quad a_n := \frac{1}{2}(a_{n-1} + a_{n-2}) \text{ für } n \geq 2.$$

Man beweise, daß die Folge konvergiert und bestimme ihren Grenzwert.

4.2. Man berechne die Summe der Reihe $\sum\limits_{n=1}^{\infty} \frac{1}{4n^2 - 1}$.

4.3. Man berechne das unendliche Produkt $\prod\limits_{n=2}^{\infty} \frac{n^3 - 1}{n^3 + 1}$, d.h. den Limes der Folge $p_k := \prod\limits_{n=2}^{k} \frac{n^3 - 1}{n^3 + 1}$, $k \geq 2$.

4.4. Die Folge $(a_n)_{n\in\mathbb{N}}$ konvergiere gegen $a \in \mathbb{R}$. Man beweise, daß die Folge

$$b_n := \frac{1}{n+1}(a_0 + a_1 + \ldots + a_n),\quad n \in \mathbb{N},$$

ebenfalls gegen a konvergiert.

4.5.

i) Man zeige: Für jede natürliche Zahl k gilt $\lim\limits_{n\to\infty} \frac{1}{2^n}\binom{n}{k} = 0$.

ii) Man beweise: Konvergiert die Folge $(a_n)_{n\in\mathbb{N}}$ gegen a, so konvergiert auch die Folge $b_n := \frac{1}{2^n} \sum\limits_{k=0}^{n} \binom{n}{k} a_k$, $n \in \mathbb{N}$, gegen a.

4.6. Seien (a_n) und (b_n) Folgen reeller Zahlen mit $\lim a_n = \infty$ und $\lim b_n =: b \in \mathbb{R}$.
Man beweise:

i) $\lim(a_n + b_n) = \infty$.

ii) Ist $b > 0$, so gilt $\lim(a_n b_n) = \infty$; ist $b < 0$, so gilt $\lim(a_n b_n) = -\infty$.

4.7. Man gebe Beispiele von Folgen reeller Zahlen (a_n) und (b_n) mit $\lim a_n = \infty$, $\lim b_n = 0$ an, so daß jeder der folgenden Fälle eintritt:

i) $\lim(a_n b_n) = +\infty$.

ii) $\lim(a_n b_n) = -\infty$.

iii) $\lim(a_n b_n) = c$, wobei c eine beliebig vorgegebene reelle Zahl ist.

iv) Die Folge $(a_n b_n)$ ist beschränkt, konvergiert aber nicht.

§ 5. Das Vollständigkeitsaxiom

Mithilfe der bisher behandelten Axiome läßt sich noch nicht die Existenz von Irrationalzahlen beweisen, denn alle diese Axiome gelten auch im Körper der rationalen Zahlen. Bekanntlich gibt es (was schon die alten Griechen wußten) keine rationale Zahl, deren Quadrat gleich 2 ist. Also läßt sich aus den bisherigen Axiomen noch nicht einmal die Existenz der Quadratwurzel aus 2 beweisen. Es ist ein weiteres Axiom nötig, das sogenannte Vollständigkeitsaxiom. Aus diesem folgt unter anderem, daß jeder unendliche Dezimalbruch (ob periodisch oder nicht) gegen eine reelle Zahl konvergiert.

Definition. Eine Folge $(a_n)_{n \in \mathbb{N}}$ reeller Zahlen heißt *Cauchy-Folge*, wenn gilt: Zu jedem $\epsilon > 0$ existiert ein $N \in \mathbb{N}$, so daß

$$|a_n - a_m| < \epsilon \quad \text{für alle } n, m \geq N.$$

Grob gesprochen kann man also sagen: Eine Folge ist eine Cauchy-Folge, wenn die Folgenglieder untereinander beliebig wenig abweichen, falls nur der Index genügend hoch ist. Bei konvergenten Folgen ist das der Fall, wie der nächste Satz zeigt.

Satz 1. *Jede konvergente Folge reeller Zahlen ist eine Cauchy-Folge.*

Beweis. Die Folge (a_n) konvergiere gegen a. Dann gibt es zu vorgegebenem $\epsilon > 0$ ein $N \in \mathbb{N}$, so daß

$$|a_n - a| < \frac{\epsilon}{2} \quad \text{für alle } n \geq N.$$

Für alle $n, m \geq N$ gilt dann

$$|a_n - a_m| = |(a_n - a) - (a_m - a)| \leq |a_n - a| + |a_m - a| < \frac{\epsilon}{2} + \frac{\epsilon}{2} = \epsilon, \text{ q.e.d.}$$

Die Umkehrung von Satz 1 formulieren wir nun als Axiom.

Vollständigkeitsaxiom. In $\mathbb{R}$ konvergiert jede Cauchy-Folge.

Das wesentliche hierbei ist, daß in der Definition der Cauchy-Folge nur auf die Folgenglieder selbst und nicht auf einen eventuellen Grenzwert Bezug genommen wird. Das Vollständigkeitsaxiom garantiert dann die Existenz eines Grenzwertes.

Bemerkung. Wir werden im nächsten Paragraphen mithilfe des Vollständigkeitsaxioms die Existenz der Quadratwurzeln aus jeder positiven reellen Zahl beweisen, was mit den bisherigen Axiomen allein noch nicht möglich war. Infolgedessen läßt sich auch das Vollständigkeitsaxiom nicht mithilfe der bisherigen Axiome beweisen, ist also von ihnen unabhängig.

Um das Vollständigkeitsaxiom plausibel zu machen, betrachten wir eine Cauchy-Folge $(a_n)_{n \in \mathbb{N}}$. Nach Definition gibt es natürliche Zahlen $n_0 < n_1 < n_2 < \ldots$, so daß

$$|a_n - a_m| < 2^{-k-1} \quad \text{für alle } n, m \geq n_k.$$

Es bezeichne

$$I_k := \{x \in \mathbb{R} : |x - a_{n_k}| \leq 2^{-k}\}$$

das Intervall mit Mittelpunkt a_{n_k} und Länge $2 \cdot 2^{-k}$. Es gilt $I_{k+1} \subset I_k$ für alle k.

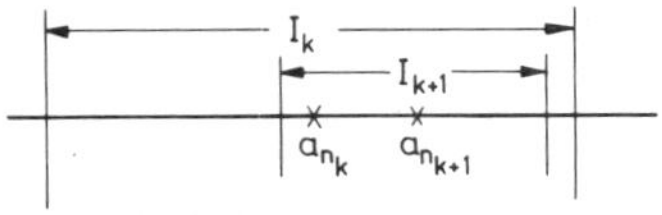

Bild 2

Denn sei etwa $x \in I_{k+1}$. Dann ist $|x - a_{n_{k+1}}| \leq 2^{-k-1}$; außerdem ist

$$|a_{n_{k+1}} - a_{n_k}| < 2^{-k-1},$$

woraus nach der Dreiecksungleichung folgt $|x - a_{n_k}| < 2^{-k}$, d.h. $x \in I_k$ (vgl. Bild 2). Wir haben also eine Folge ineinandergeschachtelter Intervalle

$$I_0 \supset I_1 \supset I_2 \supset I_3 \supset \ldots .$$

Die Längen der Intervalle konvergieren gegen null und es gilt $a_n \in I_k$ für alle $n \geq n_k$. Man hat sich vorzustellen, daß die Intervalle auf den Limes der betrachteten Cauchy-Folge zusammenschrumpfen.

b-adische Brüche

Sei b eine natürliche Zahl ≥ 2. Unter einem b-adischen Bruch versteht man eine Reihe der Gestalt

$$\pm \sum_{n=-k}^{\infty} a_n b^{-n} .$$

Dabei ist $k \geq 0$ und die a_n sind natürliche Zahlen mit $0 \leq a_n < b$. Falls die Basis b festgelegt ist, kann man den b-adischen Bruch auch einfach durch Aneinanderreihung der Ziffern a_n angeben:

$$\pm\, a_{-k} a_{-k+1} \ldots a_{-1} a_0 , a_1 a_2 a_3 \ldots .$$

Für $b = 10$ spricht man von Dezimalbrüchen. Wichtig sind auch die dyadischen Brüche ($b = 2$), bei denen nur die Ziffern 0 und 1 benötigt werden. Die Babylonier haben das Sexagesimalsystem ($b = 60$) verwendet.

Satz 2. *Jeder b-adische Bruch stellt eine Cauchy-Folge dar, konvergiert also gegen eine reelle Zahl.*

Beweis. Es genügt, einen nicht-negativen b-adischen Bruch $\sum_{n=-k}^{\infty} a_n b^{-n}$ zu betrachten.

Für $n \geq -k$ sei $\quad x_n := \sum_{\nu=-k}^{n} a_\nu b^{-\nu}$.

Wir haben zu zeigen, daß die Folge $(x_n)_{n \geq -k}$ eine Cauchy-Folge ist. Sei $n \geq m \geq -k$. Dann gilt

$$|x_n - x_m| = \sum_{\nu=m+1}^{n} a_\nu b^{-\nu} \leq \sum_{\nu=m+1}^{n} (b-1) b^{-\nu} \leq (b-1) b^{-m-1} \sum_{\nu=0}^{n-m-1} b^{-\nu}$$

$$\leq (b-1) b^{-m-1} \frac{1}{1-b^{-1}} = b^{-m} < \epsilon, \text{ falls } m \text{ hinreichend groß.}$$

Damit ist die Behauptung bewiesen.

Satz 3. *Sei* b *eine natürliche Zahl* ≥ 2. *Dann läßt sich jede reelle Zahl in einen b-adischen Bruch entwickeln.*

Bemerkung. Aus Satz 3 folgt insbesondere, daß sich jede reelle Zahl beliebig genau durch rationale Zahlen approximieren läßt, denn die Partialsummen eines b-adischen Bruches sind rational.

Beweis. Es genügt, den Satz für reelle Zahlen $x \geq 0$ zu beweisen. Nach § 3, Satz 3, gibt es mindestens eine natürliche Zahl m mit $x < b^{m+1}$. Sei k die kleinste natürliche Zahl, so daß

$$0 \leq x < b^{k+1}.$$

Wir konstruieren jetzt durch vollständige Induktion eine Folge $(a_\nu)_{\nu \geq -k}$ von natürlichen Zahlen $0 \leq a_\nu \leq b-1$, so daß für jedes

$$x_n := \sum_{\nu=-k}^{n} a_\nu b^{-\nu}$$

gilt

$$x_n \leq x < x_n + b^{-n}.$$

Induktionsanfang. Wir betrachten die Unterteilung

$$0 = 0 \cdot b^k < 1 \cdot b^k < \ldots < (b-1)b^k < bb^k = b^{k+1}$$

des Intervalls von 0 bis b^{k+1}. Wegen $0 \leq x < b^{k+1}$ gibt es genau eine natürliche Zahl $0 \leq a_{-k} \leq b-1$ mit

$$x_{-k} = a_{-k}b^k \leq x < (a_{-k}+1)b^k = x_{-k} + b^k.$$

Induktionsschritt. Seien alle a_ν für $\nu \leq n$ schon konstruiert und

$$x_n \leq x < x_n + b^{-n}.$$

Wir betrachten die Intervallunterteilung

$$x_n < x_n + b^{-n-1} < x_n + 2b^{-n-1} < \ldots < x_n + bb^{-n-1} = x_n + b^{-n}.$$

Es gibt genau eine natürliche Zahl $0 \leq a_{n+1} \leq b-1$ mit

$$x_n + a_{n+1}b^{-n-1} \leq x < x_n + (a_{n+1}+1)b^{-n-1}.$$

Da $x_{n+1} = x_n + a_{n+1}b^{-n-1}$, hat man wieder

$$x_{n+1} \leq x < x_{n+1} + b^{-n-1}$$

und der Induktionsschritt ist vollendet (vgl. Bild 3). Nach Konstruktion gilt $|x - x_n| < b^{-n}$ für alle $n \geq -k$, d.h. $\lim\limits_{n\to\infty} x_n = x$. Also ist

$$x = \sum_{n=-k}^{\infty} a_n b^{-n}, \text{ q.e.d.}$$

Bemerkung. Die Sätze 2 und 3 sagen insbesondere, daß sich jede reelle Zahl durch einen (unendlichen) Dezimalbruch darstellen läßt und umgekehrt. Wir haben also, ausgehend von den Axiomen, die gewohnte Darstellung der reellen Zahlen wiedergefunden.

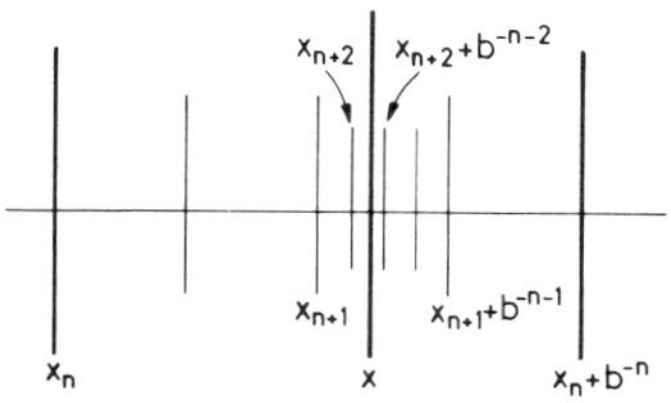

Bild 3. b-adische Entwicklung (b = 4)

Wir kommen jetzt zu dem für die Theorie äußerst wichtigen Satz von *Bolzano-Weierstraß.*

Definition (Teilfolge). Sei $(a_n)_{n \in \mathbb{N}}$ eine Folge und

$$n_0 < n_1 < n_2 < \ldots$$

eine aufsteigende Folge natürlicher Zahlen. Dann heißt die Folge

$$(a_{n_k})_{k \in \mathbb{N}} = (a_{n_0}, a_{n_1}, a_{n_2}, \ldots)$$

Teilfolge der Folge (a_n).

Es folgt unmittelbar aus den Definitionen: Ist $(a_n)_{n \in \mathbb{N}}$ eine konvergente Folge mit dem Limes a, so konvergiert auch jede Teilfolge gegen a.

Satz 4 (Bolzano-Weierstraß). *Jede beschränkte Folge* (a_n) *reeller Zahlen besitzt eine konvergente Teilfolge.*

Beweis.

a) Da die Folge (a_n) beschränkt ist, gibt es Zahlen $A, B \in \mathbb{R}$ mit $A \le a_n \le B$ für alle $n \in \mathbb{N}$. Wir betrachten das Intervall

$$[A, B] := \{x \in \mathbb{R}: A \le x \le B\}$$

und konstruieren durch vollständige Induktion eine Folge von Intervallen $[A_k, B_k]$, $k \in \mathbb{N}$, mit folgenden Eigenschaften:

i) In $[A_k, B_k]$ liegen unendlich viele Glieder der Folge (a_n),

ii) $[A_k, B_k] \subset [A_{k-1}, B_{k-1}]$,

iii) $B_k - A_k = 2^{-k}(B - A)$.

Induktionsanfang. Wir setzen $[A_0, B_0] := [A, B]$.

Induktionsschritt. Sei das Intervall $[A_k, B_k]$ mit den Eigenschaften i) bis iii) bereits konstruiert. Sei $M := (A_k + B_k)/2$ die Mitte des Intervalls. Da in $[A_k, B_k]$ unendliche viele Glieder der Folge liegen, müssen in mindestens einem der Intervalle $[A_k, M]$ und $[M, B_k]$ unendliche viele Glieder der Folge liegen. Wir setzen

$$[A_{k+1}, B_{k+1}] := \begin{cases} [A_k, M], & \text{falls in } [A_k, M] \text{ unendlich viele Folgen-} \\ & \text{glieder liegen,} \\ [M, B_k] & \text{sonst.} \end{cases}$$

Offenbar hat $[A_{k+1}, B_{k+1}]$ wieder die Eigenschaften i) bis iii).

b) Wir definieren nun induktiv eine Teilfolge $(a_{n_k})_{k \in \mathbb{N}}$ mit $a_{n_k} \in [A_k, B_k]$ für alle $k \in \mathbb{N}$.

Induktionsanfang. Wir setzen $a_{n_0} := a_0$.
Induktionsschritt. Da in dem Intervall $[A_{k+1}, B_{k+1}]$ unendlich viele Glieder der Folge (a_n) liegen, kann man ein $a_{n_{k+1}} \in [A_{k+1}, B_{k+1}]$ auswählen mit $n_{k+1} > n_k$.

c) Wir zeigen nun, daß die Teilfolge (a_{n_k}) konvergiert. Dazu genügt es zu zeigen, daß sie eine Cauchy-Folge ist.
Sei $\epsilon > 0$ vorgegeben und N so groß gewählt, daß $2^{-N}(B - A) < \epsilon$.
Dann gilt für alle $k, j \geq N$:

$$a_{n_k} \in [A_k, B_k] \subset [A_N, B_N] \text{ und } a_{n_j} \in [A_j, B_j] \subset [A_N, B_N].$$

Also ist

$$|a_{n_k} - a_{n_j}| \leq (\text{Länge des Intervalls } [A_N, B_N]) = 2^{-N}(B - A) < \epsilon, \text{ q.e.d.}$$

Definition. Eine Zahl a heißt *Häufungspunkt* einer Folge $(a_n)_{n \in \mathbb{N}}$, wenn es eine Teilfolge von (a_n) gibt, die gegen a konvergiert.

Beispiele

(5.1) Die Folge $a_n = (-1)^n$ besitzt die Häufungspunkte +1 und −1. Denn es gilt

$$\lim_{k\to\infty} a_{2k} = 1 \text{ und } \lim_{k\to\infty} a_{2k+1} = -1.$$

(5.2) Die Folge $a_n = (-1)^n + \frac{1}{n}$, $n \geq 1$, besitzt ebenfalls die beiden Häufungspunkte +1 und −1, denn es gilt

$$\lim_{k\to\infty} a_{2k} = \lim_{k\to\infty} \left(1 + \frac{1}{2k}\right) = 1$$

und analog $\lim a_{2k+1} = -1$.

(5.3) Die Folge $a_n = n$ besitzt keinen Häufungspunkt, da jede Teilfolge unbeschränkt ist, also nicht konvergiert.

(5.4) Die Folge

$$a_n := \begin{cases} n, & \text{falls n gerade,} \\ \frac{1}{n}, & \text{falls n ungerade,} \end{cases}$$

ist unbeschränkt, besitzt aber den Häufungspunkt 0, da die Teilfolge $(a_{2k+1})_{k \in \mathbb{N}}$ gegen 0 konvergiert.

(5.5) Für jede konvergente Folge ist der Grenzwert ihr einziger Häufungspunkt.

Definition (Monotone Folgen). Eine Folge reeller Zahlen $(a_n)_{n \in \mathbb{N}}$ heißt

i) monoton wachsend, falls $a_n \leq a_{n+1}$ für alle $n \in \mathbb{N}$,
ii) streng monoton wachsend, falls $a_n < a_{n+1}$ für alle $n \in \mathbb{N}$,
iii) monoton fallend, falls $a_n \geq a_{n+1}$ für alle $n \in \mathbb{N}$,
iv) streng monoton fallend, falls $a_n > a_{n+1}$ für alle $n \in \mathbb{N}$.

Satz 5. *Jede beschränkte monotone Folge* (a_n) *reeller Zahlen konvergiert.*

Dies ist ein Konvergenzkriterium, das häufig angewendet werden kann, da in der Praxis viele Folgen monoton sind. Beispielsweise definiert jeder positive (negative) Dezimalbruch eine beschränkte, monoton wachsende (fallende) Folge.

Beweis. Nach dem Satz von Bolzano-Weierstraß besitzt die Folge (a_n) eine konvergente Teilfolge (a_{n_k}). Sei a der Limes dieser Teilfolge. Wir zeigen, daß auch die gesamte Folge gegen a konvergiert.

Sei $\epsilon > 0$ vorgegeben. Dann existiert ein $k_0 \in \mathbb{N}$, so daß

$$|a_{n_k} - a| < \epsilon \quad \text{für alle } k \geq k_0.$$

Sei $N := n_{k_0}$. Zu jedem $n \geq N$ gibt es ein $k \geq k_0$ mit $n_k \leq n < n_{k+1}$.

Ist die Folge (a_n) monoton wachsend (fallend), so folgt daraus

$$a_{n_k} \leq a_n \leq a_{n_{k+1}} \quad (\text{bzw. } a_{n_k} \geq a_n \geq a_{n_{k+1}}).$$

In jedem Fall gilt

$$|a_n - a| \leq \max(|a_{n_k} - a|, |a_{n_{k+1}} - a|) < \epsilon, \text{ q.e.d.}$$

Schlußbemerkung zu den Axiomen der reellen Zahlen. Mit den Körperaxiomen, den Anordnungsaxiomen, dem Archimedischen Axiom und dem Vollständigkeitsaxiom haben wir nun alle Axiome der reellen Zahlen aufgezählt. Ein Körper, in dem alle diese Axiome erfüllt sind, heißt vollständiger, archimedisch angeordneter Körper. Man kann beweisen, daß jeder vollständige, archimedisch angeordnete Körper dem Körper der reellen Zahlen isomorph ist, daß also die genannten Axiome die reellen Zahlen vollständig charakterisieren.

Während wir hier die reellen Zahlen als gegeben betrachtet haben, kann man auch, ausgehend von den natürlichen Zahlen (die nach einem Ausspruch von *L. Kronecker* vom lieben Gott geschaffen worden sind, während alles andere Menschenwerk sei), nacheinander die ganzen Zahlen, die rationalen Zahlen und die reellen Zahlen konstruieren und dann die Axiome beweisen. Diesen Aufbau des Zahlensystems sollte jeder Mathematik-Student im Verlaufe seines Studiums kennenlernen. Wir verweisen hierzu auf die Literatur, z.B. [9], [10].

▲ Aufgaben

5.1. Man entwickle die Zahl $x = \frac{1}{7}$ in einen b-adischen Bruch für $b = 2, 7, 10, 12$. (Im 12-adischen System verwende man als Ziffern $\zeta = 10$ und $\eta = 11$.)

5.2. Man zeige, daß $+1$ und -1 die einzigen Häufungspunkte der in den Beispielen (5.1) und (5.2) angegebenen Folgen sind.

5.3. Sei x eine vorgegebene reelle Zahl. Die Folge $(a_n(x))_{n \in \mathbb{N}}$ sei definiert durch

$$a_n(x) := nx - \text{entier}(nx).$$

Man beweise: Ist x rational, so hat die Folge nur endlich viele Häufungspunkte; ist x irrational, so ist jede Zahl a mit $0 \leq a \leq 1$ Häufungspunkt der Folge.

5.4. Man beweise: Eine Folge reeller Zahlen konvergiert dann und nur dann, wenn sie beschränkt ist und genau einen Häufungspunkt besitzt.

5.5. Man beweise: Jede Folge reeller Zahlen enthält eine monotone (wachsende oder fallende) Teilfolge.

§ 6. Quadratwurzeln

In diesem Paragraphen beweisen wir als Anwendung des Vollständigkeitsaxioms die Existenz der Quadratwurzeln positiver reeller Zahlen und geben gleichzeitig ein Iterationsverfahren zu ihrer Berechnung an. Dieses Verfahren, mit dem schon die Babylonier ihre Näherungswerte für die Wurzeln der natürlichen Zahlen bestimmt haben sollen, konvergiert außerordentlich rasch und wird auch von elektronischen Rechenmaschinen mit eingebauter Wurzelfunktion benutzt.

Sei $a > 0$ eine Zahl, deren Quadratwurzel bestimmt werden soll. Wenn x Wurzel von a ist, d.h. der Gleichung $x^2 = a$ genügt, gilt $x = \frac{a}{x}$; andernfalls ist $x \neq \frac{a}{x}$. Dann wird das arithmetische Mittel

$$x' = \frac{1}{2}\left(x + \frac{a}{x}\right)$$

ein besserer Näherungswert für die Wurzel sein und man kann hoffen, durch Wiederholung des Verfahrens eine Folge zu erhalten, die gegen die Wurzel aus a konvergiert. Daß dies tatsächlich der Fall ist, beweisen wir jetzt.

Satz. *Seien* $a > 0$ *und* $x_0 > 0$ *reelle Zahlen. Die Folge* $(x_n)_{n \in \mathbb{N}}$ *sei durch*

$$x_{n+1} := \frac{1}{2}\left(x_n + \frac{a}{x_n}\right)$$

rekursiv definiert. Dann konvergiert die Folge (x_n) *gegen die Quadratwurzel von* a, *d.h. gegen die eindeutig bestimmte positive Lösung der Gleichung* $x^2 = a$.

Beweis. Wir gehen in mehreren Schritten vor.

1. Ein einfacher Beweis durch vollständige Induktion zeigt, daß $x_n > 0$ für alle $n \geq 0$.
2. Es gilt $x_n^2 \geq a$ für alle $n \geq 1$. Denn

$$x_n^2 - a = \frac{1}{4}\left(x_{n-1} + \frac{a}{x_{n-1}}\right)^2 - a = \frac{1}{4}\left(x_{n-1}^2 + 2a + \frac{a^2}{x_{n-1}^2}\right) - a =$$

$$= \frac{1}{4}\left(x_{n-1} - \frac{a}{x_{n-1}}\right)^2 \geq 0.$$

3. Es gilt $x_{n+1} \leq x_n$ für alle $n \geq 1$, denn

$$x_n - x_{n+1} = x_n - \frac{1}{2}\left(x_n + \frac{a}{x_n}\right) = \frac{1}{2x_n}(x_n^2 - a) \geq 0.$$

4. Mit $y_n := \frac{a}{x_n}$ gilt $y_n^2 \leq a$ für alle $n \geq 1$.

Nach 2. ist $1/x_n^2 \le 1/a$. Multiplikation mit a^2 ergibt die Behauptung:

$$y_n^2 = \frac{a^2}{x_n^2} \le \frac{a^2}{a} = a.$$

5. Aus 3. folgt $y_n \le y_{n+1}$ für alle $n \ge 1$.

6. Es gilt $y_n \le x_n$ für alle $n \ge 1$. Denn andernfalls wäre $y_n > x_n$, also $y_n^2 > x_n^2$, was im Widerspruch zu 2. und 4. steht.

7. Nach 3., 5. und 6. ist (x_n) eine monoton fallende Folge mit $y_1 \le x_n \le x_1$, also beschränkt. Nach § 5, Satz 5, konvergiert die Folge. (Hier geht das Vollständigkeitsaxiom ein, denn es wurde beim Beweis des Satzes über die Konvergenz beschränkter monotoner Folgen benötigt.) Für den Grenzwert x der Folge gilt nach § 4, Corollar zu Satz 6, daß $x \ge y_1 > 0$.

8. Nach den Regeln über das Rechnen mit Grenzwerten (§ 4, Sätze 3 bis 5) ist

$$\lim_{n\to\infty} \frac{1}{2}\left(x_n + \frac{a}{x_n}\right) = \frac{1}{2}\left(\lim x_n + \frac{a}{\lim x_n}\right) = \frac{1}{2}\left(x + \frac{a}{x}\right).$$

Andererseits ist

$$\lim \frac{1}{2}\left(x_n + \frac{a}{x_n}\right) = \lim x_{n+1} = x,$$

also $x = \frac{1}{2}(x + \frac{a}{x})$, woraus folgt $x^2 = a$.

9. Es ist noch die Eindeutigkeit zu zeigen. Sei x' eine weitere positive Lösung der Gleichung $x'^2 = a$. Dann ist

$$0 = x^2 - x'^2 = (x + x')(x - x').$$

Da $x + x' > 0$, muß $x - x' = 0$ sein, also $x = x'$, q.e.d.

Bezeichnung. Für $a \ge 0$ wird die eindeutig bestimmte nicht-negative Lösung der Gleichung $x^2 = a$ mit $\sqrt{a}$ oder sqrt(a) bezeichnet.

Bemerkung. Die Gleichung $x^2 = a$ hat für $a = 0$ nur die Lösung $x = 0$ und für $a > 0$ genau zwei Lösungen, nämlich $\sqrt{a}$ und $-\sqrt{a}$. Denn für jedes $x \in \mathbb{R}$ mit $x^2 = a$ gilt

$$(x + \sqrt{a})(x - \sqrt{a}) = x^2 - a = 0,$$

also muß einer der beiden Faktoren null sein, d.h. $x = \pm\sqrt{a}$. Für $a < 0$ hat die Gleichung natürlich keine reelle Lösung, weil für jedes $x \in \mathbb{R}$ gilt $x^2 \ge 0$.

Beispiele. Wir geben zur Illustration zwei numerische Beispiele. Die Rechnungen wurden auf einer Tischrechenmaschine bis auf 9 Stellen hinter dem Komma durchgeführt.

Man beachte, daß nach Punkt 2 und 4 des Beweises gilt

$$\frac{a}{x_n} \le \sqrt{a} \le x_n \quad \text{für alle } n \ge 1.$$

Man hat also bei jedem Schritt eine Fehlerabschätzung für die gesuchte $\sqrt{a}$.

i) $a = 4,\ x_0 = 1.$

n	x_n	$\frac{a}{x_n}$
0	1,0	4,0
1	2,5	1,6
2	2,05	1,951 219 512
3	2,000 609 756	1,999 390 429
4	2,000 000 092	1,999 999 908
5	2,000 000 000	2,000 000 000

ii) $a = 2,\ x_0 = 1.$

n	x_n	$\frac{a}{x_n}$
0	1,0	2,0
1	1,5	1,333 333 333
2	1,416 666 666	1,411 764 706
3	1,414 215 686	1,414 211 438
4	1,414 213 562	1,414 213 562

Nach vier Schritten erhält man also

$$\sqrt{2} = 1{,}414\,213\,562 \pm 10^{-9}.$$

Geschwindigkeit der Konvergenz

Bei den Beispielen ist zu sehen, daß das Verfahren sehr schnell konvergiert. Dies wollen wir jetzt im allgemeinen Fall untersuchen. Wir definieren den relativen Fehler f_n im n-ten Iterationsschritt durch

$$x_n = \sqrt{a}\,(1 + f_n).$$

Es ist $f_n \geq 0$ für $n \geq 1$. Einsetzen in die Gleichung $x_{n+1} = \frac{1}{2}(x_n + \frac{a}{x_n})$ ergibt nach Kürzung durch $\sqrt{a}$

$$1 + f_{n+1} = \frac{1}{2}\left(1 + f_n + \frac{1}{1 + f_n}\right).$$

Daraus folgt

$$f_{n+1} = \frac{1}{2} \cdot \frac{f_n^2}{1 + f_n} \leq \frac{1}{2}\min(f_n, f_n^2).$$

Hat man etwa im n-ten Schritt schon eine Genauigkeit von einem Prozent erreicht, d.h. $f_n \leq 10^{-2}$, so ist $f_{n+1} \leq 5 \cdot 10^{-5}$ und $f_{n+2} \leq 1{,}25 \cdot 10^{-9}$.

Das angegebene Verfahren der Wurzelberechnung hat neben seiner schnellen Konvergenz noch den Vorteil, „selbstkorrigierend" zu sein. Denn da der Anfangswert $x_0 > 0$ beliebig vorgegeben werden kann, beginnt es nach eventuellen Rechen-, insbesondere Rundungsfehlern, eben wieder mit dem fehlerhaften Wert x_n statt x_0.

▲ Aufgaben

6.1. Sei $k \geq 2$ eine natürliche Zahl und seien $a > 0$ und $x_0 > 0$ reelle Zahlen. Die Folge $(x_n)_{n \in \mathbb{N}}$ werde rekursiv durch

$$x_{n+1} := \frac{1}{k}\left((k-1)x_n + \frac{a}{x_n^{k-1}}\right)$$

definiert. Man zeige, daß die Folge (x_n) gegen die eindeutig bestimmte positive Lösung der Gleichung $x^k = a$ konvergiert.

6.2. Man beweise für $a \geq 0$, $b \geq 0$ die Ungleichung zwischen geometrischem und arithmetischem Mittel:

$$\sqrt{ab} \leq \frac{1}{2}(a+b),$$

wobei Gleichheit genau dann eintritt, wenn $a = b$.

6.3. Für $n \in \mathbb{N}$ sei

$$a_n = \sqrt{n+1000} - \sqrt{n}; \quad b_n = \sqrt{n+\sqrt{n}} - \sqrt{n}; \quad c_n = \sqrt{n + \frac{n}{1000}} - \sqrt{n}.$$

Man zeige: Für $1 \leq n < 1\,000\,000$ gilt $a_n > b_n > c_n$; aber

$$\lim_{n\to\infty} a_n = 0, \quad \lim_{n\to\infty} b_n = \tfrac{1}{2}, \quad \lim_{n\to\infty} c_n = \infty.$$

6.4. Man berechne

$$\sqrt{1+\sqrt{1+\sqrt{1+\sqrt{1+\ldots}}}},$$

d.h. den Limes der Folge $(a_n)_{n\in\mathbb{N}}$ mit $a_0 = 1$ und $a_{n+1} = \sqrt{1+a_n}$.

6.5. Man bestimme den Wert unendlichen Kettenbruchs

$$1 + \cfrac{1}{1 + \cfrac{1}{1 + \cfrac{1}{1 + \ldots}}}$$

d.h. den Limes der Folge $(a_n)_{n\in\mathbb{N}}$ mit $a_0 = 1$ und $a_{n+1} = 1 + \frac{1}{a_n}$.

§ 7. Konvergenzkriterien für Reihen

In diesem Paragraphen beweisen wir die wichtigsten Konvergenzkriterien für unendliche Reihen und behandeln einige typische Beispiele.

Satz 1 (Allgemeines Cauchysches Konvergenzkriterium). *Sei* $(a_n)_{n\in\mathbb{N}}$ *eine Folge reeller Zahlen. Die Reihe* $\sum_{n=0}^{\infty} a_n$ *konvergiert genau dann, wenn gilt:*

Zu jedem $\epsilon > 0$ *existiert ein* $N \in \mathbb{N}$, *so daß*

$$\left|\sum_{k=m}^{n} a_k\right| < \epsilon \text{ für alle } n \geq m \geq N.$$

Beweis. Sei $s_p := \sum_{k=0}^{p} a_k$ die p-te Partialsumme. Dann ist

$$s_n - s_{m-1} = \sum_{k=m}^{n} a_k .$$

Die angegebene Bedingung drückt deshalb einfach aus, daß die Folge (s_n) der Partialsummen eine Cauchy-Folge ist, was gleichbedeutend mit ihrer Konvergenz ist.

Bemerkung. Aus Satz 1 folgt unmittelbar: Das Konvergenzverhalten einer Reihe ändert sich nicht, wenn man endlich viele Glieder abändert. (Nur die Summe ändert sich.)

Satz 2. *Eine notwendige (aber nicht hinreichende) Bedingung für die Konvergenz einer Reihe* $\sum_{n=0}^{\infty} a_n$ *ist, daß* $\lim_{n\to\infty} a_n = 0$.

Beweis. Wenn die Reihe konvergiert, gibt es nach Satz 1 zu vorgegebenem $\epsilon > 0$ ein $N \in \mathbb{N}$, so daß

$$\left|\sum_{k=m}^{n} a_k\right| < \epsilon \quad \text{für alle} \quad n \geq m \geq N.$$

Insbesondere gilt daher (für m = n):

$$|a_n| < \epsilon \quad \text{für alle} \quad n \geq N.$$

Daraus folgt $\lim a_n = 0$, q.e.d.

Beispielsweise divergiert die Reihe $\sum_{n=0}^{\infty} (-1)^n$, da die Reihenglieder nicht gegen null konvergieren.

Satz 3. *Eine Reihe* $\sum_{n=0}^{\infty} a_n$ *mit* $a_n \geq 0$ *für alle* $n \in \mathbb{N}$ *konvergiert genau dann, wenn die Reihe (d.h. die Folge der Partialsummen) beschränkt ist.*

Beweis. Da $a_n \geq 0$, ist die Folge der Partialsummen

$$s_p = \sum_{n=0}^{p} a_n, \; p \in \mathbb{N},$$

monoton wachsend. Die Behauptung folgt deshalb aus § 4, Satz 1 und § 5, Satz 5.

Beispiele

(7.1) Die *harmonische Reihe* $\sum_{n=1}^{\infty} \frac{1}{n}$ divergiert. Dazu betrachten wir die speziellen Partialsummen

$$s_{2^{k+1}} = \sum_{n=1}^{2^{k+1}} \frac{1}{n} = 1 + \frac{1}{2} + \sum_{p=1}^{k}\left(\sum_{n=2^p+1}^{2^{p+1}} \frac{1}{n}\right) = 1 + \frac{1}{2} + \left(\frac{1}{3} + \frac{1}{4}\right) +$$

$$+ \left(\frac{1}{5} + \frac{1}{6} + \frac{1}{7} + \frac{1}{8}\right) + \ldots + \left(\sum_{n=2^k+1}^{2^{k+1}} \frac{1}{n}\right) .$$

Da die Summe jeder Klammer $\geq \frac{1}{2}$ ist, folgt

$$s_{2^{k+1}} \geq 1 + \frac{k}{2}.$$

Also ist die Folge der Partialsummen unbeschränkt, d.h. es gilt $\sum_{n=1}^{\infty} \frac{1}{n} = \infty$.

Die harmonische Reihe ist auch ein Beispiel dafür, daß eine Reihe nicht zu konvergieren braucht, selbst wenn die Reihenglieder gegen null konvergieren.

(7.2) Die Reihen $\sum_{n=1}^{\infty} \frac{1}{n^k}$ konvergieren für alle natürlichen Zahlen $k > 1$.

Wir zeigen dazu, daß die Partialsummen durch $\dfrac{1}{1-2^{-k+1}}$ nach oben beschränkt sind. Zu beliebigem $N \in \mathbb{N}$ gibt es ein $p \in \mathbb{N}$ mit $N \leq 2^{p+1} - 1$. Damit gilt

$$s_N \leq \sum_{n=1}^{2^{p+1}-1} \frac{1}{n^k} = 1 + \left(\frac{1}{2^k} + \frac{1}{3^k}\right) + \ldots + \left(\sum_{n=2^p}^{2^{p+1}-1} \frac{1}{n^k}\right) \leq$$

$$\leq \sum_{q=0}^{p} 2^q \frac{1}{(2^q)^k} = \sum_{q=0}^{p} \left(\frac{1}{2^{k-1}}\right)^q \leq \sum_{q=0}^{\infty} (2^{-k+1})^q = \frac{1}{1-2^{-k+1}}, \text{ q.e.d.}$$

Bemerkung. Man kann (z.B. mithilfe der Theorie der Fourier-Reihen) beweisen, daß

$$\sum_{n=1}^{\infty} \frac{1}{n^2} = \frac{\pi^2}{6}, \quad \sum_{n=1}^{\infty} \frac{1}{n^4} = \frac{\pi^4}{90}, \quad \sum_{n=1}^{\infty} \frac{1}{n^6} = \frac{\pi^6}{945}.$$

Satz 4 (Leibnizsches Konvergenzkriterium für alternierende Reihen). *Sei* $(a_n)_{n \in \mathbb{N}}$ *eine monoton fallende Folge nicht-negativer Zahlen mit* $\lim a_n = 0$.
Dann konvergiert die Reihe $\sum_{n=0}^{\infty} (-1)^n a_n$.

Beweis. Wir setzen $s_k := \sum_{n=0}^{k} (-1)^n a_n$. Da $s_{2k+2} - s_{2k} = -a_{2k+1} + a_{2k+2} \leq 0$ gilt

$$s_0 \geq s_2 \geq s_4 \geq \ldots \geq s_{2k+2} \geq \ldots .$$

Entsprechend ist wegen $s_{2k+3} - s_{2k+1} = a_{2k+2} - a_{2k+3} \geq 0$

$$s_1 \leq s_3 \leq s_5 \leq \ldots \leq s_{2k+1} \leq s_{2k+3} \leq \ldots .$$

Außerdem gilt wegen $s_{2k+1} - s_{2k} = -a_{2k+1} \leq 0$

$$s_{2k+1} \leq s_{2k} \quad \text{für alle } k \in \mathbb{N}.$$

Die Folge $(s_{2k})_{k \in \mathbb{N}}$ ist also monoton fallend und beschränkt, da $s_{2k} \geq s_1$ für alle k. Nach § 5, Satz 5, existiert daher

$$\lim_{k \to \infty} s_{2k} =: S.$$

Analog ist $(s_{2k+1})_{k \in \mathbb{N}}$ monoton wachsend und beschränkt, also existiert

$$\lim_{k \to \infty} s_{2k+1} =: S'.$$

Wir zeigen nun, daß $S = S'$ und daß die gesamte Folge $(s_n)_{n \in \mathbb{N}}$ gegen S konvergiert. Zunächst ist

$$S - S' = \lim_{k \to \infty} (s_{2k} - s_{2k+1}) = \lim_{k \to \infty} a_{2k+1} = 0.$$

Sei nun $\epsilon > 0$ vorgegeben. Dann gibt es $N_1, N_2 \in \mathbb{N}$, so daß

$$|s_{2k} - S| < \epsilon \text{ für } k \geq N_1 \text{ und } |s_{2k+1} - S| < \epsilon \text{ für } k \geq N_2.$$

Wir setzen $N := \max(2N_1, 2N_2 + 1)$. Dann gilt

$$|s_n - S| < \epsilon \text{ für alle } n \geq N, \text{ q.e.d.}$$

Das Konvergenzverhalten einer alternierenden Reihe läßt sich durch Bild 4 veranschaulichen.

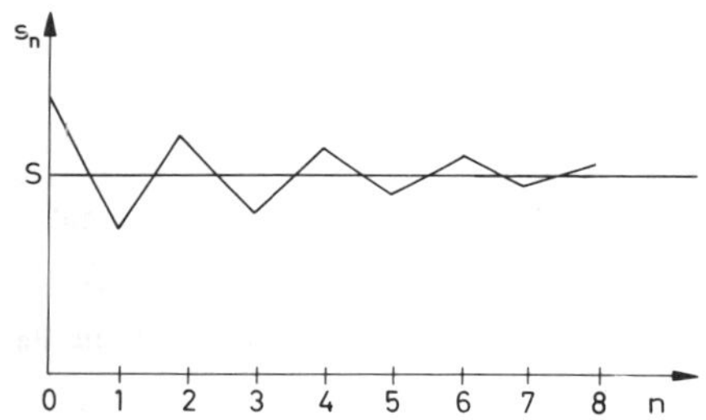

Bild 4

Beispiele

(7.3) Die alternierende harmonische Reihe $\sum_{n=1}^{\infty} \frac{(-1)^{n-1}}{n}$ konvergiert nach dem Leibnizschen Kriterium. Wir werden in § 22 beweisen, daß

$$1 - \frac{1}{2} + \frac{1}{3} - \frac{1}{4} + \frac{1}{5} - \frac{1}{6} \pm \ldots = \ln 2.$$

(7.4) Ebenso konvergiert die Reihe $\sum_{k=0}^{\infty} \frac{(-1)^k}{2k+1}$. Bereits von *Leibniz* wurde gezeigt, daß

$$1 - \frac{1}{3} + \frac{1}{5} - \frac{1}{7} + \frac{1}{9} \mp \ldots = \frac{\pi}{4}.$$

Wir werden dafür in § 22 einen Beweis geben.

Definition. Eine Reihe $\sum_{n=0}^{\infty} a_n$ heißt *absolut konvergent*, wenn die Reihe $\sum_{n=0}^{\infty} |a_n|$ konvergiert.

Satz 5. *Eine absolut konvergente Reihe konvergiert auch im gewöhnlichen Sinn.*

Bemerkung. Wie das Beispiel der alternierenden harmonischen Reihe (7.3) zeigt, gilt die Umkehrung von Satz 5 nicht. Die absolute Konvergenz ist also eine schärfere Bedingung als die gewöhnliche Konvergenz.

Beweis. Sei $\sum\limits_{n=0}^{\infty} a_n$ eine absolut konvergente Reihe. Nach dem Cauchyschen Konvergenzkriterium (Satz 1) für die Reihe $\Sigma\, |a_n|$ gilt es zu jedem $\epsilon > 0$ ein $N \in \mathbb{N}$, so daß

$$\sum_{k=m}^{n} |a_k| < \epsilon \quad \text{für alle} \quad n \geq m \geq N.$$

Daraus folgt

$$\left| \sum_{k=m}^{n} a_k \right| \leq \sum_{k=m}^{n} |a_k| < \epsilon \quad \text{für alle} \quad n \geq m \geq N.$$

Wiederum nach Satz 1 konvergiert daher $\sum\limits_{n=0}^{\infty} a_n$, q.e.d.

Satz 6 (Majorantenkriterium). *Sei* $\sum\limits_{n=0}^{\infty} c_n$ *eine konvergente Reihe mit lauter nicht-negativen Gliedern und* $(a_n)_{n \in \mathbb{N}}$ *eine Folge mit* $|a_n| \leq c_n$ *für alle* $n \in \mathbb{N}$. *Dann konvergiert die Reihe* $\sum\limits_{n=0}^{\infty} a_n$ *absolut.*

Bezeichnung. Man nennt dann $\sum\limits_{n=0}^{\infty} c_n$ *Majorante* von $\sum\limits_{n=0}^{\infty} a_n$.

Beweis. Zu vorgegebenem $\epsilon > 0$ existiert ein $N \in \mathbb{N}$, so daß

$$\left| \sum_{k=m}^{n} c_k \right| < \epsilon \quad \text{für alle} \quad n \geq m \geq N.$$

Daher ist

$$\sum_{k=m}^{n} |a_k| \leq \sum_{k=m}^{n} c_k < \epsilon \quad \text{für alle} \quad n \geq m \geq N.$$

Die Behauptung folgt aus Satz 1.

Beispiel

(7.5) Wir beweisen noch einmal die Konvergenz der Reihen $\sum\limits_{n=1}^{\infty} \frac{1}{n^k}$ für $k \geq 2$ mithilfe des Majorantenkriteriums.

Nach Beispiel (4.10) konvergiert die Reihe $\sum\limits_{n=1}^{\infty} \frac{1}{n(n+1)}$, also auch die Reihe $\sum\limits_{n=1}^{\infty} \frac{2}{n(n+1)}$. Für $k \geq 2$ und alle $n \geq 1$ gilt

$$\frac{1}{n^k} \leq \frac{1}{n^2} \leq \frac{2}{n(n+1)},$$

daher ist $\Sigma \frac{2}{n(n+1)}$ Majorante von $\Sigma \frac{1}{n^k}$, q.e.d.

Hinweis. Wir werden später (in § 20) noch ein sehr nützliches, dem Majorantenkriterium verwandtes Konvergenzkriterium kennenlernen, das Integralvergleichskriterium.

Bemerkung. Satz 6 impliziert folgendes Divergenzkriterium: Sei $\sum_{n=0}^{\infty} c_n$ eine divergente Reihe mit lauter nicht-negativen Gliedern und $(a_n)_{n \in \mathbb{N}}$ eine Folge mit $a_n \geq c_n$ für alle n. Dann divergiert auch die Reihe $\sum_{n=0}^{\infty} a_n$.
Denn andernfalls wäre $\Sigma\, a_n$ eine konvergente Majorante von $\Sigma\, c_n$, also müßte auch $\Sigma\, c_n$ konvergieren.

Satz 7 (Quotientenkriterium). *Sei* $\sum_{n=0}^{\infty} a_n$ *eine Reihe mit* $a_n \neq 0$ *für alle* $n \geq n_0$. *Es gebe eine reelle Zahl* θ *mit* $0 < \theta < 1$, *so daß*

$$\left|\frac{a_{n+1}}{a_n}\right| \leq \theta \textit{ für alle } n \geq n_0.$$

Dann konvergiert die Reihe $\sum_{n=0}^{\infty} a_n$ *absolut.*

Beweis. Da ein Abändern endlich vieler Summanden das Konvergenzverhalten nicht ändert, können wir ohne Beschränkung der Allgemeinheit annehmen, daß

$$\left|\frac{a_{n+1}}{a_n}\right| \leq \theta \quad \text{für alle } n \in \mathbb{N}.$$

Daraus ergibt sich mittels vollständiger Induktion

$$|a_n| \leq |a_0|\,\theta^n \quad \text{für alle } n \in \mathbb{N}.$$

Die Reihe $\sum_{n=0}^{\infty} |a_0|\theta^n$ ist daher Majorante von $\Sigma\, a_n$. Da

$$\sum_{n=0}^{\infty} |a_0|\,\theta^n = |a_0| \sum_{n=0}^{\infty} \theta^n = \frac{|a_0|}{1-\theta}$$

konvergiert (geometrische Reihe), folgt aus dem Majorantenkriterium die Behauptung.

Beispiele

(7.6) Die Reihe $\sum_{n=0}^{\infty} \frac{n^2}{2^n}$ konvergiert. Denn mit $a_n := \frac{n^2}{2^n}$ gilt für alle $n \geq 3$

$$\left|\frac{a_{n+1}}{a_n}\right| = \frac{(n+1)^2\, 2^n}{2^{n+1}\, n^2} = \frac{1}{2}\left(1+\frac{1}{n}\right)^2 \leq \frac{1}{2}\left(1+\frac{1}{3}\right)^2 = \frac{8}{9} =: \theta < 1.$$

(7.7) Für $a_n = \frac{1}{n}$ erhalten wir die harmonische Reihe $\sum_{n=1}^{\infty} \frac{1}{n}$. Hier gilt zwar

$$\left|\frac{a_{n+1}}{a_n}\right| = \frac{n}{n+1} < 1 \quad \text{für alle } n \geq 1,$$

wegen $\lim \frac{n}{n+1} = 1$ gibt es jedoch *kein* $\theta < 1$ mit

$$\left|\frac{a_{n+1}}{a_n}\right| \leq \theta \quad \text{für alle } n \geq n_0.$$

Das Quotientenkriterium ist also nicht anwendbar.

(7.8) Sei $a_n = \frac{1}{n^2}$. Die Reihe $\sum_{n=1}^{\infty} a_n = \sum_{n=1}^{\infty} \frac{1}{n^2}$ konvergiert, wie wir bereits wissen. Auch hier ist

$$\left|\frac{a_{n+1}}{a_n}\right| = \frac{n^2}{(n+1)^2} < 1 \quad \text{für alle } n \geq 1,$$

es gibt aber kein $\theta < 1$ mit

$$\left|\frac{a_{n+1}}{a_n}\right| \leq \theta \quad \text{für alle } n \geq n_0.$$

Das Quotientenkriterium ist also nicht anwendbar, obwohl die Reihe konvergiert. Das bedeutet, daß das Quotientenkriterium nur eine hinreichende, aber keine notwendige Bedingung für die Konvergenz ist.

Umordnung von Reihen

Sei $\sum_{n=0}^{\infty} a_n$ eine Reihe. Ist $\tau: \mathbb{N} \to \mathbb{N}$ eine bijektive Abbildung, so heißt die Reihe $\sum_{n=0}^{\infty} a_{\tau(n)}$ eine Umordnung der gegebenen Reihe. Sie besteht also aus denselben Summanden, nur in einer anderen Reihenfolge. Anders als bei endlichen Summen ist es bei konvergenten unendlichen Reihen nicht ohne weiteres klar, daß sie nach Umordnung wieder konvergent mit demselben Grenzwert sind. Für absolut konvergente Reihe ist dies jedoch richtig.

Satz 8. *Sei* $\sum_{n=0}^{\infty} a_n$ *eine absolut konvergente Reihe mit dem Grenzwert* A. *Dann konvergiert jede Umordnung der Reihe ebenfalls gegen* A.

Beweis. Sei $\tau: \mathbb{N} \to \mathbb{N}$ eine bijektive Abbildung. Wir haben zu zeigen

$$\lim_{m \to \infty} \sum_{k=0}^{m} a_{\tau(k)} = A.$$

Sei $\varepsilon > 0$ vorgegeben. Dann gibt es wegen der Konvergenz von $\sum_{k=0}^{\infty} |a_k|$ ein n_0, so daß

$$\sum_{k=n_0}^{\infty} |a_k| < \frac{\varepsilon}{2}.$$

Daraus folgt

$$\left| A - \sum_{k=0}^{n_0-1} a_k \right| = \left| \sum_{k=n_0}^{\infty} a_k \right| \leq \sum_{k=n_0}^{\infty} |a_k| < \frac{\varepsilon}{2}.$$

Sei N so groß gewählt, daß $\{\tau(0), \tau(1), \ldots, \tau(N)\} \supset \{0, 1, \ldots, n_0 - 1\}$. Dann gilt für alle $m \geq N$

$$\left|\sum_{k=0}^{m} a_{\tau(k)} - A\right| \leq \left|\sum_{k=0}^{m} a_{\tau(k)} - \sum_{k=0}^{n_0-1} a_k\right| + \left|\sum_{k=0}^{n_0-1} a_k - A\right|$$

$$\leq \sum_{k=n_0}^{\infty} |a_k| + \frac{\epsilon}{2} < \epsilon, \text{ q.e.d.}$$

(7.9) Wir zeigen an einem Beispiel, daß Satz 8 falsch wird, wenn man nicht voraussetzt, daß die Konvergenz absolut ist. Wir betrachten die nach (7.3) konvergente Reihe

$$\sum_{n=1}^{\infty} \frac{(-1)^{n-1}}{n} = 1 - \frac{1}{2} + \frac{1}{3} - \frac{1}{4} \pm \ldots .$$

Behauptung. Es gibt eine Umordnung mit $\sum_{n=1}^{\infty} \frac{(-1)^{\tau(n)-1}}{\tau(n)} = \infty$.

Beweis. Wir betrachten die Glieder ungerader Ordnung der gegebenen Reihe von $\frac{1}{2^n+1}$ bis $\frac{1}{2^{n+1}-1}$. Für jedes $n \geq 1$ gilt

$$\frac{1}{2^n+1} + \frac{1}{2^n+3} + \ldots + \frac{1}{2^{n+1}-1} > 2^{n-1} \cdot \frac{1}{2^{n+1}} = \frac{1}{4}.$$

Deshalb divergiert folgende Reihen-Umordnung bestimmt gegen $+\infty$:

$$\begin{aligned}
1 &- \frac{1}{2} + \frac{1}{3} - \frac{1}{4} + \\
&+ \left(\frac{1}{5} + \frac{1}{7}\right) - \frac{1}{6} + \\
&+ \left(\frac{1}{9} + \frac{1}{11} + \frac{1}{13} + \frac{1}{15}\right) - \frac{1}{8} + \\
&+ \ldots \\
&+ \left(\frac{1}{2^n+1} + \frac{1}{2^n+3} + \ldots + \frac{1}{2^{n+1}-1}\right) - \frac{1}{2n+2} + \ldots .
\end{aligned}$$

▲ Aufgaben

7.1. Man untersuche die folgenden Reihen auf Konvergenz oder Divergenz:

$$\sum_{n=1}^{\infty} \frac{n!}{n^n}, \quad \sum_{n=0}^{\infty} \frac{n^4}{3^n}, \quad \sum_{n=0}^{\infty} \frac{n+4}{n^2-3n+1}, \quad \sum_{n=1}^{\infty} \frac{(n+1)^{n-1}}{(-n)^n}.$$

7.2. Sei $(a_n)_{n \geq 1}$ eine Folge reeller Zahlen mit $|a_n| \leq M$ für alle $n \geq 1$. Man zeige:

i) Für jedes $x \in \mathbb{R}$ mit $|x| < 1$ konvergiert die Reihe

$$f(x) = \sum_{n=1}^{\infty} a_n x^n .$$

ii) Ist $a_1 \neq 0$, so gilt

$$f(x) \neq 0 \text{ für alle } x \in \mathbb{R} \text{ mit } 0 < |x| < \frac{|a_1|}{2M} .$$

7.3. Sei $\sum\limits_{n=0}^{\infty} a_n$ eine konvergente, aber nicht absolut konvergente Reihe reeller Zahlen. Man beweise, daß es zu beliebig vorgegebenem $c \in \mathbb{R}$ eine Umordnung $\Sigma a_{\tau(n)}$ gibt, die gegen c konvergiert.

§ 8. Die Exponentialreihe

Wir behandeln jetzt die Exponentialreihe, die neben der geometrischen Reihe die wichtigste Reihe in der Analysis ist. Die Funktionalgleichung der Exponentialfunktion beweisen wir mithilfe eines allgemeinen Satzes über das sogenannte Cauchy-Produkt von Reihen.

Satz 1. *Für jedes* $x \in \mathbb{R}$ *ist die „Exponentialreihe“*

$$\exp(x) := \sum_{n=0}^{\infty} \frac{x^n}{n!}$$

absolut konvergent.

Beweis. Die Behauptung folgt aus dem Quotientenkriterium (§ 7, Satz 7), denn für alle $n \geq 2|x|$ gilt

$$\left| \frac{\dfrac{x^{n+1}}{(n+1)!}}{\dfrac{x^n}{n!}} \right| = \frac{|x|}{n+1} \leq \frac{1}{2} .$$

Mithilfe der Exponentialreihe definiert man die berühmte *Eulersche Zahl* e:

$$e := \exp(1) = \sum_{n=0}^{\infty} \frac{1}{n!} .$$

Satz 2 (Abschätzung des Restglieds). *Es gilt*

$$\exp(x) = \sum_{n=0}^{N} \frac{x^n}{n!} + r_{N+1}(x) ,$$

wobei

$$|r_{N+1}(x)| \leq 2\,\frac{|x|^{N+1}}{(N+1)!} \quad \textit{für} \quad |x| \leq 1 + \frac{N}{2}.$$

Beweis. Wir schätzen den Rest

$$r_{N+1}(x) = \sum_{n=N+1}^{\infty} \frac{x^n}{n!}$$

mittels der geometrischen Reihe ab. Es ist

$$|r_{N+1}(x)| \leq \sum_{n=N+1}^{\infty} \left|\frac{x^n}{n!}\right| =$$

$$= \frac{|x|^{N+1}}{(N+1)!}\left(1 + \frac{|x|}{N+2} + \frac{|x|^2}{(N+2)(N+3)} + \ldots + \frac{|x|^k}{(N+2)\cdot\ldots\cdot(N+k+1)} + \ldots\right)$$

$$\leq \frac{|x|^{N+1}}{(N+1)!}\left(1 + \frac{|x|}{N+2} + \left(\frac{|x|}{N+2}\right)^2 + \ldots + \left(\frac{|x|}{N+2}\right)^k + \ldots\right).$$

Für $|x| \leq 1 + \frac{N}{2}$ gilt deshalb

$$|r_{N+1}(x)| \leq \frac{|x|^{N+1}}{(N+1)!}\left(1 + \frac{1}{2} + \frac{1}{4} + \ldots + \frac{1}{2^k} + \ldots\right) \leq 2\,\frac{|x|^{N+1}}{(N+1)!}, \text{ q.e.d.}$$

Für die praktische Berechnung von $\exp(x)$ ist es vorteilhaft, folgendermaßen zu klammern:

$$\sum_{n=0}^{N} \frac{x^n}{n!} = \frac{x^N}{N!} + \frac{x^{N-1}}{(N-1)!} + \ldots + x + 1 =$$

$$= \left(\left(\ldots\left(\left(\frac{x}{N} + 1\right)\frac{x}{N-1} + 1\right)\frac{x}{N-2} + \ldots\right)\frac{x}{2} + 1\right) x + 1.$$

Insbesondere ist

$$e = \left(\ldots\left(\left(\frac{1}{N} + 1\right)\frac{1}{N-1} + 1\right)\frac{1}{N-2} + \ldots\right)\frac{1}{2} + 1 + 1 + r_{N+1},$$

wobei

$$|r_{N+1}| \leq \frac{2}{(N+1)!}.$$

Dies ist eine bequeme Methode zur Berechnung von e. Für $N = 15$ ist $|r_{16}| \leq \frac{2}{16!} < 10^{-13}$. Die Rechnung auf 13 Dezimalstellen ergibt unter Berücksichtigung möglicher Rundungsfehler

$$e = 2{,}718\,281\,828\,459 \pm 2 \cdot 10^{-12}.$$

Bemerkung. Das hier benutzte Verfahren zur Berechnung des Näherungspolynoms läßt sich allgemein auf Polynome anwenden und ist unter dem Namen *Horner-Schema* bekannt. Zu berechnen sei das Polynom

$$f(x) = \sum_{k=0}^{n} a_k x^{n-k} = a_0 x^n + a_1 x^{n-1} + \ldots + a_n .$$

Man kann dies so schreiben:

$$f(x) = ((\ldots((a_0 x + a_1)x + a_2)x + \ldots)x + a_{n-1})x + a_n.$$

Setzt man

$$y_0 := a_0 ,$$

$$y_k := y_{k-1} x + a_k \quad \text{für } k = 1, \ldots, n,$$

so ist $y_n = f(x)$. Bei diesem Verfahren braucht man nur halb soviele Multiplikationen auszuführen als wenn man zuerst die Potenzen von x einzeln ausrechnen würde.

Satz 3 (Cauchy-Produkt von Reihen). *Es seien* $\sum\limits_{n=0}^{\infty} a_n$ *und* $\sum\limits_{n=0}^{\infty} b_n$ *absolut konvergente Reihen. Für* $n \in \mathbb{N}$ *setzen wir*

$$c_n := \sum_{k=0}^{n} a_{n-k} b_k .$$

Dann ist auch die Reihe $\sum\limits_{n=0}^{\infty} c_n$ *absolut konvergent und es gilt*

$$\sum_{n=0}^{\infty} c_n = \left(\sum_{n=0}^{\infty} a_n\right) \left(\sum_{n=0}^{\infty} b_n\right).$$

Bemerkung. Die absolute Konvergenz ist wesentlich für die Gültigkeit des Satzes, vgl. Aufgabe 8.2.

Beweis. Sei $A := \sum\limits_{n=0}^{\infty} a_n$, $B := \sum\limits_{n=0}^{\infty} b_n$ und $C_n := \sum\limits_{k=0}^{n} c_k$. Wir zeigen zunächst

$$\lim_{n \to \infty} C_n = \sum_{n=0}^{\infty} c_n = AB.$$

Sei

$$C_n^* := \left(\sum_{k=0}^{n} a_k\right)\left(\sum_{k=0}^{n} b_k\right) .$$

Nach § 4, Satz 4, gilt $\lim\limits_{n \to \infty} C_n^* = AB$. Es genügt deshalb zu zeigen, daß

$$\lim_{n \to \infty} (C_n^* - C_n) = 0.$$

Es ist

$$C_n^* = \sum_{\substack{0 \leq i \leq n \\ 0 \leq j \leq n}} a_i b_j ,$$

$$C_n = \sum_{k=0}^{n} \sum_{j=0}^{k} a_{k-j} b_j = \sum_{k=0}^{n} \sum_{i+j=k} a_i b_j = \sum_{i+j \leq n} a_i b_j .$$

Daraus folgt

$$C_n^* - C_n = \sum_{(i,j) \in \Delta_n} a_i b_j ,$$

wobei

$$\Delta_n := \{(i,j) \in \mathbb{N} \times \mathbb{N} : \; i \leq n, \; j \leq n, \; i+j > n\} .$$

Sei

$$P_n := \left(\sum_{k=0}^{n} |a_k| \right) \left(\sum_{k=0}^{n} |b_k| \right) = \sum_{\substack{0 \leq i \leq n \\ 0 \leq j \leq n}} |a_i b_j| .$$

Wieder wegen § 4, Satz 4, konvergiert die Folge $(P_n)_{n \in \mathbb{N}}$. Zu vorgegebenem $\epsilon > 0$ gibt es deshalb ein $n_0 \in \mathbb{N}$, so daß

$$|P_n - P_{n_0}| < \epsilon \text{ für alle } n \geq n_0 .$$

Nun ist

$$P_n - P_{n_0} = \sum_{(i,j) \in \Gamma_n} |a_i b_j| ,$$

wobei

$$\Gamma_n := \{(i,j) \in \mathbb{N} \times \mathbb{N} : i \leq n, j \leq n\} \setminus \{(i,j) \in \mathbb{N} \times \mathbb{N} : i \leq n_0, j \leq n_0\} .$$

Da für $n > 2n_0$ gilt $\Delta_n \subset \Gamma_n$ (siehe Bild 5), folgt

$$|C_n^* - C_n| \leq \sum_{(i,j) \in \Delta_n} |a_i b_j| \leq P_n - P_{n_0} < \epsilon \text{ für alle } n > 2n_0 .$$

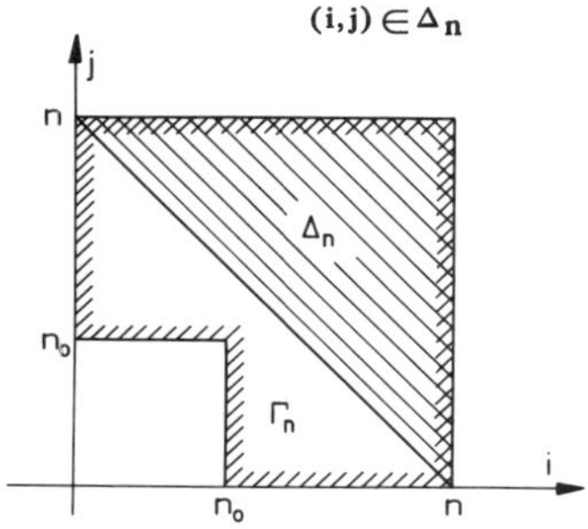

Bild 5

Damit haben wir $\lim(C_n^* - C_n) = 0$ bewiesen, also

$$\sum_{n=0}^{\infty} c_n = \left(\sum_{n=0}^{\infty} a_n\right)\left(\sum_{n=0}^{\infty} b_n\right).$$

Es ist noch die absolute Konvergenz von $\sum\limits_{n=0}^{\infty} c_n$ zu zeigen. Wir setzen

$$a_n' := |a_n|, \quad b_n' := |b_n|, \quad c_n' := \sum_{k=0}^{n} a_{n-k}' b_k'.$$

Nach Voraussetzung sind $\sum\limits_{n=0}^{\infty} a_n'$ und $\sum\limits_{n=0}^{\infty} b_n'$ absolut konvergent, folglich konvergiert nach dem ersten Teil des Beweises $\sum\limits_{n=0}^{\infty} c_n'$. Andererseits gilt

$$|c_n| \leq \sum_{k=0}^{n} |a_{n-k} b_k| = c_n' \quad \text{für alle } n.$$

Deswegen konvergiert nach dem Majorantenkriterium $\sum\limits_{n=0}^{\infty} |c_n|$, q.e.d.

Satz 4 (Funktionalgleichung der Exponentialfunktion). *Für alle* $x, y \in \mathbb{R}$ *gilt*

$$\exp(x + y) = \exp(x)\exp(y).$$

Beweis. Wir wenden Satz 3 auf die absolut konvergenten Reihen

$$\exp(x) = \sum_{n=0}^{\infty} \frac{x^n}{n!} \quad \text{und} \quad \exp(y) = \sum_{n=0}^{\infty} \frac{y^n}{n!}$$

an. Nach dem binomischen Lehrsatz ist

$$c_n := \sum_{k=0}^{n} \frac{x^{n-k}}{(n-k)!} \cdot \frac{y^k}{k!} = \frac{1}{n!} \sum_{k=0}^{n} \binom{n}{k} x^{n-k} y^k = \frac{1}{n!}(x+y)^n.$$

Deshalb folgt $\exp(x + y) = \sum\limits_{n=0}^{\infty} c_n = \exp(x)\exp(y)$, q.e.d.

Corollar

a) *Für alle* $x \in \mathbb{R}$ *gilt* $\exp(x) > 0$.

b) *Für alle* $x \in \mathbb{R}$ *gilt* $\exp(-x) = (\exp(x))^{-1}$.

c) *Für jede ganze Zahl* n *ist* $\exp(n) = e^n$.

Beweis

Zu b). Nach der Funktionalgleichung ist

$$\exp(x)\exp(-x) = \exp(x - x) = \exp(0) = 1.$$

Daraus folgt insbesondere $\exp(x) \neq 0$ und

$$\exp(-x) = \frac{1}{\exp(x)}.$$

Zu a). Für alle $x \geq 0$ ist

$$\exp(x) = 1 + x + \frac{x^2}{2} + \ldots \geq 1 > 0.$$

Falls $x < 0$, ist $-x > 0$, also $\exp(-x) > 0$ und

$$\exp(x) = \frac{1}{\exp(-x)} > 0.$$

Zu c). Wir zeigen zunächst mittels vollständiger Induktion, daß für alle $n \in \mathbb{N}$ gilt

$$\exp(n) = e^n.$$

Induktionsanfang $n = 0$. Es ist $\exp(0) = 1 = e^0$.
Induktionsschritt $n \to n + 1$. Aufgrund der Funktionalgleichung und Induktionsvoraussetzung erhält man

$$\exp(n + 1) = \exp(n) \exp(1) = e^n e = e^{n+1}.$$

Damit haben wir die Gleichung $\exp(n) = e^n$ für alle $n \in \mathbb{N}$ bewiesen. Mittels b) ergibt sich daraus

$$\exp(-n) = \frac{1}{\exp(n)} = \frac{1}{e^n} = e^{-n} \quad \text{für alle } n \in \mathbb{N}.$$

Daher gilt $\exp(n) = e^n$ für alle ganzen Zahlen n.

Bemerkung. Bei der praktischen Berechnung von $\exp(x)$ benutzt man nur für kleine Werte von $|x|$ die Reihendarstellung, die dann besonders schnell konvergiert und zieht für größere Werte von $|x|$ die Funktionalgleichung mit heran. Z.B. läßt sich jede reelle Zahl x in der Form $x = n + h$ darstellen, wobei n eine ganze Zahl und $|h| \leq \frac{1}{2}$ ist. Es gilt dann

$$\exp(x) = \exp(n + h) = e^n \exp(h).$$

▲ Aufgaben

8.1. a) Sei $x \geq 1$ eine reelle Zahl. Man zeige, daß die Reihe

$$s(x) := \sum_{n=0}^{\infty} \binom{x}{n}$$

absolut konvergiert. (Die Zahlen $\binom{x}{n}$ wurden in Aufgabe 1.2 definiert.)

b) Man beweise für $x, y \geq 1$ die Funktionalgleichung

$$s(x + y) = s(x)\, s(y).$$

c) Man berechne $s(n + \frac{1}{2})$ für alle natürlichen Zahlen $n \geq 1$.

8.2. Für $n \in \mathbb{N}$ sei

$$a_n := b_n := \frac{(-1)^n}{\sqrt{n+1}}$$

und

$$c_n := \sum_{k=0}^{n} a_{n-k} b_k .$$

Man zeige, daß die Reihen $\sum_{n=0}^{\infty} a_n$ und $\sum_{n=0}^{\infty} b_n$ konvergieren, ihr Cauchy-Produkt $\sum_{n=0}^{\infty} c_n$ aber nicht konvergiert.

§ 9. Punktmengen

In diesem Paragraphen behandeln wir zunächst die Begriffe Abzählbarkeit und Überabzählbarkeit und beweisen insbesondere, daß die Menge aller reellen Zahlen nicht abzählbar ist. Weiter beschäftigen wir uns mit dem Supremum und Infimum von Mengen reeller Zahlen und definieren den Limes superior und Limes inferior von Folgen.

Bezeichnungen. Wir verwenden folgende Bezeichnungen für Intervalle auf der Zahlengeraden $\mathbb{R}$.

a) *Abgeschlossene Intervalle.* Seien $a, b \in \mathbb{R}$, $a \leq b$. Dann setzt man

$$[a, b] := \{x \in \mathbb{R} : a \leq x \leq b\}.$$

Für $a = b$ besteht $[a, b]$ nur aus einem Punkt.

b) *Offene Intervalle.* Seien $a, b \in \mathbb{R}$, $a < b$. Man setzt

$$]a, b[:= \{x \in \mathbb{R} : a < x < b\}.$$

c) *Halboffene Intervalle.* Für $a, b \in \mathbb{R}$, $a < b$, sei

$$[a, b[:= \{x \in \mathbb{R} : a \leq x < b\},$$
$$]a, b] := \{x \in \mathbb{R} : a < x \leq b\}.$$

d) *Uneigentliche Intervalle.* Sei $a \in \mathbb{R}$. Man definiert

$$[a, +\infty[:= \{x \in \mathbb{R} : x \geq a\},$$
$$]a, +\infty[:= \{x \in \mathbb{R} : x > a\},$$
$$]-\infty, a] := \{x \in \mathbb{R} : x \leq a\},$$
$$]-\infty, a[:= \{x \in \mathbb{R} : x < a\}.$$

Weitere Bezeichnungen:

$$\mathbb{R}_+ := \{x \in \mathbb{R} : x \geq 0\} = [0, +\infty[,$$
$$\mathbb{R}^* := \{x \in \mathbb{R} : x \neq 0\},$$
$$\mathbb{R}_+^* := \mathbb{R}_+ \cap \mathbb{R}^* = \{x \in \mathbb{R} : x > 0\} =]0, +\infty[.$$

Mengen und Folgen

Sei $(a_n)_{n \in \mathbb{N}}$ eine Folge reeller Zahlen. Dann heißt die Menge $M := \{a_n : n \in \mathbb{N}\}$ die der Folge (a_n) unterliegende Menge. Verschiedene Folgen können dieselbe unterliegende Menge haben, wie folgendes Beispiel zeigt:

Die Folgen $(a_n)_{n \in \mathbb{N}}$ und $(b_n)_{n \in \mathbb{N}}$ mit $a_n = (-1)^n$ und $b_n = (-1)^{n+1}$ sind verschieden. Sie haben jedoch beide dieselbe unterliegende Menge, nämlich $\{-1, +1\}$.

Definition (Abzählbarkeit). Eine nichtleere Menge D heißt abzählbar, wenn es eine surjektive Abbildung $\mathbb{N} \to D$ gibt, d.h. wenn eine Folge $(x_n)_{n \in \mathbb{N}}$ existiert mit $D = \{x_n : n \in \mathbb{N}\}$. Eine nichtleere Menge heißt überabzählbar, wenn sie nicht abzählbar ist.

Beispiele

(9.1) Jede endliche Menge $M = \{a_0, \dots, a_n\}$ ist abzählbar. Man wähle $x_k := a_k$ für $0 \le k \le n$ und $x_k = a_n$ für $k > n$. Dann ist $M = \{x_n : n \in \mathbb{N}\}$.

(9.2) Die Menge $\mathbb{N}$ aller natürlichen Zahlen ist abzählbar, denn die identische Abbildung $\mathbb{N} \to \mathbb{N}$ ist surjektiv.

(9.3) Die Menge $\mathbb{Z}$ aller ganzen Zahlen ist abzählbar. Denn $\mathbb{Z}$ ist unterliegende Menge der Folge

$$(x_0, x_1, x_2, \dots) := (0, +1, -1, +2, -2, \dots).$$

(Es ist $x_0 = 0$ und $x_{2k-1} = k$, $x_{2k} = -k$ für $k \ge 1$.)

Satz 1. *Die Vereinigung abzählbar vieler abzählbarer Mengen* M_n, $n \in \mathbb{N}$, *ist wieder abzählbar.*

Beweis. Sei $M_n = \{x_{nm} : m \in \mathbb{N}\}$. Wir schreiben die Elemente der Vereinigungsmenge $\bigcup_{n \in \mathbb{N}} M_n$ in einem quadratisch unendlichen Schema an.

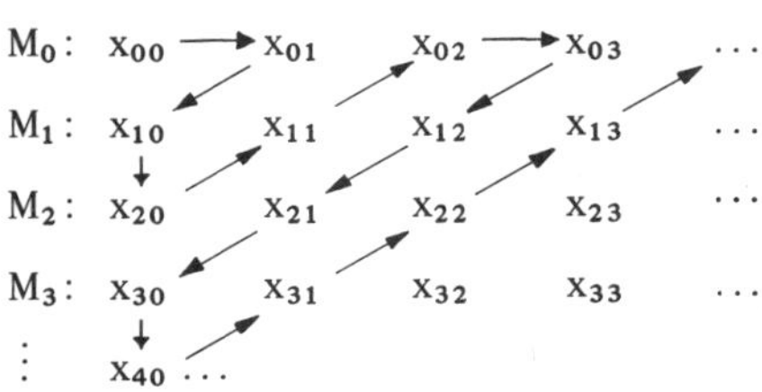

Die durch die Pfeile angedeutete Abzählungsvorschrift liefert eine Folge

$$(y_0, y_1, y_2, \dots) := (x_{00}, x_{01}, x_{10}, x_{20}, x_{11}, x_{02}, x_{03}, \dots),$$

für die $\bigcup_{n \in \mathbb{N}} M_n = \{y_n : n \in \mathbb{N}\}$ gilt, q.e.d.

Corollar. *Die Menge* $\mathbb{Q}$ *aller rationalen Zahlen ist abzählbar.*

Beweis. Für jede natürliche Zahl $n \geq 1$ sind die Mengen

$$A_n := \left\{ \frac{k}{n} : k \in \mathbb{N} \right\} \text{ und } B_n := \left\{ -\frac{k}{n} : k \in \mathbb{N} \right\}$$

abzählbar. Nach Satz 1 ist deshalb auch

$$C_n := \left\{ \frac{k}{n} : k \in \mathbb{Z} \right\} = A_n \cup B_n$$

abzählbar. Nun gilt $\mathbb{Q} = \bigcup_{n \geq 1} C_n$. Daher ist nach Satz 1 auch $\mathbb{Q}$ abzählbar.

Satz 2. *Die Menge* $\mathbb{R}$ *aller reellen Zahlen ist überabzählbar.*

Beweis. Wir verwenden das sogenannte Cantorsche Diagonalverfahren. Es genügt zu zeigen, daß das Intervall $]0, 1[$ nicht abzählbar ist. Angenommen, $]0, 1[$ sei abzählbar. Dann gibt es eine Folge $(x_n)_{n \geq 1}$ reeller Zahlen, so daß $]0, 1[= \{x_n : n \geq 1\}$. Die Dezimalbruchentwicklungen der Zahlen x_n seien

$$x_1 = 0, a_{11}\, a_{12}\, a_{13} \ldots$$
$$x_2 = 0, a_{21}\, a_{22}\, a_{23} \ldots$$
$$x_3 = 0, a_{31}\, a_{32}\, a_{33} \ldots$$
$$\ldots$$

Wir definieren nun eine Zahl $c \in]0, 1[$ durch die Dezimalbruchentwicklung

$$c = 0, c_1\, c_2\, c_3 \ldots,$$

wobei

$$c_k := \begin{cases} 5, \text{ falls } a_{kk} \neq 5, \\ 4, \text{ falls } a_{kk} = 5. \end{cases}$$

Insbesondere gilt $c_k \neq a_{kk}$ für alle $k \geq 1$. Nach Annahme existiert ein $n \geq 1$ mit $x_n = c$. Daraus folgt aber $a_{nn} = c_n$, was im Widerspruch zur Konstruktion von c steht. Die Annahme ist also falsch und $]0, 1[$ nicht abzählbar.

Bemerkung. Der Beweis zeigt, daß jedes nichtleere offene Intervall $]a, b[$ überabzählbar ist. Denn durch die Zuordnung

$$x \mapsto \frac{x - a}{b - a}$$

wird $]a, b[$ bijektiv auf das Intervall $]0, 1[$ abgebildet.

Corollar. *Die Menge der irrationalen Zahlen ist überabzählbar.*

Beweis. Angenommen, die Menge $\mathbb{R} \setminus \mathbb{Q}$ der irrationalen Zahlen wäre leer oder abzählbar. Da $\mathbb{Q}$ abzählbar ist, wäre nach Satz 1 auch $\mathbb{R} = (\mathbb{R} \setminus \mathbb{Q}) \cup \mathbb{Q}$ abzählbar, was im Widerspruch zu Satz 2 steht.

Bemerkung. Ebenso zeigt man, daß in jedem nichtleeren offenen Intervall $]a, b[$ überabzählbar viele Irrationalzahlen liegen. Insbesondere folgt daraus zusammen mit § 5, Satz 3, daß es in jeder ϵ-Umgebung $]x - \epsilon, x + \epsilon[$ einer beliebigen reellen Zahl x sowohl rationale als auch irrationale Zahlen gibt.

Wir kommen jetzt zu den wichtigen Begriffen obere (untere) Schranke und Supremum (Infimum) von Mengen reeller Zahlen.

Definition. Eine Teilmenge $D \subset \mathbb{R}$ heißt *nach oben* (bzw. *nach unten*) *beschränkt*, wenn es ein $K \in \mathbb{R}$ gibt, so daß

$$x \leq K \text{ (bzw. } x \geq K) \text{ für alle } x \in D.$$

Man nennt dann K obere (bzw. untere) *Schranke* von D. Die Menge D heißt beschränkt, wenn sie sowohl nach oben als auch nach unten beschränkt ist.

Bemerkungen. a) Eine Teilmenge $D \subset \mathbb{R}$ ist genau dann beschränkt, wenn es ein $M \geq 0$ gibt, so daß $|x| \leq M$ für alle $x \in D$.

b) Eine Folge ist genau dann nach oben (bzw. unten) beschränkt, wenn die ihr unterliegende Menge nach oben (bzw. unten) beschränkt ist (vgl. die Definition der Beschränktheit von Folgen in § 4).

Definition (Supremum, Infimum). Sei D eine Teilmenge von $\mathbb{R}$. Eine Zahl K heißt Supremum (bzw. Infimum) von D, falls K kleinste obere (bzw. größte untere) Schranke von D ist.

Dabei heißt K kleinste obere Schranke von D, falls gilt:

i) K ist obere Schranke von D.

ii) Ist $K' < K$, so ist K' keine obere Schranke von D.

Analog ist die größte untere Schranke von D definiert.

Es ist klar, daß die kleinste obere Schranke (bzw. größte untere Schranke) eindeutig bestimmt ist, falls sie existiert. Man bezeichnet sie mit $\sup D$ (bzw. $\inf D$).

Satz 3. *Jede nichtleere, nach oben (bzw. unten) beschränkte Teilmenge* $D \subset \mathbb{R}$ *besitzt ein Supremum (bzw. Infimum).*

Beweis. Sei $D \subset \mathbb{R}$ nichtleer und nach oben beschränkt. Dann gibt es ein $x_0 \in D$ und eine obere Schranke K_0 von D. Es ist $x_0 \leq K_0$, also $r := K_0 - x_0 \geq 0$. Wir konstruieren nun durch vollständige Induktion

a) eine Folge $x_0 \leq x_1 \leq x_2 \leq \ldots$ von Elementen von D,

b) eine Folge $K_0 \geq K_1 \geq K_2 \geq \ldots$ von oberen Schranken von D

mit der Eigenschaft

$$K_n - x_n \leq 2^{-n} r \text{ für alle } n \in \mathbb{N}.$$

Seien $x_0 \leq \ldots \leq x_n$ und $K_0 \geq \ldots \geq K_n$ schon konstruiert und $M := (K_n - x_n)/2$ die Mitte des Intervalls $[x_n, K_n]$. Es können zwei Fälle auftreten:

1. Fall. M ist obere Schranke von D. Dann setzen wir $x_{n+1} := x_n$ und $K_{n+1} := M$.

2. Fall. M ist keine obere Schranke von D. Dann gibt es ein $x_{n+1} \in D \cap \,]M, K_n]$ und wir setzen $K_{n+1} := K_n$.

In beiden Fällen gilt $x_n \leq x_{n+1}$, $K_n \geq K_{n+1}$ und $K_{n+1} - x_{n+1} \leq 2^{-n-1} r$.

Da die Folge $(K_n)_{n \in \mathbb{N}}$ monoton fallend und (durch x_0 nach unten) beschränkt ist, konvergiert sie nach § 5, Satz 5, gegen eine Zahl K. Wir zeigen, daß K kleinste obere Schranke von D ist.

i) K ist obere Schranke von D: Sei $x \in D$; dann ist $x \leq K_n$ für alle $n \in \mathbb{N}$, also nach § 4, Corollar zu Satz 6, auch $x \leq K = \lim K_n$.

ii) K ist kleinste obere Schranke: Sei $K' < K$ und $n \in \mathbb{N}$ so groß, daß $2^{-n}r < K - K'$. Dann ist

$$x_n \geq K_n - 2^{-n}r \geq K - 2^{-n}r > K',$$

also K' keine obere Schranke von D, q.e.d.

Die Existenz des Infimums wird analog bewiesen.

Beispiele

(9.4) Für das abgeschlossene Intervall $[a, b], (a \leq b)$ gilt $\sup[a, b] = b$, $\inf[a, b] = a$.

(9.5) Für das offene Intervall $]a, b[, (a < b)$, gilt ebenfalls $\sup\,]a, b[\, = b$, $\inf\,]a, b[\, = a$. Wir beweisen, daß b kleinste obere Schranke von $]a, b[$ ist. Zunächst ist klar, daß b obere Schranke ist. Sei $b' < b$. Dann gilt für

$$x := \max\left(\frac{a+b}{2}, \frac{b'+b}{2}\right),$$

daß $x \in \,]a, b[$ und $b' < x$. Also ist b' keine obere Schranke von $]a, b[$.

(9.6) Für $D := \{\frac{n}{n+1} : n \in \mathbb{N}\}$ gilt $\sup D = 1$.

(9.7) Für $D := \{\frac{n^2}{2^n} : n \in \mathbb{N}\}$ gilt $\sup D = \frac{9}{8}$.

Beweis. $\frac{9}{8}$ ist obere Schranke von D, denn es gilt

$$\frac{n^2}{2^n} \leq 1 < \frac{9}{8} \quad \text{für alle } n \neq 3 \quad \text{(vgl. Aufgabe 3.1)}$$

und $\frac{3^2}{2^3} = \frac{9}{8}$. Außerdem ist $\frac{9}{8}$ kleinste obere Schranke, da $\frac{9}{8} \in D$.

Bemerkung. Wie diese Beispiele zeigen, kann es sowohl vorkommen, daß $\sup D$ in D liegt, als auch, daß $\sup D$ nicht in D liegt. Falls $\sup(D) \in D$, nennt man $\sup D$ auch das *Maximum* von D. Ebenso heißt $\inf D$ das *Minimum* von D, falls $\inf(D) \in D$ gilt.

In jedem Fall existiert jedoch, wie aus dem Beweis von Satz 3 hervorgeht, eine Folge $x_n \in D$, $n \in \mathbb{N}$, mit $\lim\limits_{n\to\infty} x_n = \sup D$ (bzw. $\lim\limits_{n\to\infty} x_n = \inf D$).

Definition. Falls die Teilmenge $D \subset \mathbb{R}$ nicht nach oben (bzw. nicht nach unten) beschränkt ist, schreibt man

$$\sup D = +\infty \quad (\text{bzw. } \inf.\, D = -\infty).$$

Definition (Limes superior, Limes inferior). Sei $(a_n)_{n \in \mathbb{N}}$ eine Folge reeller Zahlen. Dann definiert man

$$\lim_{n\to\infty} \sup a_n := \lim_{n\to\infty} (\sup\{a_k : k \geq n\}),$$

$$\lim_{n\to\infty} \inf a_n := \lim_{n\to\infty} (\inf\{a_k : k \geq n\}).$$

Eine andere Schreibweise ist $\overline{\lim}$ für lim sup und $\underline{\lim}$ für lim inf.

Bemerkung. Die Folge $(\sup\{a_k : k \geq n\})_{n \in \mathbb{N}}$ ist monoton fallend und die Folge $(\inf\{a_k : k \geq n\})_{n \in \mathbb{N}}$ monoton wachsend. Daher existieren $\limsup a_n$ und $\liminf a_n$ immer eigentlich oder uneigentlich, d.h. sie sind entweder reelle Zahlen oder es gilt $\limsup a_n = \pm\infty$ bzw. $\liminf a_n = \pm\infty$.

Beispiele

(9.8) Wir betrachten die Folge $a_n = (-1)^n(1+\frac{1}{n})$, $n \geq 1$. Hier ist

$$\sup\{a_k : k \geq n\} = \begin{cases} 1 + \frac{1}{n} & \text{falls } n \text{ gerade,} \\ 1 + \frac{1}{n+1}, & \text{falls } n \text{ ungerade.} \end{cases}$$

Also gilt $\limsup\limits_{n\to\infty} a_n = 1$.

Entsprechend hat man

$$\inf\{a_k : k \geq n\} = \begin{cases} -(1 + \frac{1}{n}), & \text{falls } n \text{ ungerade,} \\ -(1 + \frac{1}{n+1}), & \text{falls } n \text{ gerade.} \end{cases}$$

Daraus folgt $\liminf\limits_{n\to\infty} a_n = -1$.

(9.9) Für die Folge $a_n = n$, $n \in \mathbb{N}$, gilt:

$$\sup\{a_k : k \geq n\} = \infty,$$
$$\inf\{a_k : k \geq n\} = n.$$

Daraus folgt $\limsup a_n = \infty$, $\liminf a_n = \infty$.

▲ Aufgaben

9.1. Es sei $a \in \mathbb{R}_+^*$. Man zeige

$$\sup\{x \in \mathbb{Q}: x^2 < a\} = \sqrt{a},$$
$$\inf\{x \in \mathbb{Q}: x^2 < a\} = -\sqrt{a}.$$

9.2. Sei $(a_n)_{n \in \mathbb{N}}$ eine beschränkte Folge reeller Zahlen und H die Menge ihrer Häufungspunkte. Man zeige

$$\limsup a_n = \sup H,$$
$$\liminf a_n = \inf H.$$

9.3. Man beweise: Eine Folge $(a_n)_{n \in \mathbb{N}}$ reeller Zahlen konvergiert genau dann gegen $a \in \mathbb{R}$, wenn

$$\limsup a_n = \liminf a_n = a.$$

9.4. Man zeige:

i) Die Menge aller endlichen Teilmengen von $\mathbb{N}$ ist abzählbar.

ii) Die Menge aller Teilmengen von $\mathbb{N}$ ist überabzählbar.

§ 10. Funktionen. Stetigkeit

Wir kommen jetzt zu einem weiteren zentralen Begriff der Analysis, dem der stetigen Funktion. Wir zeigen, daß Summe, Produkt und Quotient (mit nichtverschwindendem Nenner) stetiger Funktionen sowie die Komposition stetiger Funktionen wieder stetig sind.

Definition. Sei D eine Teilmenge von $\mathbb{R}$. Unter einer reellwertigen (reellen) *Funktion* auf D versteht man eine Abbildung $f: D \to \mathbb{R}$. Die Menge D heißt *Definitionsbereich* von f. Der *Graph* von f ist die Menge

$$\Gamma_f := \{(x, y) \in D \times \mathbb{R} : y = f(x)\}.$$

Beispiele

(10.1) Konstante Funktionen (Bild 6). Sei $c \in \mathbb{R}$ vorgegeben.

$$f: \mathbb{R} \to \mathbb{R},\quad x \mapsto f(x) = c.$$

(10.2) Identische Abbildung (Bild 7).

$$\mathrm{id}_{\mathbb{R}}: \mathbb{R} \to \mathbb{R},\quad x \mapsto x.$$

(10.3) Absolutbetrag (Bild 8).

$$\mathrm{abs}: \mathbb{R} \to \mathbb{R},\quad x \mapsto |x|.$$

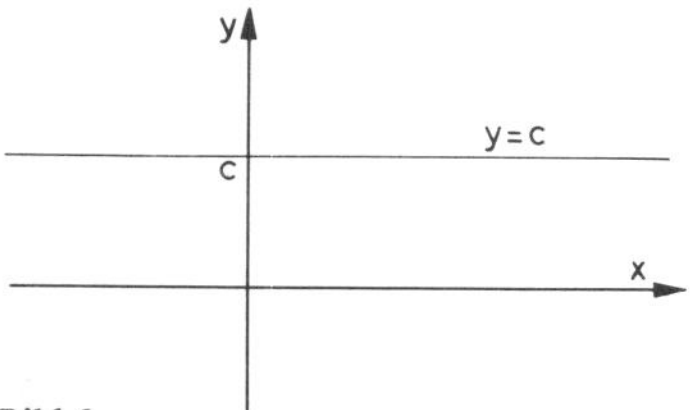

Bild 6

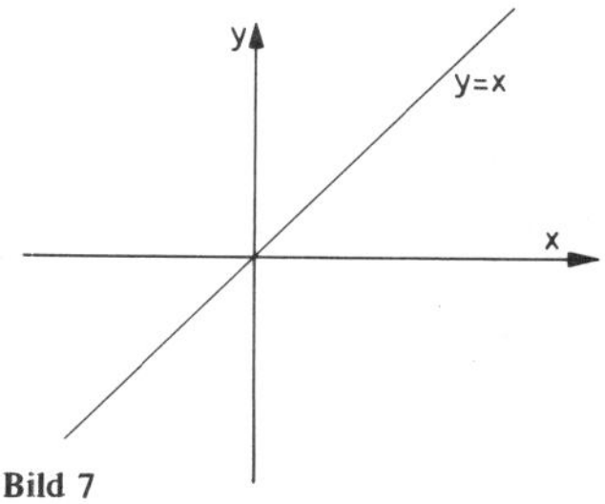

Bild 7

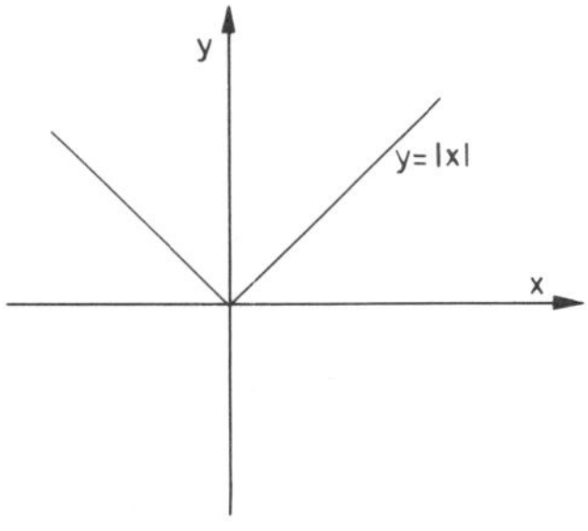

Bild 8

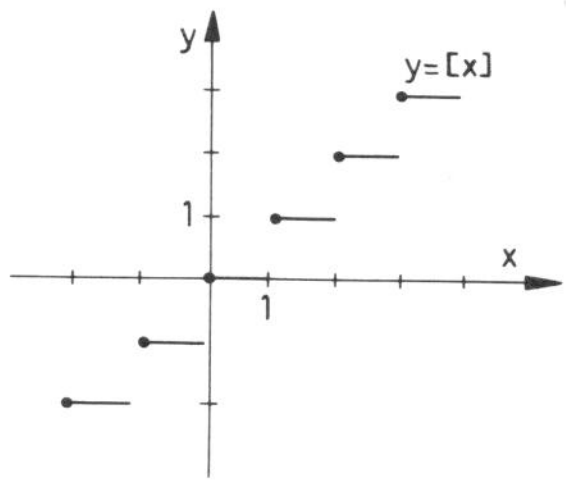

Bild 9

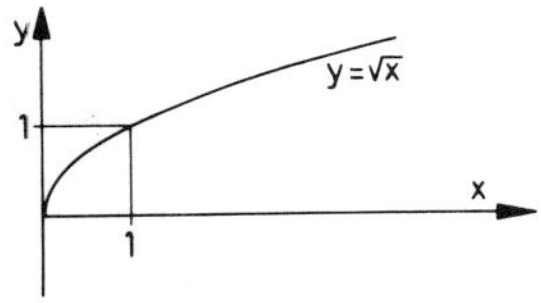

Bild 10

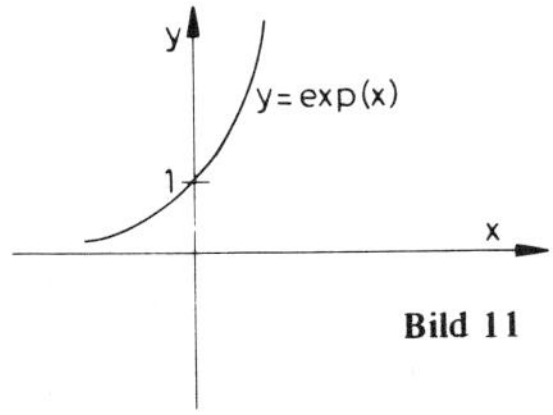

Bild 11

(10.4) Die entier-Funktion (Bild 9).

$$\text{entier:}\quad \mathbb{R} \to \mathbb{R},\quad x \mapsto [x].$$

(10.5) Quadratwurzel (Bild 10).

$$\text{sqrt:}\quad \mathbb{R}_+ \to \mathbb{R},\quad x \mapsto \sqrt{x}.$$

(10.6) Exponentialfunktion (Bild 11).

$$\exp:\quad \mathbb{R} \to \mathbb{R},\quad x \mapsto \exp(x).$$

(10.7) Polynomfunktionen. Seien $a_0, a_1, \ldots, a_n \in \mathbb{R}$.

$$p: \mathbb{R} \to \mathbb{R},\quad x \mapsto p(x) := a_n x^n + \ldots + a_1 x + a_0.$$

(10.8) Rationale Funktionen. Seien

$$p(x) = a_n x^n + \ldots + a_1 x + a_0,$$
$$q(x) = b_m x^m + \ldots + b_1 x + b_0$$

Polynome und $D := \{x \in \mathbb{R}: q(x) \neq 0\}$. Dann ist rationale Funktion $r = \frac{p}{q}$ definiert durch

$$r: D \to \mathbb{R},\quad x \mapsto r(x) = \frac{p(x)}{q(x)}.$$

Die Polynomfunktionen sind spezielle rationale Funktionen.

(10.9) Treppenfunktionen (Bild 12). Seien $a < b$ reelle Zahlen. Eine Funktion

$$\varphi: [a, b] \to \mathbb{R}$$

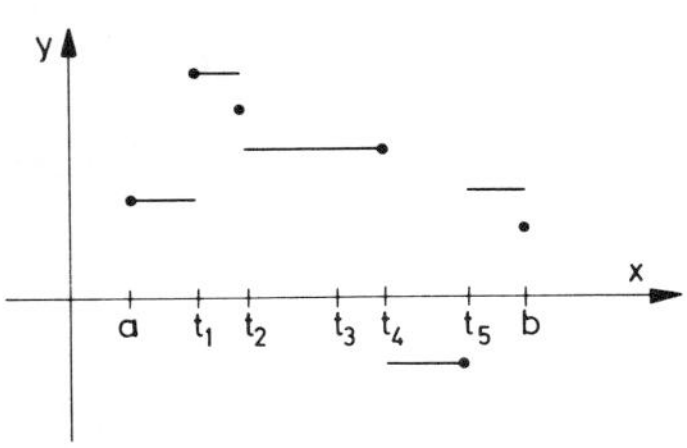

Bild 12

heißt Treppenfunktion, wenn es eine Unterteilung

$$a = t_0 < t_1 < \ldots < t_{n-1} < t_n = b$$

des Intervalls $[a, b]$ und Konstanten $c_1, c_2, \ldots, c_n \in \mathbb{R}$ gibt, so daß

$$\varphi(x) = c_k \quad \text{für alle } x \in \,]t_{k-1}, t_k[\,, (1 \leq k \leq n).$$

Die Funktionswerte $\varphi(t_k)$ in den Teilpunkten t_k sind beliebig.

(10.10) Es gibt auch Funktionen, deren Graph man nicht zeichnen kann, z.B. die Funktion $f: \mathbb{R} \to \mathbb{R}$ mit

$$f(x) = \begin{cases} 0, & \text{falls } x \text{ rational,} \\ 1, & \text{falls } x \text{ irrational.} \end{cases}$$

Definition (Rationale Operationen auf Funktionen). Seien $f, g: D \to \mathbb{R}$ Funktionen und $\lambda \in \mathbb{R}$. Dann sind die Funktionen

$$f + g: D \to \mathbb{R},$$
$$\lambda f: D \to \mathbb{R},$$
$$fg: D \to \mathbb{R}$$

definiert durch

$$(f + g)(x) := f(x) + g(x),$$
$$(\lambda f)(x) := \lambda f(x),$$
$$(fg)(x) := f(x)\, g(x).$$

Sei $D' := \{x \in D: g(x) \neq 0\}$. Dann ist die Funktion

$$\frac{f}{g}: D' \to \mathbb{R}$$

definiert durch

$$\left(\frac{f}{g}\right)(x) := \frac{f(x)}{g(x)}.$$

Bemerkung. Alle rationalen Funktionen entstehen aus $\mathrm{id}_{\mathbb{R}}$ und der konstanten Funktion 1 durch wiederholte Anwendung dieser Operationen.

Die nächste Definition gibt ein weiteres Verfahren an, aus gegebenen Funktionen neue zu konstruieren.

Definition (Komposition von Funktionen). Seien $f: D \to \mathbb{R}$ und $g: E \to \mathbb{R}$ Funktionen mit $f(D) \subset E$. Dann ist die Funktion

$$g \circ f: D \to \mathbb{R}$$

definiert durch $(g \circ f)(x) := g(f(x))$ für $x \in D$.

(10.11) Beispiel. Sei $q: \mathbb{R} \to \mathbb{R}$ die durch $q(x) = x^2$ definierte Funktion. Dann läßt sich die Funktion abs: $\mathbb{R} \to \mathbb{R}$ schreiben als

$$\mathrm{abs} = \mathrm{sqrt} \circ q,$$

denn es gilt für alle $x \in \mathbb{R}$

$$(\text{sqrt} \circ q)(x) = \text{sqrt}(q(x)) = \sqrt{x^2} = |x| = \text{abs}(x).$$

Wir verbinden jetzt den Grenzwertbegriff und den Funktionsbegriff.

Definition (Grenzwerte bei Funktionen). Sei $f\colon D \to \mathbb{R}$ eine reelle Funktion auf $D \subset \mathbb{R}$ und $a \in \mathbb{R}$ ein Punkt derart, daß es mindestens eine Folge $(a_n)_{n \in \mathbb{N}}$, $a_n \in D$, gibt mit $\lim\limits_{n \to \infty} a_n = a$. (Dies ist z. B. für $a \in D$ erfüllt.) Man schreibt

$$\lim_{x \to a} f(x) = c,$$

falls für jede Folge $(x_n)_{n \in \mathbb{N}}$, $x_n \in D$, mit $\lim\limits_{n \to \infty} x_n = a$ gilt:

$$\lim_{n \to \infty} f(x_n) = c.$$

Statt $\lim\limits_{x \to a} f(x)$ schreibt man zur Verdeutlichung auch $\lim\limits_{\substack{x \to a \\ x \in D}} f(x)$.

Weitere Bezeichnungen

a) $\lim\limits_{x \searrow a} f(x) = c$ bedeutet:

Für jede Folge (x_n) mit $x_n \in D$, $x_n > a$ und $\lim\limits_{n \to \infty} x_n = a$ gilt

$$\lim_{n \to \infty} f(x_n) = c.$$

b) $\lim\limits_{x \nearrow a} f(x) = c$ bedeutet:

Für jede Folge (x_n) mit $x_n \in D$, $x_n < a$ und $\lim\limits_{n \to \infty} x_n = a$ gilt

$$\lim_{n \to \infty} f(x_n) = c.$$

c) $\lim\limits_{x \to \infty} f(x) = c$ bedeutet:

Für jede Folge (x_n) mit $x_n \in D$ und $\lim x_n = \infty$ gilt

$$\lim_{n \to \infty} f(x_n) = c.$$

Analog ist $\lim\limits_{x \to -\infty} f(x)$ definiert.

Beispiele

(10.12) $\lim\limits_{x \to 0} \exp(x) = 1.$

Beweis. Die Restgliedabschätzung aus § 8, Satz 2, liefert für N = 0:

$$|\exp(x) - 1| \leq 2|x| \text{ für } |x| \leq 1.$$

Sei (x_n) eine beliebige Folge mit $\lim x_n = 0$. Dann gilt $|x_n| < 1$ für alle $n \geq n_0$, also

$$|\exp(x_n) - 1| \leq 2|x_n| \text{ für } n \geq n_0.$$

Daraus folgt $\lim\limits_{n\to\infty} |\exp(x_n) - 1| = 0$, also

$$\lim_{n\to\infty} \exp(x_n) = 1, \text{ q.e.d.}$$

(10.13) Es gilt $\lim\limits_{x \searrow 1} \text{entier}(x) = 1$ und $\lim\limits_{x \nearrow 1} \text{entier}(x) = 0$.
Also existiert $\lim\limits_{x\to 1} \text{entier}(x)$ nicht.

(10.14) Es sei $P: \mathbb{R} \to \mathbb{R}$ ein Polynom der Gestalt

$$P(x) = x^k + a_1 x^{k-1} + \ldots + a_{k-1} x + a_k, \quad (k \geq 1).$$

Dann gilt

$$\lim_{x\to\infty} P(x) = \infty,$$

$$\lim_{x\to-\infty} P(x) = \begin{cases} +\infty, & \text{falls } k \text{ gerade,} \\ -\infty, & \text{falls } k \text{ ungerade.} \end{cases}$$

Beweis. Für $x \neq 0$ gilt $P(x) = x^k g(x)$, wobei

$$g(x) = 1 + \frac{a_1}{x} + \frac{a_2}{x^2} + \ldots + \frac{a_k}{x^k}.$$

Für alle $x \in \mathbb{R}$ mit

$$x \geq c := \max(1, 2k|a_1|, 2k|a_2|, \ldots, 2k|a_k|)$$

gilt $g(x) \geq \frac{1}{2}$, also $P(x) \geq \frac{1}{2} x^k \geq \frac{x}{2}$. Sei nun (x_n) eine beliebige Folge reeller Zahlen mit $\lim x_n = \infty$. Dann gilt $x_n \geq c$ für alle $n \geq n_0$, also $P(x_n) \geq \frac{1}{2} x_n$ für $n \geq n_0$. Daraus folgt

$$\lim_{n\to\infty} P(x_n) = \infty.$$

Die Behauptung über den Limes für $x \to -\infty$ folgt aus der Tatsache, daß

$$P(-x) = (-1)^k Q(x)$$

mit

$$Q(x) = x^k - a_1 x^{k-1} + \ldots + (-1)^{k-1} a_{k-1} x + (-1)^k a_k.$$

Definition (Stetigkeit). Sei $f\colon D \to \mathbb{R}$ eine Funktion und $a \in D$. Die Funktion f heißt stetig im Punkt a, falls

$$\lim_{x \to a} f(x) = f(a).$$

f heißt stetig in D, falls f in jedem Punkt von D stetig ist.

Beispiele

(10.15) Die konstanten Funktionen und $\mathrm{id}_{\mathbb{R}}$ sind überall stetig.

(10.16) Die Exponentialfunktion $\exp\colon \mathbb{R} \to \mathbb{R}$ ist in jedem Punkt stetig.

Beweis. Sei $a \in \mathbb{R}$. Wir haben zu zeigen, daß

$$\lim_{x \to a} \exp(x) = \exp(a).$$

Sei (x_n) eine beliebige Folge mit $\lim x_n = a$. Dann gilt $\lim (x_n - a) = 0$, also nach Beispiel (10.12)

$$\lim_{n \to \infty} \exp(x_n - a) = 1.$$

Daraus folgt mithilfe der Funktionalgleichung

$$\begin{aligned}\lim_{n \to \infty} \exp(x_n) &= \lim_{n \to \infty} (\exp(a) \exp(x_n - a)) \\ &= \exp(a) \lim_{n \to \infty} \exp(x_n - a) = \exp(a), \quad \text{q.e.d.}\end{aligned}$$

Satz 1. *Seien* $f, g\colon D \to \mathbb{R}$ *Funktionen, die in* $a \in D$ *stetig sind und sei* $\lambda \in \mathbb{R}$. *Dann sind auch die Funktionen*

$$\begin{aligned} f + g&\colon D \to \mathbb{R}, \\ \lambda f&\colon D \to \mathbb{R}, \\ fg&\colon D \to \mathbb{R} \end{aligned}$$

im Punkte a *stetig. Ist* $g(a) \neq 0$, *so ist auch die Funktion*

$$\frac{f}{g}\colon D' \to \mathbb{R}$$

in a *stetig. Dabei ist* $D' = \{x \in D\colon g(x) \neq 0\}$.

Beweis. Sei (x_n) eine Folge $x_n \in D$ (bzw. $x_n \in D'$) und $\lim x_n = a$. Es ist zu zeigen:

$$\lim_{n \to \infty} (f + g)(x_n) = (f + g)(a),$$

$$\lim_{n \to \infty} (\lambda f)(x_n) = (\lambda f)(a),$$

$$\lim_{n \to \infty} (fg)(x_n) = (fg)(a), \qquad \lim_{n \to \infty} \left(\frac{f}{g}\right)(x_n) = \left(\frac{f}{g}\right)(a).$$

Nach Voraussetzung ist $\lim\limits_{n\to\infty} f(x_n) = f(a)$ und $\lim\limits_{n\to\infty} g(x_n) = g(a)$. Die Behauptung folgt deshalb aus den in § 4, Satz 3 bis 5, aufgestellten Rechenregeln für Zahlenfolgen.

Corollar. *Alle rationalen Funktionen sind stetig in ihrem Definitionsbereich.*

Dies folgt durch wiederholte Anwendung von Satz 1 auf Beispiel (10.15).

Bemerkung. Die Stetigkeit ist eine lokale Eigenschaft in folgendem Sinn: Seien $f, g\colon D \to \mathbb{R}$ zwei Funktionen, die in einer Umgebung eines Punktes $a \in D$ übereinstimmen, d. h. es gebe ein $\epsilon > 0$, so daß $f(x) = g(x)$ für alle $x \in D$ mit $|x - a| < \epsilon$. Dann ist f genau dann in a stetig, wenn g in a stetig ist. Dies folgt unmittelbar aus der Definition.

(10.17) Beispiel. Die Funktion abs: $\mathbb{R} \to \mathbb{R}$ ist stetig.

Beweis. Sei a ein beliebiger Punkt aus $\mathbb{R}$.

1. Fall: $a > 0$. In der Umgebung $]0,2a[$ von a gilt $\text{abs}(x) = x = \text{id}_{\mathbb{R}}(x)$. Da $\text{id}_{\mathbb{R}}$ stetig ist, ist auch abs in a stetig.

2. Fall: $a < 0$. In der Umgebung $]2a, 0[$ von a gilt $\text{abs}(x) = -x = -\text{id}_{\mathbb{R}}(x)$. Nach Satz 1 ist $-\text{id}_{\mathbb{R}}$ stetig, also ist auch abs im Punkt a stetig.

3. Fall: $a = 0$. Sei (x_n) eine Folge mit $\lim x_n = 0$. Dann ist

$$\lim(\text{abs}(x_n)) = \lim|x_n| = 0 = \text{abs}(0),$$

also abs in 0 stetig.

Satz 2. *Seien* $f\colon D \to \mathbb{R}$ *und* $g\colon E \to \mathbb{R}$ *Funktionen mit* $f(D) \subset E$. *Die Funktion* f *sei in* $a \in D$ *und* g *in* $b := f(a) \in E$ *stetig. Dann ist die Funktion*

$$g \circ f\colon D \to \mathbb{R}$$

in a *stetig.*

Beweis. Sei (x_n) eine Folge mit $x_n \in D$ und $\lim x_n = a$. Wegen der Stetigkeit von f in a gilt $\lim\limits_{n\to\infty} f(x_n) = f(a)$. Nach Voraussetzung ist $y_n := f(x_n) \in E$ und $\lim y_n = b$. Da g in b stetig ist, gilt $\lim\limits_{n\to\infty} g(y_n) = g(b)$. Deshalb folgt

$$\begin{aligned}\lim_{n\to\infty} (g \circ f)(x_n) &= \lim_{n\to\infty} g(f(x_n)) = \lim_{n\to\infty} g(y_n) = g(b)\\ &= g(f(a)) = (g \circ f)(a), \quad \text{q.e.d.}\end{aligned}$$

Beispiele

(10.18) Sei $f\colon D \to \mathbb{R}$ stetig. Dann ist auch die Funktion

$$|f|\colon D \to \mathbb{R}, \quad x \mapsto |f(x)|$$

stetig. Denn es gilt $|f| = \text{abs} \circ f$.

(10.19) Wir gehen aus von den stetigen Funktionen

$$\exp: \mathbb{R} \to \mathbb{R},$$
$$q: \mathbb{R} \to \mathbb{R}, \quad x \mapsto x^2.$$

Nach Satz 2 sind auch die Zusammensetzungen $f := \exp \circ q$ und $\varphi := q \circ \exp$, d. h. die Funktionen

$$f: \mathbb{R} \to \mathbb{R}, \quad x \mapsto \exp(x^2)$$

und

$$\varphi: \mathbb{R} \to \mathbb{R}, \quad x \mapsto (\exp(x))^2$$

stetig.

▲ Aufgaben

10.1. Die Funktionen

$\cosh: \mathbb{R} \to \mathbb{R}$ (Cosinus hyperbolicus),
$\sinh: \mathbb{R} \to \mathbb{R}$ (Sinus hyperbolicus)

sind definiert durch

$$\cosh(x) := \tfrac{1}{2}(\exp(x) + \exp(-x)),$$
$$\sinh(x) := \tfrac{1}{2}(\exp(x) - \exp(-x)).$$

Man zeige, daß diese Funktionen stetig sind und beweise für $x, y \in \mathbb{R}$ die Formeln

$$\cosh(x+y) = \cosh(x)\cosh(y) + \sinh(x)\sinh(y),$$
$$\sinh(x+y) = \cosh(x)\sinh(y) + \sinh(x)\cosh(y),$$
$$\cosh^2(x) - \sinh^2(x) = 1.$$

10.2. Die Funktionen $g_n: \mathbb{R} \to \mathbb{R}$, $n \in \mathbb{N}$, seien definiert durch

$$g_n(x) := \frac{nx}{1 + |nx|}.$$

Man zeige, daß alle Funktionen g_n stetig sind. Für welche $x \in \mathbb{R}$ ist die Funktion

$$g(x) := \lim_{n\to\infty} g_n(x)$$

definiert bzw. stetig?

10.3. Die Funktion $\text{zack}: \mathbb{R} \to \mathbb{R}$ sei definiert durch

$$\text{zack}(x) := \text{abs}(\text{entier}(x + \tfrac{1}{2}) - x).$$

Man zeichne den Graphen der Funktion zack und zeige:

a) Für $|x| \leq \frac{1}{2}$ gilt $\text{zack}(x) = \text{abs}(x)$.
b) Für alle $x \in \mathbb{R}$ und $n \in \mathbb{Z}$ gilt $\text{zack}(x+n) = \text{zack}(x)$.
c) Die Funktion zack ist stetig.

10.4. Für $p, q \in \mathbb{Z}$ und $x \in \mathbb{R}^*$ sei definiert

$$f_{pq}(x) := |x|^p \operatorname{zack}(x^q).$$

Für welche p und q kann man $f_{pq}(0)$ so definieren, daß eine überall stetige Funktion $f_{pq}: \mathbb{R} \to \mathbb{R}$ entsteht?

10.5. Man zeige, daß die in Beispiel (10.10) definierte Funktion $f: \mathbb{R} \to \mathbb{R}$ in keinem Punkt stetig ist.

10.6. Die Funktion $f: \mathbb{Q} \to \mathbb{R}$ werde definiert durch

$$f(x) := \begin{cases} 0, & \text{falls } x < \sqrt{2}, \\ 1, & \text{falls } x > \sqrt{2}. \end{cases}$$

Man zeige, daß f auf ganz $\mathbb{Q}$ stetig ist.

10.7. Man beweise, daß eine Treppenfunktion $f: [a, b] \to \mathbb{R}$ genau dann im ganzen Intervall $[a, b]$ stetig ist, wenn sie konstant ist.

§ 11. Sätze über stetige Funktionen

In diesem Paragraphen beweisen wir die wichtigsten allgemeinen Sätze über stetige Funktionen in abgeschlossenen Intervallen, nämlich den Zwischenwertsatz, den Satz über die Annahme von Maximum und Minimum und die gleichmäßige Stetigkeit.

Für den ganzen Paragraphen sei $[a, b] \subset \mathbb{R}$ ein beschränktes abgeschlossenes Intervall, $a, b \in \mathbb{R}$, $a < b$.

Satz 1 (Zwischenwertsatz). *Sei* $f: [a, b] \to \mathbb{R}$ *eine stetige Funktion mit* $f(a) < 0$ *und* $f(b) > 0$ (*bzw.* $f(a) > 0$ *und* $f(b) < 0$). *Dann existiert ein* $p \in [a, b]$ *mit* $f(p) = 0$.

Bemerkung. Die Aussage des Satzes ist anschaulich klar, vgl. Bild 13. Sie bedarf aber natürlich dennoch eines Beweises, da eine Zeichnung keinerlei Beweiskraft hat. Die Aussage wird falsch, wenn man nur innerhalb der rationalen Zahlen arbeitet. Sei etwa $D := \{x \in \mathbb{Q}: 1 \leq x \leq 2\}$ und $f: D \to \mathbb{R}$ die stetige Funktion $x \mapsto f(x) = x^2 - 2$. Dann ist $f(1) = -1 < 0$ und $f(2) = 2 > 0$, aber es gibt kein $p \in D$ mit $f(p) = 0$, da die Zahl 2 keine rationale Quadratwurzel hat.

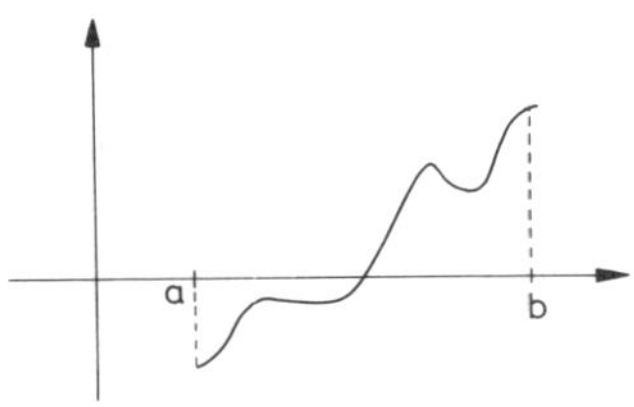

Bild 13

Beweis. Wir benutzen die Intervall-Halbierungsmethode. Diese liefert auch ein konstruktives Verfahren zur Ermittlung einer Nullstelle. Sei $f(a) < 0$ und $f(b) > 0$. Wir definieren induktiv eine Folge $[a_n, b_n] \subset [a, b]$, $n \in \mathbb{N}$, von Intervallen mit folgenden Eigenschaften:

(1) $[a_n, b_n] \subset [a_{n-1}, b_{n-1}]$ für $n \geq 1$,

(2) $b_n - a_n = 2^{-n}(b - a)$,

(3) $f(a_n) \leq 0$, $f(b_n) \geq 0$.

Induktionsanfang. Wir setzen $[a_0, b_0] := [a, b]$.
Induktionsschritt. Sei das Intervall $[a_n, b_n]$ bereits definiert und sei $m := (a_n + b_n)/2$ die Mitte des Intervalls. Nun können zwei Fälle auftreten:

1. Fall: $f(m) \geq 0$. Dann sei $[a_{n+1}, b_{n+1}] := [a_n, m]$.
2. Fall: $f(m) < 0$. Dann sei $[a_{n+1}, b_{n+1}] := [m, b_n]$.

Offenbar sind wieder die Eigenschaften (1)–(3) für $n + 1$ erfüllt. Es folgt, daß die Folge (a_n) monoton wachsend und beschränkt und die Folge (b_n) monoton fallend und beschränkt ist. Also konvergieren beide Folgen (§ 5, Satz 5) und wegen (2) gilt

$$\lim_{n\to\infty} a_n = \lim_{n\to\infty} b_n =: p.$$

Aufgrund der Stetigkeit von f ist $\lim f(a_n) = \lim f(b_n) = f(p)$. Aus (3) folgt nach § 4, Corollar zu Satz 6, daß

$$f(p) = \lim f(a_n) \leq 0 \text{ und } f(p) = \lim f(b_n) \geq 0.$$

Daher gilt $f(p) = 0$, q.e.d.

(11.1) Beispiel. Jedes Polynom ungeraden Grades $f: \mathbb{R} \to \mathbb{R}$,

$$f(x) = x^n + c_1 x^{n-1} + \ldots + c_n,$$

besitzt mindestens eine reelle Nullstelle. Denn nach (10.14) gilt $\lim\limits_{x\to-\infty} f(x) = -\infty$ und $\lim\limits_{x\to\infty} f(x) = \infty$, man kann also Stellen $a < b$ finden mit $f(a) < 0$ und $f(b) > 0$. Deshalb gibt es ein $p \in [a, b]$ mit $f(p) = 0$.

Bemerkung. Ein Polynom geraden Grades braucht keine reelle Nullstelle zu besitzen, wie das Beispiel $f(x) = x^{2k} + 1$ zeigt.

Corollar. *Sei* $f: [a, b] \to \mathbb{R}$ *eine stetige Funktion und* c *eine reelle Zahl zwischen* $f(a)$ *und* $f(b)$. *Dann existiert ein* $p \in [a, b]$ *mit* $f(p) = c$.

Beweis. Sei etwa $f(a) < c < f(b)$. Die Funktion $g: [a, b] \to \mathbb{R}$ sei definiert durch $g(x) := f(x) - c$. Dann ist g stetig und $g(a) < 0 < g(b)$. Nach Satz 1 existiert daher ein $p \in [a, b]$ mit $g(p) = 0$, woraus folgt $f(p) = c$, q.e.d.

Definition. Eine Funktion $f: D \to \mathbb{R}$ heißt *beschränkt,* wenn die Menge $f(D)$ beschränkt ist, d. h. wenn ein $M \in \mathbb{R}_+$ existiert, so daß

$$|f(x)| \leq M \text{ für alle } x \in D.$$

Satz 2. *Jede in einem abgeschlossenen beschränkten Intervall stetige Funktion* $f: [a, b] \to \mathbb{R}$ *ist beschränkt und nimmt ihr Maximum und Minimum an, d. h. es existiert ein* $p \in [a, b]$, *so daß*

$$f(p) = \sup\{f(x): x \in [a, b]\}$$

und ein $q \in [a, b]$, *so daß*

$$f(q) = \inf\{f(x): x \in [a, b]\}.$$

Bemerkung. Satz 2 gilt nicht in offenen, halboffenen oder uneigentlichen Intervallen. Z. B. ist die Funktion $f:]0, 1] \to \mathbb{R}$, $f(x) := \frac{1}{x}$, in $]0, 1]$ stetig, aber nicht beschränkt. Die Funktion $g:]0, 1[\to \mathbb{R}$, $g(x) := x$, ist stetig und beschränkt, nimmt aber weder ihr Infimum 0 noch ihr Supremum 1 an.

Beweis. Wir geben nur den Beweis für das Maximum. Der Übergang von f zu $-f$ liefert dann die Behauptung für das Minimum. Sei

$$A := \sup\{f(x): x \in [a, b]\} \in \mathbb{R} \cup \{\infty\}.$$

(Es gilt $A = \infty$, falls f nicht nach oben beschränkt ist.) Dann existiert eine Folge $x_n \in [a, b]$, $n \in \mathbb{N}$, so daß

$$\lim_{n \to \infty} f(x_n) = A.$$

Da die Folge (x_n) beschränkt ist, besitzt sie nach dem Satz von Bolzano-Weierstraß eine konvergente Teilfolge $(x_{n_k})_{k \in \mathbb{N}}$ mit

$$\lim_{k \to \infty} x_{n_k} =: p \in [a, b].$$

Aus der Stetigkeit von f folgt

$$f(p) = \lim_{k \to \infty} f(x_{n_k}) = A,$$

insbesondere $A \in \mathbb{R}$, also ist f nach oben beschränkt und nimmt in p ihr Maximum an.

Der folgende Satz gibt eine Umformulierung der Definition der Stetigkeit.

Satz 3 (ϵ-δ-Definition der Stetigkeit). *Sei* $D \subset \mathbb{R}$ *und* $f: D \to \mathbb{R}$ *eine Funktion.* f *ist genau dann in* $p \in D$ *stetig, wenn es zu jedem* $\epsilon > 0$ *ein* $\delta > 0$ *gibt, so daß*

$$|f(x) - f(p)| < \epsilon \text{ für alle } x \in D \text{ mit } |x - p| < \delta.$$

Man kann dies in Worten auch so ausdrücken: f ist genau dann in p stetig, wenn gilt: Der Funktionswert $f(x)$ weicht beliebig wenig von $f(p)$ ab, falls nur x hinreichend nahe bei p liegt.

Beweis. 1) Es gebe zu jedem $\epsilon > 0$ ein $\delta > 0$, so daß $|f(x) - f(p)| < \epsilon$ für alle $x \in D$ mit $|x - p| < \delta$.

Es ist zu zeigen, daß für jede Folge (x_n) mit $x_n \in D$ und $\lim x_n = p$ gilt $\lim f(x_n) = f(p)$.

Sei $\epsilon > 0$ vorgegeben und sei $\delta > 0$ gemäß Voraussetzung. Wegen $\lim x_n = p$ existiert ein $N \in \mathbb{N}$, so daß $|x_n - p| < \delta$ für alle $n \geq N$.

Nach Voraussetzung ist daher $|f(x_n) - f(p)| < \epsilon$ für alle $n \geq N$. Also gilt $\lim\limits_{n\to\infty} f(x_n) = f(p)$.

2) Für jede Folge $x_n \in D$ mit $\lim x_n = p$ gelte $\lim\limits_{n\to\infty} f(x_n) = f(p)$. Es ist zu zeigen:

Zu jedem $\epsilon > 0$ existiert ein $\delta > 0$, so daß

$$|f(x) - f(p)| < \epsilon \text{ für alle } x \in D \text{ mit } |x - p| < \delta.$$

Angenommen, dies sei nicht der Fall. Dann gibt es ein $\epsilon > 0$, so daß kein $\delta > 0$ existiert mit $|f(x) - f(p)| < \epsilon$ für alle $x \in D$ mit $|x - p| < \delta$. Es existiert also zu jedem $\delta > 0$ wenigstens ein $x \in D$ mit $|x - p| < \delta$, aber $|f(x) - f(p)| \geq \epsilon$. Insbesondere gibt es dann für jede natürliche Zahl $n \geq 1$ ein $x_n \in D$ mit

$$|x_n - p| < \tfrac{1}{n} \text{ und } |f(x_n) - f(p)| \geq \epsilon.$$

Folglich ist $\lim x_n = p$ und daher nach Voraussetzung $\lim f(x_n) = f(p)$. Dies steht aber im Widerspruch zu $|f(x_n) - f(p)| \geq \epsilon$ für alle $n \geq 1$.

Corollar. *Sei* $f\colon D \to \mathbb{R}$ *stetig im Punkt* $p \in D$ *und* $f(p) \neq 0$. *Dann ist* $f(x) \neq 0$ *für alle* x *in einer Umgebung von* p, *d. h. es existiert ein* $\delta > 0$, *so daß*

$$f(x) \neq 0 \textit{ für alle } x \in D \textit{ mit } |x - p| < \delta.$$

Beweis. Zu $\epsilon := |f(p)| > 0$ existiert nach Satz 3 ein $\delta > 0$, so daß

$$|f(x) - f(p)| < \epsilon \text{ für alle } x \in D \text{ mit } |x - p| < \delta.$$

Daraus folgt $|f(x)| \geq |f(p)| - |f(x) - f(p)| > 0$ für alle $x \in D$ mit $|x - p| < \delta$, q.e.d.

Definition. Eine Funktion $f\colon D \to \mathbb{R}$ heißt in D *gleichmäßig stetig,* wenn gilt:

> Zu jedem $\epsilon > 0$ existiert ein $\delta > 0$, so daß
> $|f(x) - f(x')| < \epsilon$ für alle $x, x' \in D$ mit $|x - x'| < \delta$.

Bemerkung. Eine gleichmäßig stetige Funktion $f\colon D \to \mathbb{R}$ ist in jedem Punkt $p \in D$ stetig. Die Umkehrung gilt aber i. a. nicht. Betrachten wir etwa die Funktion

$$f\colon]0, 1] \to \mathbb{R},\ x \mapsto \frac{1}{x}.$$

Sei $p \in]0, 1]$ und $\epsilon > 0$ vorgegeben. Wir setzen

$$\delta := \min\left(\frac{p}{2}, \frac{p^2 \epsilon}{2}\right).$$

Dann gilt für alle x mit $|x - p| < \delta$

$$|f(x) - f(p)| = \left|\frac{1}{x} - \frac{1}{p}\right| = \left|\frac{x-p}{xp}\right| \leq \frac{2|x-p|}{p^2} < \frac{2\delta}{p^2} \leq \epsilon.$$

Die Funktion f ist also in p stetig. Sie ist aber in $]0, 1]$ nicht gleichmäßig stetig, da man δ nicht unabhängig von p wählen kann. Wäre f gleichmäßig stetig, gäbe es insbesondere zu $\epsilon = 1$ ein $\delta > 0$, so daß

$$|f(x) - f(x')| < 1 \text{ für alle } x, x' \in]0, 1] \text{ mit } |x - x'| < \delta.$$

Es gibt aber ein $n \geq 1$ mit

$$\left|\frac{1}{n} - \frac{1}{2n}\right| < \delta \text{ und } \left|f\left(\frac{1}{n}\right) - f\left(\frac{1}{2n}\right)\right| = n \geq 1.$$

Satz 4. *Jede auf einem abgeschlossenen beschränkten Intervall stetige Funktion* $f\colon [a, b] \to \mathbb{R}$ *ist dort gleichmäßig stetig.*

Beweis. Angenommen, f sei nicht gleichmäßig stetig. Dann gibt es ein $\epsilon > 0$ derart, daß zu jedem $n \geq 1$ Punkte $x_n, x_n' \in [a, b]$ existieren mit

$$|x_n - x_n'| < \frac{1}{n} \text{ und } |f(x_n) - f(x_n')| \geq \epsilon.$$

Nach dem Satz von Bolzano-Weierstraß besitzt die beschränkte Folge (x_n) eine konvergente Teilfolge (x_{n_k}). Für ihren Grenzwert gilt (nach § 4, Corollar zu Satz 6)

$$\lim_{k \to \infty} x_{n_k} =: p \in [a, b].$$

Wegen $|x_{n_k} - x_{n_k}'| < \frac{1}{n_k}$ ist auch $\lim x_{n_k}' = p$. Da f stetig ist, folgt daraus

$$\lim_{k \to \infty} (f(x_{n_k}) - f(x_{n_k}')) = f(p) - f(p) = 0.$$

Dies ist ein Widerspruch zu $|f(x_{n_k}) - f(x_{n_k}')| \geq \epsilon$ für alle k. Also ist die Annahme falsch und f gleichmäßig stetig.

Eine Folgerung aus der gleichmäßigen Stetigkeit ist der nächste Satz über die Approximierbarkeit stetiger Funktionen durch Treppenfunktionen, den wir später in der Integrationstheorie brauchen.

Satz 5. *Sei* $f\colon [a, b] \to \mathbb{R}$ *eine stetige Funktion. Dann gibt es zu jedem* $\epsilon > 0$ *Treppenfunktionen* $\varphi, \psi\colon [a, b] \to \mathbb{R}$ *mit folgenden Eigenschaften:*

a) $\varphi(x) \leq f(x) \leq \psi(x)$ *für alle* $x \in [a, b]$,

b) $|\varphi(x) - \psi(x)| \leq \epsilon$ *für alle* $x \in [a, b]$.

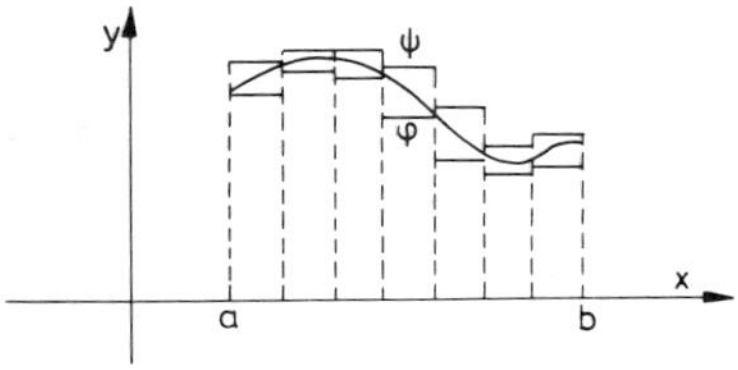

Bild 14

Das Bild 14 veranschaulicht die Aussage von Satz 5.

Beweis. Nach Satz 4 ist f gleichmäßig stetig. Zu $\epsilon > 0$ existiert daher ein $\delta > 0$, so daß

$$|f(x) - f(x')| < \frac{\epsilon}{2} \text{ für alle } x, x' \in [a, b] \text{ mit } |x - x'| < \delta.$$

Sei n so groß, daß $(b-a)/n < \delta$ und sei

$$t_k := a + k\frac{b-a}{n} \quad \text{für } k = 0, 1, \ldots, n.$$

Wir erhalten so eine (äquidistante) Intervallunterteilung

$$a = t_0 < t_1 < \ldots < t_{n-1} < t_n = b.$$

Für $1 \leq k \leq n$ setzen wir

$$c_k := f(t_k) + \frac{\epsilon}{2}, \qquad c_k' := f(t_k) - \frac{\epsilon}{2}$$

und definieren Treppenfunktionen $\varphi, \psi\colon [a, b] \to \mathbb{R}$ wie folgt:

$$\varphi(a) := \psi(a) := f(a);$$
$$\varphi(x) := c_k', \quad \psi(x) := c_k \quad \text{für } t_{k-1} < x \leq t_k, \ (1 \leq k \leq n).$$

Nach Definition von c_k und c_k' gilt $|\varphi(x) - \psi(x)| \leq \epsilon$ für alle $x \in [a, b]$. Also ist nur noch a) zu beweisen.

Für $x = a = t_0$ ist nach Definition $\varphi(x) = f(x) = \psi(x)$.

Für $x \in \,]t_{k-1}, t_k]$ ist $|x - t_k| < \delta$, also

$$-\frac{\epsilon}{2} < f(x) - f(t_k) < \frac{\epsilon}{2},$$

folglich

$$\varphi(x) = c_k' = f(t_k) - \frac{\epsilon}{2} < f(x) < f(t_k) + \frac{\epsilon}{2} = c_k = \psi(x),$$

d. h. $\varphi(x) \leq f(x) \leq \psi(x)$ für alle $x \in [a, b]$, q.e.d.

▲ **Aufgaben**

11.1. Es sei $F: [a, b] \to \mathbb{R}$ eine stetige Funktion mit $F([a, b]) \subset [a, b]$. Man zeige, daß F mindestens einen Fixpunkt hat, d. h. es ein $x_0 \in [a, b]$ gibt mit $F(x_0) = x_0$.

11.2. Man zeige, daß die Funktion $\operatorname{sqrt}: \mathbb{R}_+ \to \mathbb{R}$ gleichmäßig stetig, die Funktion $f: \mathbb{R}_+ \to \mathbb{R}$, $f(x) := x^2$, aber nicht gleichmäßig stetig ist.

11.3. Sei $f: [a, b] \to \mathbb{R}$ eine stetige Funktion. Der *Stetigkeitsmodul* $\omega_f: \mathbb{R}_+ \to \mathbb{R}$ von f ist wie folgt definiert:

$$\omega_f(\delta) := \sup\{|f(x) - f(x')|: x, x' \in [a, b], |x - x'| \leq \delta\}.$$

Man beweise:

i) ω_f ist stetig auf $\mathbb{R}_+$, insbesondere gilt $\lim\limits_{\delta \searrow 0} \omega_f(\delta) = 0$.

ii) Für $0 < \delta \leq \delta'$ gilt $\omega_f(\delta) \leq \omega_f(\delta')$.

iii) Für alle $\delta, \delta' \in \mathbb{R}_+$ gilt $\omega_f(\delta + \delta') \leq \omega_f(\delta) + \omega_f(\delta')$.

§ 12. Logarithmus und allgemeine Potenz

In diesem Paragraphen beweisen wir zunächst einen allgemeinen Satz über Umkehrfunktionen, den wir dann anwenden, um die Wurzeln und den natürlichen Logarithmus zu definieren. Mithilfe des Logarithmus und der Exponentialfunktion wird dann die allgemeine Potenz a^x mit beliebiger positiver Basis a definiert.

Definition (Monotone Funktionen). Sei $D \subset \mathbb{R}$. Eine Funktion $f: D \to \mathbb{R}$ heißt monoton wachsend (bzw. streng monoton wachsend, monoton fallend, streng monoton fallend), wenn aus $x, x' \in D$, $x < x'$, stets folgt $f(x) \leq f(x')$ (bzw. $f(x) < f(x')$, $f(x) \geq f(x')$, $f(x) > f(x')$).

Satz 1. *Sei* $f: [a, b] \to \mathbb{R}$ *eine stetige, streng monoton wachsende (bzw. fallende) Funktion und* $A := f(a)$, $B := f(b)$. *Dann bildet* f *das Intervall* $[a, b]$ *bijektiv auf das Intervall* $[A, B]$ *(bzw.* $[B, A]$*) ab, und die Umkehrfunktion*

$$f^{-1}: [A, B] \to \mathbb{R} \quad (\textit{bzw. } [B, A] \to \mathbb{R})$$

ist ebenfalls stetig und streng monoton wachsend (bzw. fallend).

Bemerkung. Die Umkehrfunktion ist genau genommen die Abbildung $f^{-1}: [A, B] \to [a, b]$, definiert durch die Eigenschaft

$$f^{-1}(y) = x \iff f(x) = y.$$

Wir können aber f^{-1} unter Beibehaltung der Bezeichnung auch als Funktion $[A, B] \to \mathbb{R}$ auffassen.

Vorsicht! Man verwechsle die Umkehrfunktion nicht mit der Funktion $x \mapsto \dfrac{1}{f(x)}$.

Beweis von Satz 1. Sei f streng monoton wachsend. (Für streng monoton fallende Funktionen ist der Beweis analog zu führen.) Aus $a < x < b$ folgt dann $A < f(x) < B$, die Funktion f bildet also das Intervall $[a, b]$ in das Intervall $[A, B]$ ab. Da aus $x < x'$ folgt $f(x) < f(x')$, ist diese Abbildung injektiv und aus dem Zwischenwertsatz (§ 11, Satz 1, Corollar) ergibt sich, daß sie auch surjektiv ist. Die Abbildung $f: [a, b] \to [A, B]$ ist deshalb bijektiv, also existiert die Umkehrabbildung $f^{-1}: [A, B] \to [a, b]$. Es ist unmittelbar klar, daß f^{-1} wieder streng monoton wachsend ist. Es ist nur noch die Stetigkeit von $\varphi := f^{-1}$ zu beweisen. Dazu haben wir folgendes zu zeigen:

Sei $y \in [A, B]$ und $y_n \in [A, B]$, $n \in \mathbb{N}$, eine Folge mit $\lim\limits_{n\to\infty} y_n = y$. Dann gilt $\lim\limits_{n\to\infty} \varphi(y_n) = \varphi(y)$.

Angenommen, dies sei nicht der Fall. Dann existiert ein $\epsilon > 0$, so daß $|\varphi(y_n) - \varphi(y)| \geq \epsilon$ für unendlich viele n. Es gibt also eine Teilfolge $(y_{n_k})_{k\in\mathbb{N}}$ mit

$$|\varphi(y_{n_k}) - \varphi(y)| \geq \epsilon \text{ für alle } k \in \mathbb{N}.$$

Da $a \leq \varphi(y_n) \leq b$ für alle n, dürfen wir wegen des Satzes von Bolzano-Weierstraß (nach evtl. Übergang zu einer weiteren Teilfolge) zusätzlich annehmen, daß die Folge $(\varphi(y_{n_k}))$ konvergiert, etwa gegen c. Nach § 3, Corollar zu Satz 6, gilt dann $|c - \varphi(y)| \geq \epsilon$. Nach Definition der Umkehrfunktion $\varphi = f^{-1}$ ist $f(\varphi(y_{n_k})) = y_{n_k}$, also folgt aus der Stetigkeit von f

$$y = \lim_{k\to\infty} y_{n_k} = \lim_{k\to\infty} f(\varphi(y_{n_k})) = f(c),$$

d.h. $\varphi(y) = \varphi(f(c)) = c$. Dies steht aber im Widerspruch zu $|c - \varphi(y)| \geq \epsilon$. Daher ist die Annahme falsch und der Satz bewiesen.

Wurzeln

Satz 2 und Definition. *Sei* k *eine natürliche Zahl* ≥ 2. *Die Funktion*

$$f: \mathbb{R}_+ \to \mathbb{R},\; x \mapsto x^k,$$

ist streng monoton wachsend und bildet $\mathbb{R}_+$ *bijektiv auf* $\mathbb{R}_+$ *ab. Die Umkehrfunktion*

$$f^{-1}: \mathbb{R}_+ \to \mathbb{R},\; x \mapsto \sqrt[k]{x},$$

ist stetig und streng monoton wachsend und wird als k-*te Wurzel bezeichnet.*

Beweis. Es ist klar, daß $f: \mathbb{R}_+ \to \mathbb{R}$, $x \mapsto x^k$, stetig und streng monoton wachsend ist. Nach Satz 1 bildet f das Intervall $[0, n]$ für jedes $n > 0$ bijektiv auf $[0, n^k]$ ab. Deshalb ist f eine bijektive Abbildung von $\mathbb{R}_+$ auf $\mathbb{R}_+$. Die Umkehrabbildung $f^{-1}: \mathbb{R}_+ \to \mathbb{R}_+ \subset \mathbb{R}$ ist also definiert und wieder streng monoton wachsend. Nach Satz 1 ist f^{-1} auf jedem Intervall $[0, n^k]$ stetig. Sei $a \in \mathbb{R}_+$ beliebig und $\epsilon > 0$.

Dann gibt es ein n, so daß

$$]a-\epsilon, a+\epsilon[\cap \mathbb{R}_+ \subset [0, n^k].$$

Daher ist f^{-1} im Punkt a, also auf ganz $\mathbb{R}_+$ stetig.

Bemerkung. Falls k ungerade ist, ist die Funktion

$$f: \mathbb{R} \to \mathbb{R}, x \mapsto x^k,$$

stetig und bijektiv. In diesem Fall kann also die k-te Wurzel als Funktion

$$\mathbb{R} \to \mathbb{R}, x \mapsto \sqrt[k]{x},$$

auf ganz $\mathbb{R}$ definiert werden.

Natürlicher Logarithmus

Satz 3 und Definition. *Die Exponentialfunktion* exp: $\mathbb{R} \to \mathbb{R}$ *ist streng monoton wachsend und bildet* $\mathbb{R}$ *bijektiv auf* $\mathbb{R}_+^*$ *ab. Die Umkehrfunktion*

$$\ln: \mathbb{R}_+^* \to \mathbb{R}$$

ist stetig und streng monoton wachsend und heißt der natürliche Logarithmus (siehe Bild 15). *Es gilt die Funktionalgleichung*

$$\ln(xy) = \ln x + \ln y \text{ für alle } x, y \in \mathbb{R}_+^*.$$

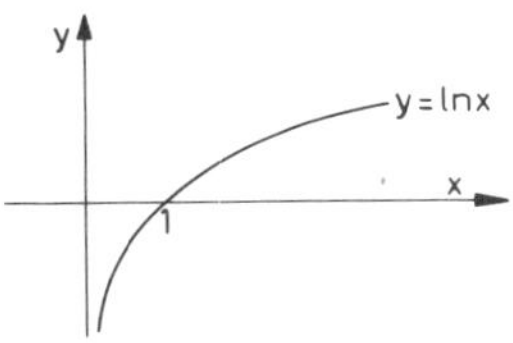

Bild 15

Beweis. a) Wir zeigen zunächst, daß die Funktion exp streng monoton wächst. Für $\xi > 0$ gilt

$$\exp(\xi) = 1 + \xi + \frac{\xi^2}{2} + \ldots > 1.$$

Sei $x < x'$. Dann ist $\xi := x' - x > 0$, also $\exp(\xi) > 1$. Daraus folgt

$$\exp(x') = \exp(x + \xi) = \exp(x)\exp(\xi) > \exp(x),$$

d. h. exp ist streng monoton wachsend.

b) Für alle $n \in \mathbb{N}$ gilt

$$\exp(n) \geq 1 + n$$

und

$$\exp(-n) = \frac{1}{\exp(n)} \leq \frac{1}{1+n}.$$

Daraus folgt

$$\lim_{n\to\infty} \exp(n) = \infty \quad \text{und} \quad \lim_{n\to\infty} \exp(-n) = 0.$$

c) Nach Satz 1 und a) bildet exp das Intervall $[-n, n]$ bijektiv auf $[\exp(-n), \exp(n)]$ ab. Nach b) ist

$$\bigcup_{n\in\mathbb{N}} [\exp(-n), \ \exp(n)] = \mathbb{R}_+^*.$$

Die Funktion exp bildet daher $\mathbb{R}$ bijektiv auf $\mathbb{R}_+^*$ ab und die Umkehrabbildung $\ln: \mathbb{R}_+^* \to \mathbb{R}$ ist definiert und streng monoton wachsend. Nach Satz 1 ist ln auf jedem Intervall $[\exp(-n), \exp(n)]$ stetig. Sei $a \in \mathbb{R}_+^*$ beliebig und $\epsilon := a/2 > 0$. Dann existiert ein $n \in \mathbb{N}$ mit

$$]a-\epsilon, a+\epsilon[\subset [\exp(-n), \exp(n)].$$

Daher ist ln im Punkt a, also auf ganz $\mathbb{R}_+^*$ stetig.

d) Zum Beweis der Funktionalgleichung setzen wir $\ln(x) =: \xi$ und $\ln(y) =: \eta$. Dann ist nach Definition $\exp(\xi) = x$ und $\exp(\eta) = y$. Aus der Funktionalgleichung der Exponentialfunktion folgt

$$\exp(\xi + \eta) = \exp(\xi)\exp(\eta) = xy.$$

Wieder nach Definition der Umkehrfunktion ist daher

$$\ln(xy) = \xi + \eta = \ln x + \ln y, \quad \text{q.e.d.}$$

Definition (Exponentialfunktion zur Basis a). Für $a > 0$ ist die Funktion $\exp_a: \mathbb{R} \to \mathbb{R}$ definiert durch

$$\exp_a(x) := \exp(x \ln a).$$

Satz 4. *Die Funktion* $\exp_a: \mathbb{R} \to \mathbb{R}$ *ist stetig und es gilt:*

i) $\exp_a(x+y) = \exp_a(x)\exp_a(y)$ *für alle* $x, y \in \mathbb{R}$.

ii) $\exp_a(n) = a^n$ *für alle* $n \in \mathbb{Z}$.

iii) $\exp_a(\frac{p}{q}) = \sqrt[q]{a^p}$ *für alle* $p \in \mathbb{Z}$ *und* $q \in \mathbb{N}$ *mit* $q \geq 2$.

Beweis. a) Die Funktion $\exp_a$ ist die Komposition der stetigen Funktionen $x \mapsto x \ln a$ und $y \mapsto \exp(y)$, also nach §10, Satz 2, selbst stetig.

b) Die Behauptung i) folgt unmittelbar aus der Funktionalgleichung der Exponentialfunktion. Aus i) ergibt sich, wenn man $y = -x$ setzt, insbesondere

$$\exp_a(-x) = \frac{1}{\exp_a(x)}.$$

c) Durch vollständige Induktion zeigt man

$$\exp_a(nx) = (\exp_a(x))^n \quad \text{für alle } n \in \mathbb{N} \text{ und } x \in \mathbb{R}.$$

Da $\exp_a(1) = \exp(\ln a) = a$ und $\exp_a(-1) = \frac{1}{a}$, folgt daraus mit $x = 1$ bzw. $x = -1$

$$\exp_a(n) = a^n \text{ und } \exp_a(-n) = a^{-n}.$$

Damit ist ii) bewiesen. Weiter ergibt sich

$$a^p = \exp_a(p) = \exp_a\left(q \cdot \frac{p}{q}\right) = \left(\exp_a\left(\frac{p}{q}\right)\right)^q,$$

d. h. die Behauptung iii):

$$\exp_a\left(\frac{p}{q}\right) = \sqrt[q]{a^p}.$$

Corollar. *Für alle* $a > 0$ *gilt* $\lim\limits_{n\to\infty} \sqrt[n]{a} = 1$.

Beweis. Dies folgt aus der Stetigkeit der Funktion $\exp_a$:

$$\lim_{n\to\infty} \sqrt[n]{a} = \lim_{n\to\infty} \exp_a\left(\frac{1}{n}\right) = \exp_a(0) = 1$$

Bezeichnung. Satz 4 rechtfertigt die Bezeichnung

$$a^x := \exp_a(x) = \exp(x \ln a).$$

Da $\ln e = 1$, ist insbesondere $e^x = \exp(x) = \exp_e(x)$. Die Funktionalgleichung i) aus Satz 4 schreibt sich jetzt so:

$$a^{x+y} = a^x a^y \text{ für alle } a \in \mathbb{R}_+^* \text{ und } x, y \in \mathbb{R}.$$

Satz 5. *Für alle* $a, b \in \mathbb{R}_+^*$ *und* $x, y \in \mathbb{R}$ *gilt:*

i) $(a^x)^y = a^{xy}$,

ii) $a^x b^x = (ab)^x$,

iii) $\left(\frac{1}{a}\right)^x = a^{-x}$.

Beweis. Zu i). Da $a^x = \exp(x \ln a)$, ist $\ln(a^x) = x \ln a$, also

$$(a^x)^y = \exp(y \ln(a^x)) = \exp(y x \ln a) = a^{xy}.$$

Die Behauptungen ii) und iii) sind ebenso einfach zu beweisen. Wir zeigen jetzt, daß die Funktionalgleichung $a^{x+y} = a^x a^y$ charakteristisch für die allgemeine Potenz ist.

Satz 6. *Sei* $F: \mathbb{R} \to \mathbb{R}$ *eine stetige Funktion mit*

$$F(x+y) = F(x)F(y) \text{ für alle } x, y \in \mathbb{R}.$$

Dann ist entweder $F(x) = 0$ *für alle* $x \in \mathbb{R}$ *oder es ist* $F(1) =: a > 0$ *und*

$$F(x) = a^x \text{ für alle } x \in \mathbb{R}.$$

Beweis. Da $F(1) = F(\frac{1}{2})^2$, gilt in jedem Fall $F(1) \geq 0$.

a) Setzen wir zunächst voraus, daß $F(1) =: a > 0$. Da

$$a = F(1 + 0) = F(1)F(0) = aF(0),$$

folgt daraus $F(0) = 1$. Man beweist nun wie in Satz 4 allein mithilfe der Funktionalgleichung

$$F(n) = a^n \text{ für alle } n \in \mathbb{Z},$$

$$F\left(\frac{p}{q}\right) = \sqrt[q]{a^p} \text{ für alle } p \in \mathbb{Z} \text{ und } q \in \mathbb{N} \text{ mit } q \geq 2.$$

Es gilt also $F(x) = a^x$ für alle rationalen Zahlen x. Sei nun x eine beliebige reelle Zahl. Dann gibt es eine Folge $(x_n)_{n \in \mathbb{N}}$ rationaler Zahlen mit $\lim x_n = x$. Wegen der Stetigkeit der Funktionen F und $\exp_a$ folgt daraus

$$F(x) = \lim_{n \to \infty} F(x_n) = \lim_{n \to \infty} a^{x_n} = a^x.$$

b) Sei $F(1) = 0$. Wir haben zu zeigen, daß dann $F(x) = 0$ für alle $x \in \mathbb{R}$. Dies sieht man so:

$$F(x) = F((x-1)+1) = F(x-1)F(1) = F(x-1) \cdot 0 = 0, \text{ q.e.d.}$$

Bemerkung. Die Definition $a^x := \exp(x \ln a)$ mag zunächst künstlich erscheinen. Wenn man aber die Definition so treffen will, daß $a^{x+y} = a^x a^y$ für alle $x, y \in \mathbb{R}$ sowie $a^1 = a$, und daß a^x stetig von x abhängt, so sagt Satz 6, daß notwendig $a^x = \exp(x \ln a)$ ist.

Berechnung einiger Grenzwerte

Wir beweisen jetzt einige wichtige Aussagen über das Verhalten des Logarithmus und der Potenzfunktionen für $x \to \infty$ und $x \to 0$.

(12.1) Für alle $k \in \mathbb{N}$ gilt $\lim\limits_{x \to \infty} \dfrac{e^x}{x^k} = \infty$.

Man drückt dies auch so aus: e^x wächst für $x \to \infty$ schneller gegen ∞, als jede Potenz von x.

Beweis. Für alle $x > 0$ ist

$$e^x = \sum_{n=0}^{\infty} \frac{x^n}{n!} > \frac{x^{k+1}}{(k+1)!},$$

also $\dfrac{e^x}{x^k} > \dfrac{x}{(k+1)!}$. Daraus folgt die Behauptung.

(12.2) Für alle $k \in \mathbb{N}$ gilt

$$\lim_{x \to \infty} x^k e^{-x} = 0 \text{ und } \lim_{x \searrow 0} x^k e^{\frac{1}{x}} = \infty.$$

Beweis. Die erste Aussage folgt aus (12.1), da $x^k e^{-x} = \left(\frac{e^x}{x^k}\right)^{-1}$. Die zweite Aussage folgt ebenfalls aus (12.1), denn

$$\lim_{x \searrow 0} x^k e^{\frac{1}{x}} = \lim_{y \to \infty} \left(\frac{1}{y}\right)^k e^y = \lim_{y \to \infty} \frac{e^y}{y^k} = \infty .$$

(12.3) $\lim\limits_{x \to \infty} \ln x = \infty$ und $\lim\limits_{x \searrow 0} \ln x = -\infty$.

Beweis. Sei $K \in \mathbb{R}$ beliebig vorgegeben. Da die Funktion ln streng monoton wachsend ist, gilt $\ln x > K$ für alle $x > e^K$. Also ist $\lim\limits_{x \to \infty} \ln x = \infty$. Daraus folgt die zweite Behauptung, da

$$\lim_{x \searrow 0} \ln x = \lim_{y \to \infty} \ln \frac{1}{y} = - \lim_{y \to \infty} \ln y = -\infty .$$

(12.4) Für jede reelle Zahl $\alpha > 0$ gilt

$$\lim_{x \searrow 0} x^\alpha = 0 \text{ und } \lim_{x \searrow 0} x^{-\alpha} = \infty .$$

Beweis. Sei $(x_n)_{n \in \mathbb{N}}$ eine Folge reeller Zahlen mit $x_n > 0$ und $\lim\limits_{n \to \infty} x_n = 0$. Mit (12.3) folgt daraus

$$\lim_{n \to \infty} \alpha \ln x_n = -\infty .$$

Da nach (12.2) gilt $\lim\limits_{y \to -\infty} e^y = 0$, folgt

$$\lim_{n \to \infty} x_n^\alpha = \lim_{n \to \infty} e^{\alpha \ln x_n} = 0,$$

also $\lim\limits_{x \searrow 0} x^\alpha = 0$. Die zweite Beziehung gilt wegen $x^{-\alpha} = \frac{1}{x^\alpha}$.

Bemerkung. Wegen (12.4) definiert man

$$0^\alpha := 0 \text{ für alle } \alpha > 0.$$

Man erhält dann eine auf ganz $\mathbb{R}_+$ stetige Funktion

$$\mathbb{R}_+ \to \mathbb{R},\ x \mapsto x^\alpha.$$

(12.5) Für alle $\alpha > 0$ gilt $\lim\limits_{x \to \infty} \frac{\ln x}{x^\alpha} = 0$.

Anders ausgedrückt: Der Logarithmus wächst für $x \to \infty$ langsamer gegen ∞, als jede positive Potenz von x.

Beweis. Sei (x_n) eine Folge positiver Zahlen mit $\lim x_n = \infty$. Für die Folge $y_n := \alpha \ln x_n$ gilt wegen (12.3) dann ebenfalls $\lim y_n = \infty$. Da $x_n^\alpha = e^{y_n}$, erhalten wir unter Verwendung von (12.2)

$$\lim_{n\to\infty} \frac{\ln x_n}{x_n^\alpha} = \lim_{n\to\infty} \frac{1}{\alpha} y_n e^{-y_n} = 0, \quad \text{q.e.d.}$$

(12.6) Für alle $\alpha > 0$ gilt $\lim\limits_{x \searrow 0} x^\alpha \ln x = 0$.

Dies folgt aus (12.5), weil $x^\alpha \ln x = -\dfrac{\ln(1/x)}{(1/x)^\alpha}$.

(12.7) $\lim\limits_{\substack{x\to 0\\ x\neq 0}} \dfrac{e^x - 1}{x} = 1.$

Beweis. Nach § 8, Satz 2, gilt

$$|e^x - (1+x)| \leq |x|^2 \quad \text{für } |x| \leq \tfrac{3}{2}.$$

Division durch $|x|$ ergibt für $0 < |x| \leq \frac{3}{2}$

$$\left|\frac{e^x - 1}{x} - 1\right| = \left|\frac{e^x - (1+x)}{x}\right| \leq |x|.$$

Daraus folgt die Behauptung.

▲ Aufgaben

12.1. Man zeige: Die Funktion

$$\mathbb{R} \to \mathbb{R}, \quad x \mapsto a^x,$$

ist für $a > 1$ streng monoton wachsend und für $0 < a < 1$ streng monoton fallend. In beiden Fällen wird $\mathbb{R}$ bijektiv auf $\mathbb{R}_+^*$ abgebildet. Die Umkehrfunktion (Logarithmus zur Basis a)

$${}^a\log\colon \mathbb{R}_+^* \to \mathbb{R}$$

ist stetig und es gilt

$${}^a\log x = \frac{\ln x}{\ln a} \quad \text{für alle } x \in \mathbb{R}_+^*.$$

12.2. Man zeige: Die Funktion sinh bildet $\mathbb{R}$ bijektiv auf $\mathbb{R}$ ab; die Funktion cosh bildet $\mathbb{R}_+$ bijektiv auf $[1, \infty[$ ab. Für die Umkehrfunktionen

Ar sinh: $\mathbb{R} \to \mathbb{R}$ (Area sinus hyperbolici),
Ar cosh: $[1, \infty[\to \mathbb{R}$ (Area cosinus hyperbolici),

gelten die Beziehungen

$$\operatorname{Ar\,sinh} x = \ln(x + \sqrt{1 + x^2}),$$
$$\operatorname{Ar\,cosh} x = \ln(x + \sqrt{x^2 - 1}).$$

12.3. Man beweise: $\lim\limits_{x \searrow 0} x^x = 1$ und $\lim\limits_{n \to \infty} \sqrt[n]{n} = 1$.

12.4. Sei $a > 0$. Die Folgen (x_n) und (y_n) seien definiert durch

$$x_0 := a, \quad x_{n+1} := \sqrt{x_n} \text{ für alle } n \in \mathbb{N};$$
$$y_n := 2^n (x_n - 1).$$

Man beweise: $\lim\limits_{n \to \infty} y_n = \ln a$.

Anleitung: Man verwende $\lim\limits_{x \to 0} \dfrac{e^x - 1}{x} = 1$.

12.5. Man bestimme alle stetigen Funktionen, die folgenden Funktionalgleichungen genügen:

i) $f: \mathbb{R} \to \mathbb{R}, \; f(x + y) = f(x) + f(y)$,
ii) $g: \mathbb{R}_+^* \to \mathbb{R}, \; g(xy) = g(x) + g(y)$,
iii) $h: \mathbb{R}_+^* \to \mathbb{R}, \; h(xy) = h(x)\,h(y)$.

§ 13. Die Exponentialfunktion im Komplexen

Wir wollen im nächsten Paragraphen die trigonometrischen Funktionen vermöge der Eulerschen Formel $e^{ix} = \cos x + i \sin x$ einführen. Zu diesem Zweck brauchen wir die Exponentialfunktion für komplexe Argumente. Sie ist wie im Reellen durch die Exponentialreihe definiert. Dazu müssen wir einige Sätze über die Konvergenz von Folgen und Reihen ins Komplexe übertragen, was eine gute Gelegenheit zur Wiederholung dieser Begriffe gibt.

Die Menge $\mathbb{R} \times \mathbb{R}$ aller (geordneten) Paare reeller Zahlen bildet zusammen mit der Addition und Multiplikation

$$(x_1, y_1) + (x_2, y_2) := (x_1 + x_2, y_1 + y_2),$$
$$(x_1, y_1) \cdot (x_2, y_2) := (x_1 x_2 - y_1 y_2, x_1 y_2 + y_1 x_2),$$

wie man leicht nachprüft, einen Körper. Das Nullelement ist $(0, 0)$, das Einselement $(1, 0)$. Dieser Körper heißt der Körper $\mathbb{C}$ der komplexen Zahlen.

Da $(x_1, 0) + (x_2, 0) = (x_1 + x_2, 0)$ und $(x_1, 0)(x_2, 0) = (x_1 x_2, 0)$, kann man die reelle Zahl x mit der komplexen Zahl $(x, 0)$ identifizieren. $\mathbb{R}$ wird so eine Teilmenge von $\mathbb{C}$. Setzt man noch $i := (0, 1)$, so erhält man die gebräuchliche Schreibweise für komplexe Zahlen:

$$(x, y) = (x, 0) + (0, 1)(y, 0) = x + iy, \quad (x, y \in \mathbb{R}).$$

Es gilt $i^2 = (0, 1)(0, 1) = (-1, 0) = -1$.

Man veranschaulicht sich die komplexen Zahlen in der *Gaußschen Zahlenebene* (Bild 16). Die Addition zweier komplexer Zahlen wird dann die gewöhnliche Vektoraddition (Bild 17). Eine geometrische Deutung der Multiplikation von komplexen Zahlen werden wir im nächsten Paragraphen kennenlernen.

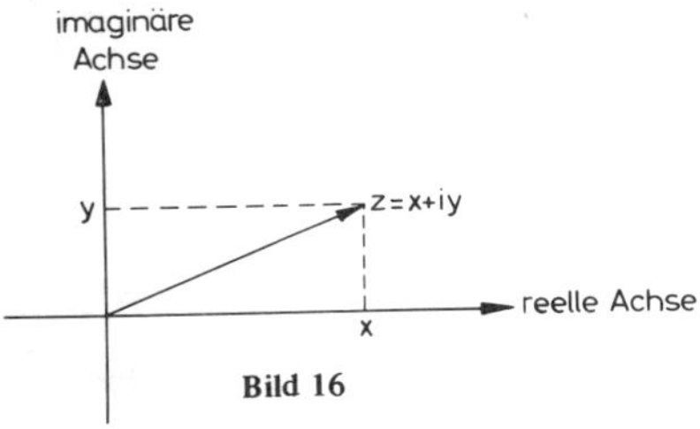

Bild 16

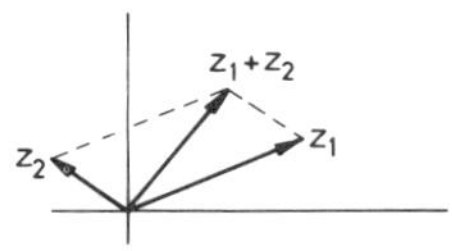

Bild 17

Für eine komplexe Zahl $z = x + iy$, $(x, y \in \mathbb{R})$, werden Realteil und Imaginärteil wie folgt definiert:

$$\mathrm{Re}(z) := x, \quad \mathrm{Im}(z) := y.$$

Zwei komplexe Zahlen z und z' sind also genau dann gleich, wenn

$$\mathrm{Re}(z) = \mathrm{Re}(z') \text{ und } \mathrm{Im}(z) = \mathrm{Im}(z').$$

Konjugiert komplexe Zahl. Sei $z = x + iy \in \mathbb{C}$, $(x, y \in \mathbb{R})$. Dann heißt $\overline{z} := x - iy$ die zu z konjugiert komplexe Zahl. In der Gaußschen Zahlenebene entsteht $\overline{z}$ aus z durch Spiegelung an der reellen Achse. Offenbar gilt $z = \overline{z}$ genau dann, wenn z reell ist. Aus der Definition folgt:

$$\mathrm{Re}(z) = \frac{1}{2}(z + \overline{z}), \qquad \mathrm{Im}(z) = \frac{1}{2i}(z - \overline{z}).$$

Einfach nachzurechnen sind folgende Rechenregeln für die Konjugation: Für alle $z, z_1, z_2 \in \mathbb{C}$ gilt

a) $\overline{\overline{z}} = z$,

b) $\overline{z_1 + z_2} = \overline{z}_1 + \overline{z}_2$,

c) $\overline{z_1 z_2} = \overline{z}_1 \overline{z}_2$.

Betrag einer komplexen Zahl. Sei $z = x + iy \in \mathbb{C}$. Dann ist $z\overline{z} = (x + iy)(x - iy) = x^2 + y^2$ eine nicht-negative reelle Zahl. Man setzt

$$|z| := \sqrt{z\overline{z}}.$$

$|z|$ heißt der Betrag von z. Da $|z| = \sqrt{x^2 + y^2}$, ist der Betrag von z gleich dem Abstand des Punktes z vom Nullpunkt der Gaußschen Zahlenebene bzgl. der gewöhnlichen euklidischen Metrik.

Für $z \in \mathbb{R}$ stimmt der Betrag mit dem Betrag für reelle Zahlen überein. Für alle $z \in \mathbb{C}$ gilt $|z| = |\overline{z}|$.

Satz 1. *Für alle* $z, z_1, z_2 \in \mathbb{C}$ *gilt:*

a) $|z| \geq 0$; $|z| = 0 \iff z = 0$.

b) $|z_1 + z_2| \leq |z_1| + |z_2|$, (*Dreiecksungleichung*).

c) $|z_1 z_2| = |z_1|\,|z_2|$.

Bemerkung. Die Dreiecksungleichung drückt aus, daß in dem Dreieck mit den Ecken $0, z_1, z_1 + z_2$ (vgl. Bild 17) die Länge der Seite von 0 nach $z_1 + z_2$ kleinergleich der Summe der Längen der beiden anderen Seiten ist.

Beweis. Die Behauptung a) ist trivial.

Zu c). Nach Definition des Betrages ist

$$|z_1 z_2|^2 = (z_1 z_2)\,(\overline{z_1 z_2}) = z_1 z_2 \overline{z}_1 \overline{z}_2 = (z_1 \overline{z}_1)\,(z_2 \overline{z}_2) = |z_1|^2\,|z_2|^2 .$$

Indem man die Wurzel zieht, erhält man die Behauptung.

Zu b). Da für jede komplexe Zahl z gilt $\mathrm{Re}(z) \leq |z|$, folgt

$$\mathrm{Re}(z_1 \overline{z}_2) \leq |z_1 \overline{z}_2| = |z_1|\,|\overline{z}_2| = |z_1|\,|z_2| .$$

Nun ist

$$\begin{aligned} |z_1 + z_2|^2 &= (z_1 + z_2)\,(\overline{z}_1 + \overline{z}_2) = z_1 \overline{z}_1 + z_1 \overline{z}_2 + z_2 \overline{z}_1 + z_2 \overline{z}_2 \\ &= |z_1|^2 + 2\,\mathrm{Re}(z_1 \overline{z}_2) + |z_2|^2 \leq |z_1|^2 + 2\,|z_1|\,|z_2| + |z_2|^2 \\ &= (|z_1| + |z_2|)^2 , \end{aligned}$$

also $|z_1 + z_2| \leq |z_1| + |z_2|$, q.e.d.

Bemerkung. Ein Körper, für dessen Elemente z ein Betrag $|z| \in \mathbb{R}$ definiert ist, so daß die drei Eigenschaften aus Satz 1 gelten, heißt *bewerteter Körper.* $\mathbb{Q}$, $\mathbb{R}$ und $\mathbb{C}$ sind bewertete Körper.

Wir übertragen nun die wichtigsten Begriffe und Sätze aus § 4, § 5, § 7 über Konvergenz auf Folgen und Reihen komplexer Zahlen.

Definition. Eine Folge $(c_n)_{n \in \mathbb{N}}$ komplexer Zahlen heißt *konvergent* gegen eine komplexe Zahl c, falls zu jedem $\epsilon > 0$ ein $N \in \mathbb{N}$ existiert, so daß

$$|c_n - c| < \epsilon \quad \text{für alle } n \geq N.$$

Wir schreiben dann: $\lim\limits_{n \to \infty} c_n = c$.

Satz 2. *Sei* $(c_n)_{n\in\mathbb{N}}$ *eine Folge komplexer Zahlen. Die Folge konvergiert genau dann, wenn die beiden reellen Folgen* $(\mathrm{Re}(c_n))_{n\in\mathbb{N}}$ *und* $(\mathrm{Im}(c_n))_{n\in\mathbb{N}}$ *konvergieren. Im Falle der Konvergenz gilt*

$$\lim_{n\to\infty} c_n = \lim_{n\to\infty} \mathrm{Re}(c_n) + i \lim_{n\to\infty} \mathrm{Im}(c_n).$$

Beweis. Wir setzen $c_n = a_n + ib_n$, wobei $a_n, b_n \in \mathbb{R}$.

a) Die Folge (c_n) konvergiere gegen $c = a + ib$, $a, b \in \mathbb{R}$. Dann existiert zu $\epsilon > 0$ ein $N(\epsilon)$, so daß

$$|c_n - c| < \epsilon \text{ für alle } n \geq N(\epsilon).$$

Es gilt dann für $n \geq N(\epsilon)$

$$|a_n - a| = |\mathrm{Re}(c_n - c)| \leq |c_n - c| < \epsilon,$$
$$|b_n - b| = |\mathrm{Im}(c_n - c)| \leq |c_n - c| < \epsilon.$$

Also konvergieren die beiden Folgen (a_n) und (b_n) gegen $a = \mathrm{Re}(c)$ bzw. $b = \mathrm{Im}(c)$.

b) Die beiden Folgen (a_n) und (b_n) seien konvergent gegen a bzw. b. Zu vorgegebenem $\epsilon > 0$ existieren dann $N_1, N_2 \in \mathbb{N}$ mit

$$|a_n - a| < \frac{\epsilon}{2} \text{ für } n \geq N_1 \text{ und } |b_n - b| < \frac{\epsilon}{2} \text{ für } n \geq N_2.$$

Sei $c := a + ib$ und $N := \max(N_1, N_2)$. Dann gilt für alle $n \geq N$

$$|c_n - c| = |(a_n - a) + i(b_n - b)| \leq |a_n - a| + |b_n - b| < \frac{\epsilon}{2} + \frac{\epsilon}{2} = \epsilon.$$

Also konvergiert die Folge (c_n) gegen $c = a + ib$.

Corollar. *Sei* $(c_n)_{n\in\mathbb{N}}$ *eine Folge komplexer Zahlen mit* $\lim\limits_{n\to\infty} c_n = c$. *Dann konvergiert auch die Folge* $(\overline{c}_n)_{n\in\mathbb{N}}$ *und es gilt*

$$\lim_{n\to\infty} \overline{c}_n = \overline{c}.$$

Beweis. Dies folgt daraus, daß $\mathrm{Re}(\overline{c}_n) = \mathrm{Re}(c_n)$ und $\mathrm{Im}(\overline{c}_n) = -\mathrm{Im}(c_n)$.

Definition. Eine Folge $(c_n)_{n\in\mathbb{N}}$ komplexer Zahlen heißt *Cauchy-Folge,* wenn zu jedem $\epsilon > 0$ ein $N \in \mathbb{N}$ existiert, so daß

$$|c_n - c_m| < \epsilon \text{ für alle } n, m \geq N.$$

Ähnlich wie Satz 2 beweist man

Satz 3. *Eine Folge* $(c_n)_{n\in\mathbb{N}}$ *komplexer Zahlen ist genau dann eine Cauchy-Folge, wenn die beiden reellen Folgen* $(\mathrm{Re}(c_n))_{n\in\mathbb{N}}$ *und* $(\mathrm{Im}(c_n))_{n\in\mathbb{N}}$ *Cauchy-Folgen sind.*

Satz 4. *In* $\mathbb{C}$ *konvergiert jede Cauchy-Folge* (c_n).

Beweis. Nach Satz 3 sind $(\mathrm{Re}(c_n))$ und $(\mathrm{Im}(c_n))$ reelle Cauchy-Folgen. Nach dem Vollständigkeitsaxiom aus § 5 konvergieren diese beiden Folgen. Die Behauptung folgt nun aus Satz 2.

Bemerkung. Satz 4 besagt, daß $\mathbb{C}$ ein *vollständiger,* bewerteter Körper ist.

Satz 5. *Seien* $(c_n)_{n\in\mathbb{N}}$ *und* $(d_n)_{n\in\mathbb{N}}$ *konvergente Folgen komplexer Zahlen. Dann konvergieren auch die Folgen* $(c_n + d_n)_{n\in\mathbb{N}}$ *und* $(c_n d_n)_{n\in\mathbb{N}}$ *und es gilt*

$$\lim_{n\to\infty}(c_n + d_n) = \lim_{n\to\infty} c_n + \lim d_n,$$

$$\lim_{n\to\infty}(c_n d_n) = (\lim_{n\to\infty} c_n)(\lim_{n\to\infty} d_n).$$

Ist außerdem $\lim d_n \neq 0$, *so ist* $d_n \neq 0$ *für* $n \geq n_0$ *und die Folge* $\left(\frac{c_n}{d_n}\right)_{n\geq n_0}$ *konvergiert. Für den Grenzwert gilt*

$$\lim_{n\to\infty}\frac{c_n}{d_n} = \frac{\lim c_n}{\lim d_n}.$$

Der Beweis kann wörtlich aus § 4 (Satz 3, 4, 5) übernommen werden.

Definition. Eine Reihe $\sum_{n=0}^{\infty} c_n$ komplexer Zahlen heißt *konvergent,* wenn die Folge der Partialsummen $s_n = \sum_{k=0}^{n} c_k$, $n \in \mathbb{N}$, konvergiert. Sie heißt *absolut konvergent,* wenn $\sum_{n=0}^{\infty} |c_n|$ konvergiert.

Die Beweise des Majoranten- und Quotientenkriteriums für Reihen komplexer Zahlen können ebenfalls wörtlich aus § 7 übernommen werden.

Majorantenkriterium. Sei $\sum_{n=0}^{\infty} a_n$ eine konvergente Reihe mit $a_n \in \mathbb{R}_+$ für alle $n \in \mathbb{N}$. Weiter sei $(c_n)_{n\in\mathbb{N}}$ eine Folge komplexer Zahlen mit $|c_n| \leq a_n$ für alle $n \in \mathbb{N}$. Dann konvergiert die Reihe $\sum_{n=0}^{\infty} c_n$ absolut.

Quotientenkriterium. Sei $\sum_{n=0}^{\infty} c_n$ eine Reihe komplexer Zahlen mit $c_n \neq 0$ für $n \geq n_0$. Es gebe ein $\theta \in \mathbb{R}$, $0 < \theta < 1$, so daß

$$\left|\frac{c_{n+1}}{c_n}\right| \leq \theta \quad \text{für alle } n \geq n_0.$$

Dann konvergiert die Reihe $\sum_{n=0}^{\infty} c_n$ absolut.

Satz 6. *Für jedes* $z \in \mathbb{C}$ *konvergiert die Exponentialreihe*

$$\exp(z) := \sum_{n=0}^{\infty} \frac{z^n}{n!} \quad \textit{absolut.}$$

Beweis. Die Behauptung folgt aus dem Quotientenkriterium, denn für alle $n \geq 2|z|$ gilt

$$\left| \frac{\dfrac{z^{n+1}}{(n+1)!}}{\dfrac{z^n}{n!}} \right| = \frac{|z|}{n+1} \leq \frac{1}{2}.$$

Abschätzung des Restglieds. Sei $r_{N+1}(z)$ definiert durch

$$\exp(z) = \sum_{n=0}^{N} \frac{z^n}{n!} + r_{N+1}(z).$$

Wie in § 8, Satz 2, zeigt man

$$|r_{N+1}(z)| \leq 2 \frac{|z|^{N+1}}{(N+1)!} \quad \text{für } |z| \leq 1 + \frac{N}{2}.$$

Satz 7 (Funktionalgleichung der Exponentialfunktion). *Für alle* $z_1, z_2 \in \mathbb{C}$ *gilt*

$$\exp(z_1 + z_2) = \exp(z_1)\exp(z_2).$$

Beweis. Dies wird wie Satz 4 aus § 8 bewiesen. Das ist möglich, da der dort vorangehende Satz 3 über das Cauchy-Produkt von Reihen richtig bleibt, wenn Σa_n und Σb_n durch absolut konvergente Reihen komplexer Zahlen ersetzt werden. Der Beweis muß nicht abgeändert werden.

Corollar. *Es ist* $\exp(z) \neq 0$ *für alle* $z \in \mathbb{C}$.

Beweis. Es gilt $\exp(z)\exp(-z) = \exp(z - z) = \exp(0) = 1$. Wäre $\exp(z) = 0$, ergäbe sich daraus der Widerspruch $0 = 1$.

Satz 8. *Für jedes* $z \in \mathbb{C}$ *gilt* $\exp(\overline{z}) = \overline{\exp(z)}$.

Beweis. Sei $s_n(z) := \sum_{k=0}^{n} \frac{z^k}{k!}$ und $\widetilde{s}_n(z) := \sum_{k=0}^{n} \frac{\overline{z}^k}{k!}$.

Nach den Rechenregeln für die Konjugation gilt für alle $n \in \mathbb{N}$:

$$\widetilde{s}_n(z) = \sum_{k=0}^{n} \frac{\overline{z}^k}{k!} = \sum_{k=0}^{n} \left(\overline{\frac{z^k}{k!}}\right) = \left(\overline{\sum_{k=0}^{n} \frac{z^k}{k!}}\right) = \overline{s_n(z)}.$$

Aus dem Corollar zu Satz 2 folgt daher

$$\exp(\overline{z}) = \lim_{n\to\infty} \tilde{s}_n(z) = \lim_{n\to\infty} \overline{s_n(z)} = \overline{\lim_{n\to\infty} s_n(z)} = \overline{\exp(z)}, \quad \text{q.e.d.}$$

Definition. Sei D eine Teilmenge von $\mathbb{C}$. Eine Funktion $f\colon D \to \mathbb{C}$ heißt stetig im Punkt $p \in D$, wenn

$$\lim_{\substack{z\to p\\ z\in D}} f(z) = f(p),$$

d. h. wenn für jede Folge $z_n \in D$, $n \in \mathbb{N}$, mit $\lim z_n = p$ gilt $\lim\limits_{n\to\infty} f(z_n) = f(p)$.

Die Funktion f heißt stetig in D, wenn sie in jedem Punkt $p \in D$ stetig ist.

Satz 9. *Die Exponentialfunktion*

$$\exp\colon \mathbb{C} \to \mathbb{C},\ z \mapsto \exp(z),$$

ist überall stetig.

Beweis. Die Abschätzung des Restglieds der Exponentialreihe liefert für $N = 0$:

$$|\exp(z) - 1| \le 2\,|z| \quad \text{für} \quad |z| \le 1.$$

Sei nun $p \in \mathbb{C}$ und $(z_n)_{n\in\mathbb{N}}$ eine Folge komplexer Zahlen mit $\lim z_n = p$, also $\lim (z_n - p) = 0$. Aus der obigen Abschätzung folgt daher

$$\lim_{n\to\infty} \exp(z_n - p) = 1.$$

Mithilfe der Funktionalgleichung erhalten wir daraus

$$\lim_{n\to\infty} \exp(z_n) = \lim_{n\to\infty} \exp(p)\exp(z_n - p) = \exp(p), \quad \text{q.e.d.}$$

▲ Aufgaben

13.1. Sei z eine komplexe Zahl ungleich 0. Man beweise:

$$\operatorname{Re}\left(\frac{1}{z}\right) = \frac{1}{|z|^2}\operatorname{Re}(z),$$

$$\operatorname{Im}\left(\frac{1}{z}\right) = -\frac{1}{|z|^2}\operatorname{Im}(z).$$

13.2. Sei c eine komplexe Zahl ungleich 0. Man beweise: Die Gleichung $z^2 = c$ besitzt genau zwei Lösungen. Für eine der beiden Lösungen gilt

$$\operatorname{Re}(z) = \operatorname{sqrt}\left(\frac{|c| + \operatorname{Re}(c)}{2}\right),$$

$$\operatorname{Im}(z) = \sigma \operatorname{sqrt}\left(\frac{|c| - \operatorname{Re}(c)}{2}\right),$$

$$\text{wobei } \sigma := \begin{cases} +1, & \text{falls } \operatorname{Im}(c) \geq 0, \\ -1, & \text{falls } \operatorname{Im}(c) < 0. \end{cases}$$

Die andere Lösung ist das Negative davon.

13.3. Seien $A_n \in M(k \times k, \mathbb{C})$, $A_n = (a_{ij}^{(n)})$, $n \in \mathbb{N}$, komplexe $k \times k$-Matrizen. Man sagt, die Folge $(A_n)_{n \in \mathbb{N}}$ konvergiere gegen die Matrix $A = (a_{ij}) \in M(k \times k, \mathbb{C})$, falls für jedes Paar (i, j) gilt

$$\lim_{n \to \infty} a_{ij}^{(n)} = a_{ij}.$$

Man beweise:

i) Für jede Matrix $A \in M(k \times k, \mathbb{C})$ konvergiert die Reihe

$$\exp(A) := \sum_{n=0}^{\infty} \frac{1}{n!} A^n.$$

Anleitung. Man beweise hierzu folgenden Hilfssatz: γ_n bezeichne das Maximum der Beträge der Koeffizienten der Matrix A^n. Dann gilt

$$\gamma_n \leq k^{n-1} \gamma_1^n.$$

ii) Seien $A, B \in M(k \times k, \mathbb{C})$ Matrizen mit $AB = BA$. Dann gilt

$$\exp(A + B) = \exp(A)\exp(B).$$

§ 14. Trigonometrische Funktionen

Wie bereits angekündigt, führen wir nun die trigonometrischen Funktionen mithilfe der Eulerschen Formel $e^{ix} = \cos x + i \sin x$ ein. Ihre wichtigsten Eigenschaften, wie Reihenentwicklung, Additionstheoreme und Periodizität ergeben sich daraus in einfacher Weise. Außerdem behandeln wir in diesem Paragraphen die Arcus-Funktionen, die Umkehrfunktionen der trigonometrischen Funktionen.

Definition (Cosinus, Sinus). Für $x \in \mathbb{R}$ sei

$$\cos x := \operatorname{Re}(e^{ix}),$$
$$\sin x := \operatorname{Im}(e^{ix}).$$

Es ist also $e^{ix} = \cos x + i \sin x$ (*Eulersche Formel*).

Geometrische Deutung von Cosinus und Sinus in der Gaußschen Zahlenebene. Für alle $x \in \mathbb{R}$ ist $|e^{ix}| = 1$, denn nach § 13, Satz 8, gilt

$$|e^{ix}|^2 = e^{ix}\overline{e^{ix}} = e^{ix}e^{-ix} = e^0 = 1.$$

e^{ix} ist also ein Punkt des Einheitskreises der Gaußschen Ebene und $\cos x$ bzw. $\sin x$ sind die Projektionen dieses Punktes auf die reelle bzw. imaginäre Achse (Bild 18).

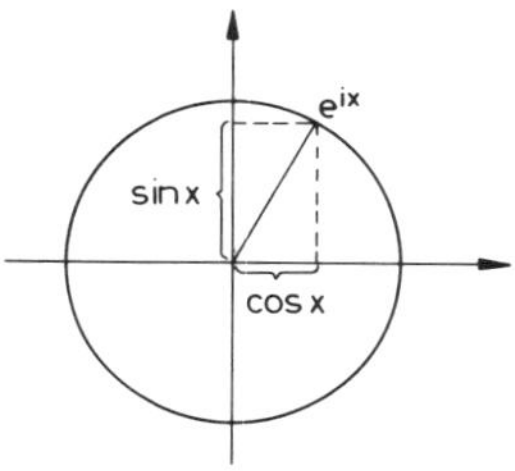

Bild 18

Nach Aufgabe 14.1 kann man x als orientierte Länge des Bogens e^{it}, $0 \leq t \leq x$, (bzw. $0 \geq t \geq x$, falls x negativ ist) deuten.

Satz 1. *Für alle* $x \in \mathbb{R}$ *gilt:*

a) $\cos x = \frac{1}{2}(e^{ix} + e^{-ix}), \quad \sin x = \frac{1}{2i}(e^{ix} - e^{-ix}).$

b) $\cos(-x) = \cos x, \quad \sin(-x) = -\sin x.$

c) $\cos^2 x + \sin^2 x = 1.$

Die Behauptungen ergeben sich unmittelbar aus der Definition.

Satz 2. *Die Funktionen* $\cos\colon \mathbb{R} \to \mathbb{R}$ *und* $\sin\colon \mathbb{R} \to \mathbb{R}$ *sind auf ganz* $\mathbb{R}$ *stetig.*

Beweis. Sei $a \in \mathbb{R}$ und (x_n) eine Folge reeller Zahlen mit $\lim x_n = a$. Daraus folgt $\lim(ix_n) = ia$, also wegen der Stetigkeit der Exponentialfunktion

$$\lim e^{ix_n} = e^{ia}.$$

Nach § 13, Satz 2, gilt nun

$$\lim \cos x_n = \lim \mathrm{Re}(e^{ix_n}) = \mathrm{Re}(e^{ia}) = \cos a,$$
$$\lim \sin x_n = \lim \mathrm{Im}(e^{ix_n}) = \mathrm{Im}(e^{ia}) = \sin a.$$

Also sind cos und sin in a stetig.

Satz 3 (Additionstheoreme). *Für alle* $x, y \in \mathbb{R}$ *gilt*

$$\cos(x+y) = \cos x \cos y - \sin x \sin y,$$
$$\sin(x+y) = \sin x \cos y + \cos x \sin y.$$

Beweis. Aus der Funktionalgleichung der Exponentialfunktion

$$e^{i(x+y)} = e^{ix+iy} = e^{ix}e^{iy}$$

ergibt sich mit der Eulerschen Formel

$$\cos(x+y) + i\sin(x+y) = (\cos x + i\sin x)(\cos y + i\sin y)$$
$$= (\cos x \cos y - \sin x \sin y) + i(\sin x \cos y + \cos x \sin y).$$

Vergleicht man Real- und Imaginärteil, erhält man die Behauptung.

Corollar. *Für alle* $x, y \in \mathbb{R}$ *gilt*

$$\sin x - \sin y = 2 \cos \frac{x+y}{2} \sin \frac{x-y}{2},$$

$$\cos x - \cos y = -2 \sin \frac{x+y}{2} \sin \frac{x-y}{2}.$$

Beweis. Setzen wir $u := \frac{x+y}{2}$, $v := \frac{x-y}{2}$, so ist $x = u + v$ und $y = u - v$. Aus Satz 3 folgt

$$\begin{aligned} \sin x - \sin y &= \sin(u+v) - \sin(u-v) \\ &= (\sin u \cos v + \cos u \sin v) - (\sin u \cos(-v) + \cos u \sin(-v)) \\ &= 2 \cos u \sin v = 2 \cos \frac{x+y}{2} \sin \frac{x-y}{2}. \end{aligned}$$

Die zweite Gleichung ist analog zu beweisen.

Satz 4. *Für alle* $x \in \mathbb{R}$ *gilt*

$$\cos x = \sum_{k=0}^{\infty} (-1)^k \frac{x^{2k}}{(2k)!} = 1 - \frac{x^2}{2!} + \frac{x^4}{4!} - + \ldots,$$

$$\sin x = \sum_{k=0}^{\infty} (-1)^k \frac{x^{2k+1}}{(2k+1)!} = x - \frac{x^3}{3!} + \frac{x^5}{5!} - + \ldots.$$

Diese Reihen konvergieren absolut für alle $x \in \mathbb{R}$.

Beweis. Die absolute Konvergenz folgt unmittelbar aus der absoluten Konvergenz der Exponentialreihe.

Für die Potenzen von i gilt

$$i^n = \begin{cases} 1, & \text{falls } n = 4m, \\ i, & \text{falls } n = 4m+1, \\ -1, & \text{falls } n = 4m+2, \\ -i, & \text{falls } n = 4m+3, \end{cases} \qquad (m \in \mathbb{N}).$$

Damit erhält man aus der Exponentialreihe

$$e^{ix} = \sum_{n=0}^{\infty} \frac{(ix)^n}{n!} = \sum_{n=0}^{\infty} i^n \frac{x^n}{n!} = \sum_{k=0}^{\infty} (-1)^k \frac{x^{2k}}{(2k)!}$$

$$+ i \sum_{k=0}^{\infty} (-1)^k \frac{x^{2k+1}}{(2k+1)!}.$$

Da $\cos x = \operatorname{Re}(e^{ix})$ und $\sin x = \operatorname{Im}(e^{ix})$, folgt die Behauptung.

Satz 5 (Abschätzung der Restglieder). *Es gilt*

$$\cos x = \sum_{k=0}^{n} (-1)^k \frac{x^{2k}}{(2k)!} + r_{2n+2}(x),$$

$$\sin x = \sum_{k=0}^{n} (-1)^k \frac{x^{2k+1}}{(2k+1)!} + r_{2n+3}(x),$$

wobei

$$|r_{2n+2}(x)| \leq \frac{|x|^{2n+2}}{(2n+2)!} \quad \text{für } |x| \leq 2n+3,$$

$$|r_{2n+3}(x)| \leq \frac{|x|^{2n+3}}{(2n+3)!} \quad \text{für } |x| \leq 2n+4.$$

Bemerkung. Die Restgliedabschätzungen sind sogar für alle $x \in \mathbb{R}$ gültig, wie später (§ 22) aus der Taylor-Formel folgt.

Beweis. Es ist

$$r_{2n+2}(x) = \pm \frac{x^{2n+2}}{(2n+2)!} \left(1 - \frac{x^2}{(2n+3)(2n+4)} \pm \ldots\right).$$

Für $k \geq 1$ sei

$$a_k := \frac{x^{2k}}{(2n+3)(2n+4) \cdot \ldots \cdot (2n+2(k+1))}.$$

Damit ist

$$r_{2n+2}(x) = \pm \frac{x^{2n+2}}{(2n+2)!} (1 - a_1 + a_2 - a_3 \pm \ldots).$$

Da

$$a_k = a_{k-1} \frac{x^2}{(2n+2k+1)(2n+2k+2)},$$

gilt für $|x| \leq 2n+3$

$$1 > a_1 > a_2 > a_3 > \ldots .$$

Wie beim Beweis des Leibnizschen Konvergenzkriteriums (§ 7, Satz 4) folgt daraus

$$0 \leq 1 - a_1 + a_2 - a_3 \pm \ldots \leq 1.$$

Deswegen ist $|r_{2n+2}(x)| \leq \dfrac{|x|^{2n+2}}{(2n+2)!}$.

Die Abschätzung des Restglieds von $\sin x$ ist analog zu beweisen.

Corollar. $\lim\limits_{\substack{x \to 0 \\ x \neq 0}} \frac{\sin x}{x} = 1.$

Beweis. Wir verwenden das Restglied 3. Ordnung:

$$\sin x = x + r_3(x), \text{ wobei } |r_3(x)| \leq \frac{|x|^3}{3!} \text{ für } |x| \leq 4,$$

d. h.

$$|\sin x - x| \leq \frac{|x|^3}{6} \text{ für } |x| \leq 4.$$

Division durch x ergibt

$$\left|\frac{\sin x}{x} - 1\right| \leq \frac{|x|^2}{6} \text{ für } 0 < |x| \leq 4.$$

Daraus folgt die Behauptung.

Die Zahl π

Satz 6. *Die Funktion* cos *hat im Intervall* $[0, 2]$ *genau eine Nullstelle.*

Zum Beweis benötigen wir drei Hilfssätze.

Hilfssatz 1. $\cos 2 \leq -\frac{1}{3}$.

Beweis. Es ist

$$\cos x = 1 - \frac{x^2}{2} + r_4(x) \text{ mit } |r_4(x)| \leq \frac{|x|^4}{24} \text{ für } |x| \leq 5.$$

Speziell für $x = 2$ ergibt sich

$$\cos 2 = 1 - 2 + r_4(2) \text{ mit } |r_4(2)| \leq \tfrac{16}{24} = \tfrac{2}{3},$$

also

$$\cos 2 \leq 1 - 2 + \tfrac{2}{3} = -\tfrac{1}{3}, \text{ q.e.d.}$$

Hilfssatz 2. $\sin x > 0$ *für alle* $x \in]0, 2]$.

Beweis. Für $x \neq 0$ können wir schreiben

$$\sin x = x + r_3(x) = x\left(1 + \frac{r_3(x)}{x}\right).$$

Nach Satz 5 ist

$$\left|\frac{r_3(x)}{x}\right| \leq \frac{|x|^2}{6} \leq \frac{4}{6} = \frac{2}{3} \text{ für alle } x \in]0, 2],$$

also

$$\sin x \geq x\left(1 - \frac{2}{3}\right) = \frac{x}{3} > 0 \text{ für alle } x \in]0, 2].$$

Hilfssatz 3. *Die Funktion* cos *ist im Intervall* $[0,2]$ *streng monoton fallend.*

Beweis. Sei $0 \le x < x' \le 2$. Dann folgt aus Hilfssatz 2 und dem Corollar zu Satz 3

$$\cos x' - \cos x = -2 \sin \frac{x'+x}{2} \sin \frac{x'-x}{2} < 0, \text{ q.e.d.}$$

Beweis von Satz 6. Da $\cos 0 = 1$ und $\cos 2 \le -\frac{1}{3}$, besitzt die Funktion cos nach dem Zwischenwertsatz im Intervall $[0,2]$ mindestens eine Nullstelle. Nach Hilfssatz 3 gibt es nicht mehr als eine Nullstelle.

Wir können nun die Zahl π definieren.

Definition. $\frac{\pi}{2}$ ist die (eindeutig bestimmte) Nullstelle der Funktion cos im Intervall $[0,2]$.

Näherungsweise Berechnung von π

Zur numerischen Berechnung von $\cos x$ ist folgende Klammerung vorteilhaft

$$\cos x = \left(\ldots\left(\left(\left(\frac{-x^2}{2n(2n-1)}+1\right)\frac{-x^2}{(2n-2)(2n-3)}+1\right)\frac{-x^2}{(2n-4)(2n-5)}+1\right)\ldots\right)\frac{-x^2}{2}$$
$$+1+r_{2n+2}(x).$$

Wir berechnen zunächst cos 1,5 und cos 1,6. Dazu wählen wir $n = 7$.

$$\cos x = \left(\left(\left(\left(\left(\left(\frac{-x^2}{182}+1\right)\frac{-x^2}{132}+1\right)\frac{-x^2}{90}+1\right)\frac{-x^2}{56}+1\right)\frac{-x^2}{30}+1\right)\frac{-x^2}{12}+1\right)\frac{-x^2}{2}$$
$$+1+r_{16}(x),$$

wobei nach Satz 5 gilt

$$|r_{16}(x)| \le \frac{|x|^{16}}{16!} \le 0{,}9 \cdot 10^{-10} \text{ für } |x| \le 1{,}6.$$

Die Rechnung auf 11 Dezimalen ergibt unter Berücksichtigung möglicher Rundungsfehler

$$\cos 1{,}5 = 0{,}070\,737\,201\,63 \pm 20 \cdot 10^{-11} > 0,$$
$$\cos 1{,}6 = -0{,}029\,199\,522\,39 \pm 20 \cdot 10^{-11} < 0.$$

Also gilt nach dem Zwischenwertsatz $1{,}5 < \frac{\pi}{2} < 1{,}6$. Nun berechnen wir $\cos x$ für zwei Werte x, die in der Nähe der durch lineare Interpolation ermittelten Zahl

$$a = 1{,}5 + 0{,}1 \frac{\cos 1{,}5}{\cos 1{,}5 - \cos 1{,}6} = 1{,}570\,78\ \ldots$$

liegen (Bild 19).

$$\cos 1{,}5707 = 0{,}000\,096\,326\,73 \pm 20 \cdot 10^{-11} > 0,$$
$$\cos 1{,}5708 = -0{,}000\,003\,673\,26 \pm 20 \cdot 10^{-11} < 0.$$

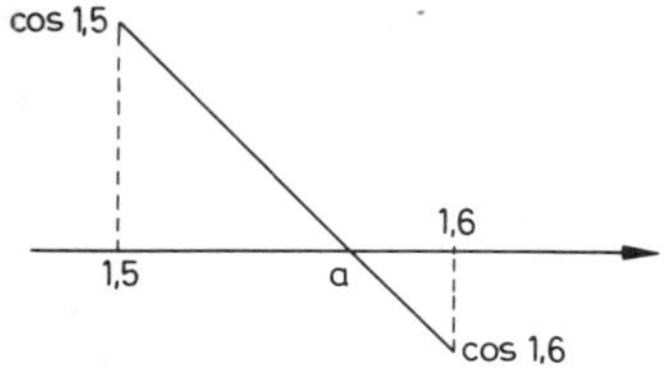

Bild 19

Also gilt $1{,}5707 < \frac{\pi}{2} < 1{,}5708$. Die nächsten Näherungswerte bestimmen wir wieder durch lineare Interpolation zwischen 1,5707 und 1,5708.

$$b = 1{,}5707 + 0{,}0001 \frac{\cos 1{,}5707}{\cos 1{,}5707 - \cos 1{,}5708} = 1{,}570\,796\,326 \ldots$$

$$\cos 1{,}570\,796\,326 = \quad 0{,}000\,000\,000\,73 \pm 20 \cdot 10^{-11} > 0,$$
$$\cos 1{,}570\,796\,327 = -\,0{,}000\,000\,000\,27 \pm 20 \cdot 10^{-11} < 0.$$

Daher gilt $1{,}570\,796\,326 < \frac{\pi}{2} < 1{,}570\,796\,327$, d. h.

$$\underline{\pi = 3{,}141\,592\,653 \pm 10^{-9}.}$$

Satz 7 (Spezielle Werte der Exponentialfunktion).

$$e^{i\frac{\pi}{2}} = i, \quad e^{i\pi} = -1, \quad e^{i\frac{3\pi}{2}} = -i, \quad e^{2\pi i} = 1.$$

Beweis. Da $\cos \frac{\pi}{2} = 0$, ist

$$\sin^2 \frac{\pi}{2} = 1 - \cos^2 \frac{\pi}{2} = 1.$$

Nach Hilfssatz 2 ist daher $\sin \frac{\pi}{2} = +1$, also

$$e^{i\frac{\pi}{2}} = \cos \frac{\pi}{2} + i \sin \frac{\pi}{2} = i.$$

Die restlichen Behauptungen folgen wegen $e^{i\frac{n\pi}{2}} = i^n$.

Aus Satz 7 ergibt sich folgende Wertetabelle für sin und cos.

x	0	$\frac{\pi}{2}$	π	$\frac{3\pi}{2}$	2π
sin x	0	1	0	-1	0
cos x	1	0	-1	0	1

Corollar 1. *Für alle* $x \in \mathbb{R}$ *gilt*

a) $\cos(x + 2\pi) = \cos x$, $\sin(x + 2\pi) = \sin x$.

b) $\cos(x + \pi) = -\cos x$, $\sin(x + \pi) = -\sin x$.

c) $\cos x = \sin(\frac{\pi}{2} - x)$, $\sin x = \cos(\frac{\pi}{2} - x)$.

Dies folgt unmittelbar aus den Additionstheoremen und der obigen Wertetabelle.

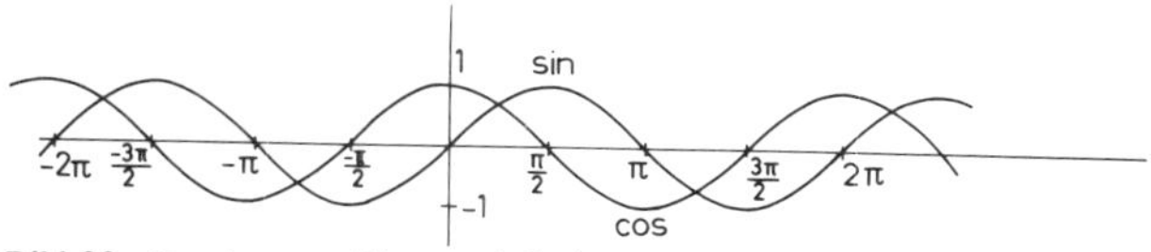

Bild 20. Graphen von Sinus und Cosinus

Bemerkung. Aus dem Corollar folgt, daß man nur die Funktion cos im Intervall $[0, \frac{\pi}{2}]$ zu kennen braucht, um den Gesamtverlauf der Funktionen cos und sin zu kennen. Die Graphen von cos und sin sind in Bild 20 dargestellt.

Corollar 2 (Nullstellen von Sinus und Cosinus).

a) $\{x \in \mathbb{R}: \sin x = 0\} = \{k\pi: k \in \mathbb{Z}\}$,

b) $\{x \in \mathbb{R}: \cos x = 0\} = \{\frac{\pi}{2} + k\pi: k \in \mathbb{Z}\}$.

Beweis. a) Nach Definition von $\frac{\pi}{2}$ und wegen $\cos(-x) = \cos x$ gilt $\cos x > 0$ für $-\frac{\pi}{2} < x < \frac{\pi}{2}$.

Da $\sin x = \cos(\frac{\pi}{2} - x)$, folgt daraus

$$\sin x > 0 \text{ für } 0 < x < \pi.$$

Wegen $\sin(x + \pi) = -\sin x$ gilt

$$\sin x < 0 \text{ für } \pi < x < 2\pi.$$

Daraus folgt, daß 0 und π die einzigen Nullstellen von sin im Intervall $[0, 2\pi[$ sind. Sei nun x eine beliebige reelle Zahl mit $\sin x = 0$ und

$$m := \text{entier}\left(\frac{x}{2\pi}\right).$$

Dann gilt

$$x = 2m\pi + \xi \text{ mit } 0 \leq \xi < 2\pi$$

und $\sin \xi = \sin(x - 2m\pi) = \sin x = 0$. Also ist $\xi = 0$ oder π, d. h. $x = 2m\pi$ oder $x = (2m + 1)\pi$.

Umgekehrt gilt natürlich $\sin k\pi = 0$ für alle $k \in \mathbb{Z}$.

b) Dies folgt aus a) wegen $\cos x = -\sin(x - \frac{\pi}{2})$.

Corollar 3. *Für* $x \in \mathbb{R}$ *gilt* $e^{ix} = 1$ *genau dann, wenn* x *ein ganzzahliges Vielfaches von* 2π *ist.*

Beweis. Wegen

$$\sin\frac{x}{2} = \frac{1}{2i}\left(e^{i\frac{x}{2}} - e^{-i\frac{x}{2}}\right) = \frac{e^{-i\frac{x}{2}}}{2i}(e^{ix} - 1)$$

gilt $e^{ix} = 1$ genau dann, wenn $\sin\frac{x}{2} = 0$. Die Behauptung folgt deshalb aus Corollar 2 a).

Definition (Tangens). *Für* $x \in \mathbb{R} \setminus \{\frac{\pi}{2} + k\pi : k \in \mathbb{Z}\}$ *setzt man*

$$\tan x = \frac{\sin x}{\cos x}.$$

Der Graph des Tangens ist in Bild 21 dargestellt.

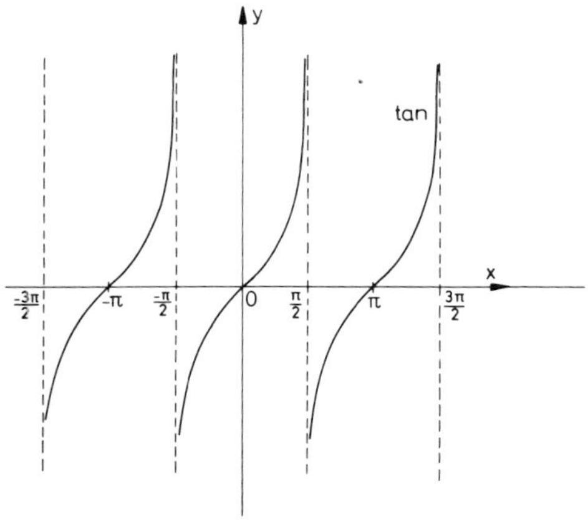

Bild 21. Tangens

Umkehrfunktionen der trigonometrischen Funktionen

Satz 8 und Definition

a) *Die Funktion* cos *ist im Intervall* $[0, \pi]$ *streng monoton fallend und bildet dieses Intervall bijektiv auf* $[-1, 1]$ *ab. Die Umkehrfunktion*

$$\arccos: [-1, 1] \to \mathbb{R}$$

heißt Arcus-Cosinus.

b) *Die Funktion* sin *ist im Intervall* $[-\frac{\pi}{2}, \frac{\pi}{2}]$ *streng monoton wachsend und bildet dieses Intervall bijektiv auf* $[-1, 1]$ *ab. Die Umkehrfunktion*

$$\arcsin: [-1, 1] \to \mathbb{R}$$

heißt Arcus-Sinus.

c) *Die Funktion* tan *ist im Intervall* $]-\frac{\pi}{2}, \frac{\pi}{2}[$ *streng monoton wachsend und bildet dieses Intervall bijektiv auf* $\mathbb{R}$ *ab. Die Umkehrfunktion*

$$\arctan: \mathbb{R} \to \mathbb{R}$$

heißt Arcus-Tangens.

Beweis

a) Nach Hilfssatz 3 ist cos in $[0, 2]$, insbesondere in $[0, \frac{\pi}{2}]$ streng monoton fallend. Da $\cos x = -\cos(\pi - x)$, ist cos auch in $[\frac{\pi}{2}, \pi]$ streng monoton fallend. Nach § 12, Satz 1, bildet daher cos das Intervall $[0, \pi]$ bijektiv auf $[\cos\pi, \cos 0] = [-1, 1]$ ab.

b) Da $\sin x = \cos(\frac{\pi}{2} - x)$, folgt aus a), daß sin im Intervall $[-\frac{\pi}{2}, \frac{\pi}{2}]$ streng monoton wächst und daher dieses Intervall bijektiv auf $[\sin(-\frac{\pi}{2}), \sin(\frac{\pi}{2})] = [-1, 1]$ abbildet.

c) i) Sei $0 \leq x < x' < \frac{\pi}{2}$. Dann gilt $\sin x < \sin x'$ und $\cos x > \cos x' > 0$. Daraus folgt

$$\tan x = \frac{\sin x}{\cos x} < \frac{\sin x'}{\cos x'} = \tan x',$$

tan ist also in $[0, \frac{\pi}{2}[$ streng monoton wachsend. Weil $\tan(-x) = -\tan x$, wächst tan auch in $]-\frac{\pi}{2}, 0]$, d. h. im ganzen Intervall $]-\frac{\pi}{2}, \frac{\pi}{2}[$ streng monoton.

ii) Wir zeigen jetzt, daß $\lim\limits_{x \nearrow \frac{\pi}{2}} \tan x = \infty$.

Sei $(x_n)_{n \in \mathbb{N}}$ eine Folge mit $x_n < \frac{\pi}{2}$ und $\lim x_n = \frac{\pi}{2}$. Wir dürfen annehmen, daß $x_n > 0$ für alle n. Dann ist auch

$$y_n := \frac{\cos x_n}{\sin x_n} > 0 \text{ für alle } n \in \mathbb{N}$$

und

$$\lim y_n = \frac{\lim \cos x_n}{\lim \sin x_n} = \frac{\cos \frac{\pi}{2}}{\sin \frac{\pi}{2}} = \frac{0}{1} = 0.$$

Daraus folgt (§ 4, Satz 10)

$$\lim \tan x_n = \lim \frac{1}{y_n} = \infty, \text{ q.e.d.}$$

iii) Wegen $\tan(-x) = -\tan x$ folgt aus ii)

$$\lim_{x \searrow -\frac{\pi}{2}} \tan x = -\infty.$$

iv) Mithilfe von § 12, Satz 1, ergibt sich aus i)–iii), daß tan das Intervall $]-\frac{\pi}{2}, \frac{\pi}{2}[$ bijektiv auf $\mathbb{R}$ abbildet.

Die Graphen der Arcus-Funktion sind in den Bildern 22–24 dargestellt.

Bemerkung. Die in Satz 8 definierten Funktionen nennt man auch die *Hauptzweige* von arccos, arcsin und arctan. Für beliebiges $k \in \mathbb{Z}$ gilt:

a) cos bildet $[k\pi, (k+1)\pi]$ bijektiv auf $[-1, 1]$ ab,

b) sin bildet $[-\frac{\pi}{2} + k\pi, \frac{\pi}{2} + k\pi]$ bijektiv auf $[-1, 1]$ ab,

c) tan bildet $]-\frac{\pi}{2} + k\pi, \frac{\pi}{2} + k\pi[$ bijektiv auf $\mathbb{R}$ ab.

Die zugehörigen Umkehrfunktionen

$$\arccos_k : [-1, 1] \to \mathbb{R},$$
$$\arcsin_k : [-1, 1] \to \mathbb{R},$$
$$\arctan_k : \mathbb{R} \to \mathbb{R}$$

heißen für $k \neq 0$ *Nebenzweige* von arccos, arcsin bzw. arctan.

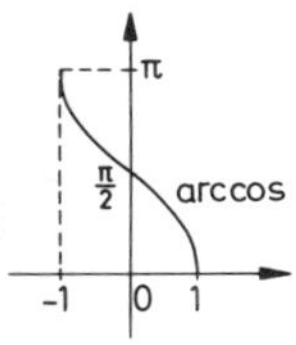

Bild 22. Arcus cosinus

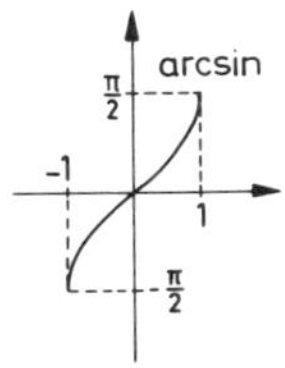

Bild 23. Arcus sinus

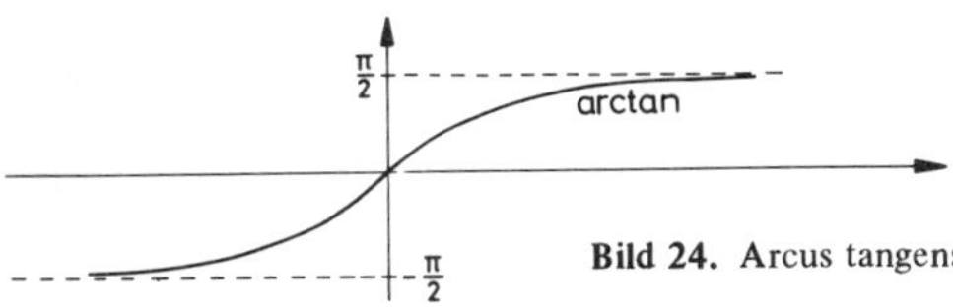

Bild 24. Arcus tangens

Satz 9 (Polarkoordinaten). *Jede komplexe Zahl* z *läßt sich schreiben als*

$$z = re^{i\varphi},$$

wobei $\varphi \in \mathbb{R}$ *und* $r = |z| \in \mathbb{R}_+$. *Für* $z \neq 0$ *ist* φ *bis auf ein ganzzahliges Vielfaches von* 2π *eindeutig bestimmt.*

Bemerkung. Die Zahl φ gibt den Winkel (im Bogenmaß) zwischen der positiven reellen Achse und dem Ortsvektor von z (Bild 25). Man nennt φ auch das *Argument* der komplexen Zahl $z = re^{i\varphi}$.

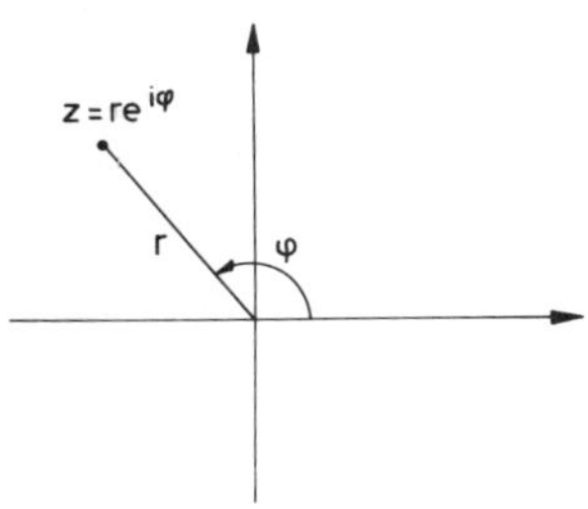

Bild 25

Beweis. Für $z = 0$ ist $z = 0 \cdot e^{i\varphi}$ mit beliebigem φ. Sei jetzt $z \neq 0$, $r := |z|$ und $\zeta := \frac{z}{r}$. Dann ist $|\zeta| = 1$. Sind ξ bzw. η Real- und Imaginärteil von ζ, d. h. $\zeta = \xi + i\eta$, so gilt also $\xi^2 + \eta^2 = 1$ und $|\xi| \leq 1$. Deshalb ist

$$\alpha := \arccos \xi$$

definiert. Da $\cos \alpha = \xi$, folgt

$$\sin \alpha = \pm \sqrt{1 - \xi^2} = \pm \eta.$$

Wir setzen $\varphi := \alpha$, falls $\sin \alpha = \eta$ und $\varphi := -\alpha$, falls $\sin \alpha = -\eta$. In jedem Fall ist dann

$$e^{i\varphi} = \cos \varphi + i \sin \varphi = \xi + i\eta = \zeta.$$

Damit gilt $z = re^{i\varphi}$. Die Eindeutigkeit von φ bis auf ein Vielfaches von 2π folgt aus Corollar 3 zu Satz 7. Denn $e^{i\varphi} = e^{i\psi} = \zeta$ impliziert $e^{i(\varphi - \psi)} = 1$, also $\varphi - \psi = 2k\pi$ mit einer ganzen Zahl k.

Bemerkung. Satz 9 erlaubt eine einfache Interpretation der Multiplikation komplexer Zahlen. Sei $z_1 = r_1 e^{i\varphi_1}$ und $z_2 = r_2 e^{i\varphi_2}$. Dann ist $z_1 z_2 = r_1 r_2 e^{i(\varphi_1 + \varphi_2)}$. Man erhält also das Produkt zweier komplexer Zahlen, indem man ihre Beträge multipliziert und ihre Argumente addiert (Bild 26).

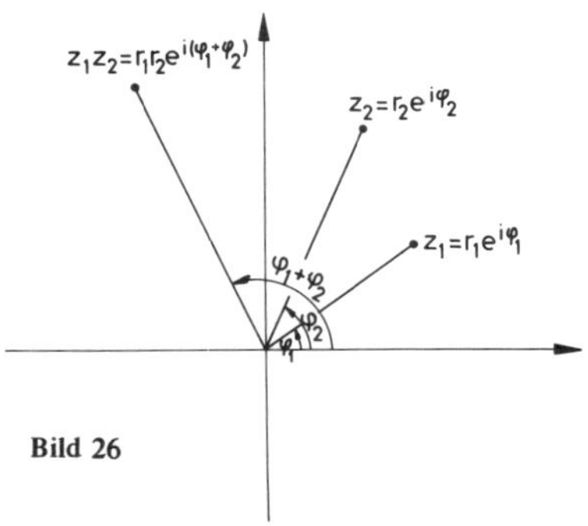

Bild 26

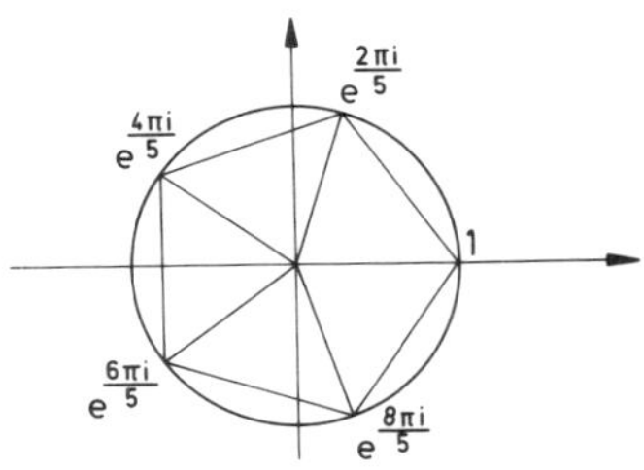

Bild 27. Fünfte Einheitswurzeln

Corollar (n-te Einheitswurzeln). *Sei* n *eine natürliche Zahl* ≥ 2. *Die Gleichung* $z^n = 1$ *hat genau* n *komplexe Lösungen, nämlich* $z = \zeta_k$, *wobei*

$$\zeta_k = e^{i\frac{2k\pi}{n}}, \quad k = 0, 1, \ldots, n-1.$$

Bild 27 zeigt die fünften Einheitswurzeln.

Beweis. Die Zahl $z \in \mathbb{C}$ genüge der Gleichung $z^n = 1$. Wir können z darstellen als $z = re^{i\varphi}$ mit $0 \le \varphi < 2\pi$ und $r \ge 0$. Da

$$1 = |z^n| = |z|^n = r^n,$$

ist $r = 1$, also

$$z^n = (e^{i\varphi})^n = e^{in\varphi} = 1.$$

Nach Corollar 3 zu Satz 7 existiert ein $k \in \mathbb{Z}$ mit $n\varphi = 2k\pi$, d. h. $\varphi = \frac{2k\pi}{n}$. Wegen $0 \le \varphi < 2\pi$ ist $0 \le k < n$ und $z = \zeta_k$.
Umgekehrt gilt für jedes k

$$\zeta_k^n = \left(e^{i\frac{2k\pi}{n}}\right)^n = e^{i2k\pi} = 1.$$

▲ **Aufgaben**

14.1. Sei x eine reelle Zahl und n eine natürliche Zahl ≥ 1. Die Punkte $A_k^{(n)}$ auf dem Einheitskreis der komplexen Ebene seien wie folgt definiert:

$$A_k^{(n)} := e^{i\frac{k}{n}x}, \quad k = 0, 1, \ldots, n.$$

Sei L_n die Länge des Polygonzugs $A_0^{(n)} A_1^{(n)} \ldots A_n^{(n)}$, d. h.

$$L_n = \sum_{k=1}^{n} |A_k^{(n)} - A_{k-1}^{(n)}|.$$

Man beweise:

a) $L_n = 2n \left|\sin \dfrac{x}{2n}\right|$,

b) $\lim\limits_{n\to\infty} 2n \sin \dfrac{x}{2n} = x.$

14.2. Man beweise für alle $x, y \in \mathbb{R}$, für die $\tan x$, $\tan y$ und $\tan(x + y)$ definiert sind, das Additionstheorem des Tangens

$$\tan(x + y) = \frac{\tan x + \tan y}{1 - \tan x \tan y}.$$

14.3. Man berechne mithilfe der Additionstheoreme (die exakten Werte von) $\sin x$, $\cos x$, $\tan x$ an den Stellen $x = \frac{\pi}{3}, \frac{\pi}{4}, \frac{\pi}{5}, \frac{\pi}{6}$.

14.4. Sei x eine reelle Zahl. Man beweise

$$\frac{1 + ix}{1 - ix} = e^{2i\varphi},$$

wobei $\varphi = \arctan x$.

14.5. (vgl. Aufgabe 13.3) Man zeige, daß für jedes $t \in \mathbb{R}$ gilt

$$\exp\begin{pmatrix} 0 & t \\ -t & 0 \end{pmatrix} = \begin{pmatrix} \cos t & \sin t \\ -\sin t & \cos t \end{pmatrix}.$$

§ 15. Differentiation

Wir definieren jetzt den Differentialquotienten (oder die Ableitung) einer Funktion als Limes der Differenzenquotienten und beweisen die wichtigsten Rechenregeln für die Ableitung, wie Produkt-, Quotienten- und Ketten-Regel sowie die Formel für die Ableitung der Umkehrfunktion. Damit ist es dann ein leichtes, die Ableitungen aller bisher besprochenen Funktionen zu berechnen.

Definition. Sei $D \subset \mathbb{R}$ und $f: D \to \mathbb{R}$ eine Funktion. f heißt in einem Punkt $x \in D$ *differenzierbar,* falls der Grenzwert

$$f'(x) := \lim_{\substack{\xi \to x \\ \xi \in D \setminus \{x\}}} \frac{f(\xi) - f(x)}{\xi - x}$$

existiert. (Insbesondere wird vorausgesetzt, daß es mindestens eine Folge $\xi_n \in D \setminus \{x\}$ mit $\lim\limits_{n \to \infty} \xi_n = x$ gibt.)

Der Grenzwert $f'(x)$ heißt *Differentialquotient* oder *Ableitung* von f im Punkte x. Die Funktion f heißt differenzierbar in D, falls f in jedem Punkt $x \in D$ differenzierbar ist.

Bemerkung. Man kann den Differentialquotienten auch darstellen als

$$f'(x) = \lim_{h \to 0} \frac{f(x+h) - f(x)}{h}.$$

Dabei sind natürlich bei der Limesbildung nur solche Folgen (h_n) mit $\lim h_n = 0$ zugelassen, für die $h_n \neq 0$ und $x + h_n \in D$ für alle n.

Geometrische Interpretation des Differentialquotienten

Der *Differenzenquotient* $\frac{f(\xi) - f(x)}{\xi - x}$ ist die Steigung der Sekante des Graphen von f durch die Punkte $(x, f(x))$ und $(\xi, f(\xi))$, vgl. Bild 28. Beim Grenzübergang $\xi \to x$ geht die Sekante in die Tangente an den Graphen von f im Punkt $(x, f(x)$ über. $f'(x)$ ist also (im Falle der Existenz) die Steigung der Tangente im Punkt $(x, f(x))$.

Zur Schreibweise. Man schreibt auch $\frac{df(x)}{dx}$ für $f'(x)$. Diese Schreibweise ist jedoch nicht ganz unproblematisch, da die zwei Buchstaben x eine verschiedene Bedeutung haben. Ist z. B. $x = 0$, so kann man $f'(0)$, aber nicht $\frac{df(0)}{d0}$ schreiben. In diesem Fall verwendet man die Schreibweise $\frac{df}{dx}(0)$ oder $\left.\frac{df(x)}{dx}\right|_{x=0}$.

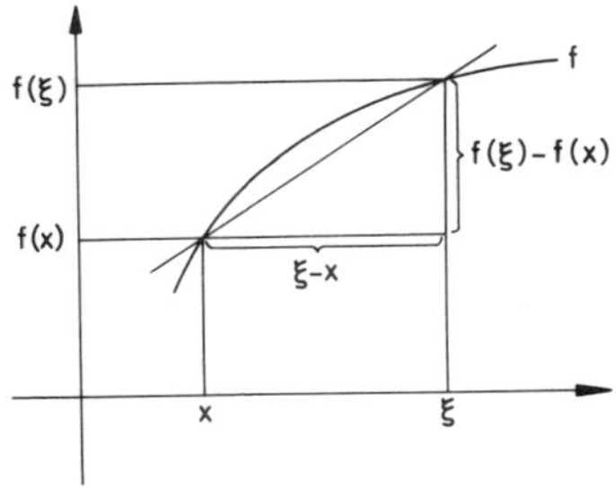

Bild 28

Beispiele

(15.1) Für eine konstante Funktion f: IR → IR, f(x) = c, gilt

$$f'(x) = \lim_{\substack{\xi \to x \\ \xi \neq x}} \frac{f(\xi) - f(x)}{\xi - x} = \lim_{\substack{\xi \to x \\ \xi \neq x}} \frac{c - c}{\xi - x} = 0.$$

(15.2) f: IR → IR, f(x) = cx, (c ∈ IR).

$$f'(x) = \lim_{\substack{\xi \to x \\ \xi \neq x}} \frac{f(\xi) - f(x)}{\xi - x} = \lim_{\substack{\xi \to x \\ \xi \neq x}} \frac{c\xi - cx}{\xi - x} = c.$$

(15.3) f: IR → IR, $f(x) = x^2$.

$$f'(x) = \lim_{h \to 0} \frac{f(x+h) - f(x)}{h} = \lim_{h \to 0} \frac{(x+h)^2 - x^2}{h}$$

$$= \lim_{h \to 0} \frac{2xh + h^2}{h} = \lim_{h \to 0} (2x + h) = 2x.$$

(15.4) f: IR^* → IR, $f(x) = \frac{1}{x}$.

$$f'(x) = \lim_{h \to 0} \frac{f(x+h) - f(x)}{h} = \lim_{h \to 0} \frac{1}{h}\left(\frac{1}{x+h} - \frac{1}{x}\right)$$

$$= \lim_{h \to 0} \frac{x - (x+h)}{h(x+h)x} = \lim_{h \to 0} \frac{-1}{(x+h)x} = -\frac{1}{x^2}.$$

(15.5) exp: IR → IR.

Unter Benutzung von Beispiel (12.7) erhält man

$$\exp'(x) = \lim_{h \to 0} \frac{\exp(x+h) - \exp(x)}{h} = \lim_{h \to 0} \exp(x) \frac{\exp(h) - 1}{h}$$

$$= \exp(x) \lim_{h \to 0} \frac{\exp(h) - 1}{h} = \exp(x).$$

Die Exponentialfunktion besitzt also die merkwürdige Eigenschaft, sich bei Differentiation zu reproduzieren.

(15.6) sin: $\mathbb{R} \to \mathbb{R}$.

Nach § 14, Corollar zu Satz 3, gilt

$$\sin'(x) = \lim_{h \to 0} \frac{\sin(x+h) - \sin x}{h} = \lim_{h \to 0} \frac{2\cos\left(\frac{2x+h}{2}\right)\sin\frac{h}{2}}{h}$$

$$= \left(\lim_{h \to 0} \cos\left(x + \frac{h}{2}\right)\right)\left(\lim_{h \to 0} \frac{\sin\frac{h}{2}}{\frac{h}{2}}\right).$$

Da cos stetig ist, gilt $\lim\limits_{h \to 0} \cos\left(x + \frac{h}{2}\right) = \cos x$.

Nach § 14, Corollar zu Satz 5, ist $\lim\limits_{h \to 0} \frac{\sin\frac{h}{2}}{\frac{h}{2}} = 1$.

Damit folgt

$$\sin'(x) = \cos x.$$

(15.7) cos: $\mathbb{R} \to \mathbb{R}$.

Analog zum vorigen Beispiel schließt man

$$\cos'(x) = \lim_{h \to 0} \frac{\cos(x+h) - \cos x}{h} = \lim_{h \to 0} \frac{-2\sin\left(\frac{2x+h}{2}\right)\sin\frac{h}{2}}{h}$$

$$= -\left(\lim_{h \to 0} \sin\left(x + \frac{h}{2}\right)\right)\left(\lim_{h \to 0} \frac{\sin\frac{h}{2}}{\frac{h}{2}}\right) = -\sin x.$$

(15.8) Wir betrachten die Funktion abs: $\mathbb{R} \to \mathbb{R}$ (vgl. § 10, Bild 8).

Behauptung: abs'(0) existiert nicht.

Beweis. Sei $h_n = (-1)^n \frac{1}{n}$, $(n \geq 1)$. Es gilt $\lim h_n = 0$.

$$q_n := \frac{\operatorname{abs}(0 + h_n) - \operatorname{abs}(0)}{h_n} = \frac{\frac{1}{n} - 0}{(-1)^n \frac{1}{n}} = (-1)^n.$$

$\lim\limits_{n \to \infty} q_n$ existiert nicht, also ist die Funktion abs im Nullpunkt nicht differenzierbar.

Bemerkung. Sei $x \in D \subset \mathbb{R}$ und $f: D \to \mathbb{R}$ eine Funktion. f heißt im Punkt x *von rechts differenzierbar,* falls der Grenzwert

$$f'_+(x) := \lim_{\xi \searrow x} \frac{f(\xi) - f(x)}{\xi - x}$$

existiert.

Die Funktion f heißt in x *von links differenzierbar,* falls

$$f'_-(x) := \lim_{\xi \nearrow x} \frac{f(\xi) - f(x)}{\xi - x}$$

existiert.

Die Funktion abs ist im Nullpunkt von rechts und von links differenzierbar, und zwar gilt $\text{abs}'_+(0) = +1$, $\text{abs}'_-(0) = -1$.

Satz 1. *Sei* $D \subset \mathbb{R}$ *und* $a \in D$ *ein Punkt derart, daß mindestens eine Folge* $x_n \in D \setminus \{a\}$, $n \in \mathbb{N}$, *existiert mit* $\lim x_n = a$. *Eine Funktion* $f: D \to \mathbb{R}$ *ist genau dann im Punkt* a *differenzierbar, wenn es eine Konstante* $c \in \mathbb{R}$ *gibt, so daß*

$$f(x) = f(a) + c(x - a) + \varphi(x), \quad (x \in D),$$

wobei φ *eine Funktion ist, für die gilt*

$$\lim_{\substack{x \to a \\ x \neq a}} \frac{\varphi(x)}{x - a} = 0.$$

In diesem Fall ist $c = f'(a)$.

Bemerkung. Der Satz drückt aus, daß die Differenzierbarkeit einer Funktion gleichbedeutend mit der Approximierbarkeit durch eine affin-lineare Funktion ist. Mit den obigen Bezeichnungen ist diese affin-lineare Funktion

$$L(x) = f(a) + c(x - a).$$

Der Graph von L ist die Tangente an den Graphen von f im Punkt $(a, f(a))$.

Beweis

a) Sei zunächst vorausgesetzt, daß f in a differenzierbar ist und $c := f'(a)$. Wir definieren die Funktion φ durch

$$f(x) = f(a) + c(x - a) + \varphi(x).$$

Dann gilt

$$\frac{\varphi(x)}{x - a} = \frac{f(x) - f(a)}{x - a} - f'(a),$$

also $\displaystyle\lim_{x \to a} \frac{\varphi(x)}{x - a} = 0.$

b) Es sei nun umgekehrt vorausgesetzt, daß für f die Darstellung

$$f(x) = f(a) + c(x-a) + \varphi(x)$$

mit $\lim\limits_{x \to a} \frac{\varphi(x)}{x-a} = 0$ besteht. Dann ist

$$\lim_{x \to a} \left(\frac{f(x) - f(a)}{x-a} - c \right) = \lim_{x \to a} \frac{\varphi(x)}{x-a} = 0,$$

also

$$\lim_{x \to a} \frac{f(x) - f(a)}{x-a} = c,$$

d. h. f ist in a differenzierbar und $f'(a) = c$.

Corollar. *Ist die Funktion* $f: D \to \mathbb{R}$ *im Punkt* $a \in D$ *differenzierbar, so ist sie in* a *auch stetig.*

Beweis. Wir benutzen die Darstellung von f aus Satz 1. Es gilt $\lim\limits_{x \to a} \varphi(x) = 0$, also

$$\lim_{x \to a} f(x) = f(a) + \lim_{x \to a} (c(x-a) + \varphi(x)) = f(a), \quad \text{q.e.d.}$$

Satz 2. *Seien* $f, g: D \to \mathbb{R}$ *in* $x \in D$ *differenzierbare Funktionen und* $\lambda \in \mathbb{R}$. *Dann sind auch die Funktionen*

$$f + g, \ \lambda f, \ fg: D \to \mathbb{R}$$

in x *differenzierbar und es gilt*

$$(f+g)'(x) = f'(x) + g'(x),$$
$$(\lambda f)'(x) = \lambda f'(x),$$
$$(fg)'(x) = f'(x)g(x) + f(x)g'(x), \quad \text{(Produktregel)}.$$

Ist $g(\xi) \neq 0$ *für alle* $\xi \in D$, *so ist auch die Funktion*

$$\frac{f}{g}: D \to \mathbb{R}$$

in x *differenzierbar und es gilt*

$$\left(\frac{f}{g}\right)'(x) = \frac{f'(x)g(x) - f(x)g'(x)}{g(x)^2}, \quad \text{(Quotientenregel)}.$$

Beweis

a) Die ersten beiden Beziehungen folgen unmittelbar aus den Rechenregeln für Grenzwerte von Folgen.

b) *Produktregel.*

$$(fg)'(x) = \lim_{h\to 0} \frac{f(x+h)g(x+h) - f(x)g(x)}{h}$$

$$= \lim_{h\to 0} \frac{1}{h}[f(x+h)(g(x+h) - g(x)) + (f(x+h) - f(x))g(x)]$$

$$= \lim_{h\to 0} f(x+h)\frac{g(x+h)-g(x)}{h} + \lim_{h\to 0} \frac{f(x+h)-f(x)}{h} g(x)$$

$$= f(x)g'(x) + f'(x)g(x).$$

Dabei wurde die Stetigkeit von f in x verwendet.

c) *Quotientenregel.* Wir behandeln zunächst den Spezialfall $f = 1$.

$$\left(\frac{1}{g}\right)'(x) = \lim_{h\to 0} \frac{1}{h}\left(\frac{1}{g(x+h)} - \frac{1}{g(x)}\right)$$

$$= \lim_{h\to 0} \frac{1}{g(x+h)g(x)} \left(\frac{g(x)-g(x+h)}{h}\right) = \frac{-g'(x)}{g(x)^2}.$$

Der allgemeine Fall folgt hieraus mithilfe der Produktregel:

$$\left(\frac{f}{g}\right)'(x) = \left(f\cdot\frac{1}{g}\right)'(x) = f'(x)\frac{1}{g(x)} + f(x)\frac{-g'(x)}{g(x)^2}$$

$$= \frac{f'(x)g(x) - f(x)g'(x)}{g(x)^2}.$$

Beispiele

(15.9) Sei $f_n(x) = x^n$, $n \in \mathbb{N}$.

Behauptung: $f_n'(x) = nx^{n-1}$.

Beweis durch vollständige Induktion nach n.

Die Fälle $n = 0$ und $n = 1$ wurden bereits in den Beispielen (15.1) und (15.2) behandelt.

Induktionsschritt $n \to n+1$. Da $f_{n+1} = f_1 f_n$, folgt aus der Produktregel

$$f_{n+1}'(x) = f_1'(x)f_n(x) + f_1(x)f_n'(x) = 1\cdot x^n + x(nx^{n-1}) = (n+1)x^n.$$

(15.10) $f\colon \mathbb{R}^* \to \mathbb{R}$, $f(x) = \frac{1}{x^n}$, $(n \in \mathbb{N})$.

Die Quotientenregel liefert sofort

$$f'(x) = \frac{-(nx^{n-1})}{(x^n)^2} = -nx^{-n-1}.$$

Aus (15.9) und (15.10) zusammen folgt, daß

$$\frac{d}{dx}(x^n) = nx^{n-1} \quad \text{für alle } n \in \mathbb{Z}.$$

(Falls $n < 0$, muß $x \neq 0$ vorausgesetzt werden.)

(15.11) Für die Funktion $\tan x = \frac{\sin x}{\cos x}$ erhalten wir aus der Quotientenregel

$$\tan'(x) = \frac{\sin'(x)\cos(x) - \sin(x)\cos'(x)}{\cos^2 x} = \frac{\cos^2 x + \sin^2 x}{\cos^2 x} = \frac{1}{\cos^2 x}.$$

Satz 3 (Ableitung der Umkehrfunktion). *Sei* $D \subset \mathbb{R}$ *ein abgeschlossenes Intervall,* $f: D \to \mathbb{R}$ *eine stetige, streng monotone Funktion und* $\varphi = f^{-1}: D^* \to \mathbb{R}$ *die Umkehrfunktion, wobei* $D^* = f(D)$.

Ist f *im Punkt* $x \in D$ *differenzierbar und* $f'(x) \neq 0$, *so ist* φ *im Punkt* $y := f(x)$ *differenzierbar und es gilt*

$$\varphi'(y) = \frac{1}{f'(x)} = \frac{1}{f'(\varphi(y))}.$$

Beweis. Sei $\eta_\nu \in D^* \setminus \{y\}$ irgendeine Folge mit $\lim_{\nu\to\infty} \eta_\nu = y$. Wir setzen $\xi_\nu := \varphi(\eta_\nu)$. Da φ stetig ist (§ 12, Satz 1), ist $\lim_{\nu\to\infty} \xi_\nu = x$. Außerdem ist $\xi_\nu \neq x$ für alle ν, da $\varphi: D^* \to D$ bijektiv ist. Nun gilt

$$\lim_{\nu\to\infty} \frac{\varphi(\eta_\nu) - \varphi(y)}{\eta_\nu - y} = \lim_{\nu\to\infty} \frac{\xi_\nu - x}{f(\xi_\nu) - f(x)} = \lim_{\nu\to\infty} \frac{1}{\frac{f(\xi_\nu) - f(x)}{\xi_\nu - x}} = \frac{1}{f'(x)}.$$

Also ist $\varphi'(y) = \frac{1}{f'(x)} = \frac{1}{f'(\varphi(y))}$.

Beispiele

(15.12) $\ln: \mathbb{R}_+^* \to \mathbb{R}$ ist die Umkehrfunktion von $\exp: \mathbb{R} \to \mathbb{R}$. Daher gilt nach dem vorhergehenden Satz

$$\ln'(x) = \frac{1}{\exp'(\ln x)} = \frac{1}{\exp(\ln x)} = \frac{1}{x}.$$

Anwendung. $\lim_{n\to\infty} (1 + \frac{1}{n})^n = e$.

Beweis. Da $\ln'(1) = 1$, folgt

$$\lim_{n\to\infty} n \ln(1 + \tfrac{1}{n}) = \lim_{n\to\infty} \frac{\ln(1 + \frac{1}{n})}{\frac{1}{n}} = 1.$$

Nun ist $(1 + \frac{1}{n})^n = \exp(n \ln(1 + \frac{1}{n}))$, also wegen der Stetigkeit von exp

$$\lim_{n\to\infty} (1 + \tfrac{1}{n})^n = \exp(1) = e, \quad \text{q.e.d.}$$

(15.13) $\arcsin: [-1, 1] \to \mathbb{R}$ ist die Umkehrfunktion von $\sin: [-\frac{\pi}{2}, \frac{\pi}{2}] \to \mathbb{R}$. Für $x \in \,]-1, 1[$ gilt:

$$\arcsin'(x) = \frac{1}{\sin'(\arcsin x)} = \frac{1}{\cos(\arcsin x)}.$$

Sei $y := \arcsin x$. Dann ist $\sin y = x$ und $\cos y = +\sqrt{1-x^2}$, da $y \in [-\frac{\pi}{2}, \frac{\pi}{2}]$. Also haben wir

$$\frac{d \arcsin x}{dx} = \frac{1}{\sqrt{1-x^2}} \text{ für } -1 < x < 1.$$

(15.14) $\arctan\colon \mathbb{R} \to \mathbb{R}$ ist die Umkehrfunktion von $\tan\colon]-\frac{\pi}{2}, \frac{\pi}{2}[\to \mathbb{R}$. Also gilt

$$\arctan'(x) = \frac{1}{\tan'(\arctan x)} = \cos^2(\arctan x).$$

Setzen wir $y := \arctan x$, so folgt

$$x^2 = \tan^2 y = \frac{\sin^2 y}{\cos^2 y} = \frac{1-\cos^2 y}{\cos^2 y} = \frac{1}{\cos^2 y} - 1,$$

also

$$\cos^2 y = \frac{1}{1+x^2}.$$

Deshalb gilt

$$\frac{d \arctan x}{dx} = \frac{1}{1+x^2}.$$

Es ist bemerkenswert, daß die (relativ) komplizierte Funktion arctan einen so einfachen Differentialquotienten besitzt.

Satz 4 (Kettenregel). *Seien* $f\colon D \to \mathbb{R}$ *und* $g\colon E \to \mathbb{R}$ *Funktionen mit* $f(D) \subset E$. *Die Funktion* f *sei im Punkt* $x \in D$ *differenzierbar und* g *sei in* $y := f(x) \in E$ *differenzierbar. Dann ist die zusammengesetzte Funktion*

$$g \circ f\colon D \to \mathbb{R}$$

im Punkt x *differenzierbar und es gilt*

$$(g \circ f)'(x) = g'(f(x))\, f'(x).$$

Beweis. Wir definieren die Funktion $g^*\colon E \to \mathbb{R}$ durch

$$g^*(\eta) := \begin{cases} \dfrac{g(\eta) - g(y)}{\eta - y}, & \text{falls } \eta \neq y, \\ g'(y), & \text{falls } \eta = y. \end{cases}$$

Da g in y differenzierbar ist, gilt

$$\lim_{\eta \to y} g^*(\eta) = g^*(y) = g'(y).$$

Außerdem gilt für alle $\eta \in E$

$$g(\eta) - g(y) = g^*(\eta)(\eta - y).$$

Damit erhalten wir

$$(g\circ f)'(x) = \lim_{\xi\to x} \frac{g(f(\xi)) - g(f(x))}{\xi - x} = \lim_{\xi\to x} \frac{g^*(f(\xi))\,(f(\xi) - f(x))}{\xi - x}$$

$$= \lim_{\xi\to x} g^*(f(\xi)) \lim_{\xi\to x} \frac{f(\xi) - f(x)}{\xi - x} = g'(f(x))\,f'(x), \quad \text{q.e.d.}$$

Beispiele

(15.15) Sei f: $\mathbb{R} \to \mathbb{R}$ differenzierbar und F: $\mathbb{R} \to \mathbb{R}$ definiert durch

$$F(x) := f(ax + b), \quad (a, b \in \mathbb{R}).$$

Dann gilt

$$F'(x) = af'(ax + b).$$

(15.16) Sei $\alpha \in \mathbb{R}$ und f: $\mathbb{R}_+^* \to \mathbb{R}$, $f(x) = x^\alpha$. Da $x^\alpha = \exp(\alpha \ln x)$, liefert die Kettenregel

$$\frac{dx^\alpha}{dx} = \exp'(\alpha \ln x) \frac{d}{dx}(\alpha \ln x) = \exp(\alpha \ln x)\frac{\alpha}{x} = x^\alpha \cdot \frac{\alpha}{x} = \alpha x^{\alpha - 1}.$$

Somit gilt die in (15.9) und (15.10) für ganze Exponenten bewiesene Formel für beliebige reelle Exponenten.

(15.17) Wir zeigen, daß sich die Quotientenregel auch aus der Kettenregel ableiten läßt. Sei nämlich g: D $\to \mathbb{R}$ eine in $x \in D$ differenzierbare Funktion, die nirgends den Wert 0 annimmt. Wir setzen f: $\mathbb{R}^* \to \mathbb{R}$, $f(x) := \frac{1}{x}$. Dann gilt

$$\frac{1}{g} = f \circ g.$$

Nach Beispiel (15.4) ist $f'(x) = -\frac{1}{x^2}$, also

$$\left(\frac{1}{g}\right)'(x) = f'(g(x))\,g'(x) = -\frac{1}{g(x)^2}\,g'(x) = \frac{-g'(x)}{g(x)^2}.$$

Aus diesem Spezialfall folgt, wie wir bereits gesehen haben, mithilfe der Produktregel die allgemeine Quotientenregel.

Ableitungen höherer Ordnung

Die Funktion f: D $\to \mathbb{R}$ sei in D differenzierbar. Falls die Ableitung f': D $\to \mathbb{R}$ ihrerseits im Punkt $x \in D$ differenzierbar ist, so heißt

$$\frac{d^2 f(x)}{dx^2} := f''(x) := (f')'(x)$$

die *zweite Ableitung* von f in x.

Allgemein definieren wir durch vollständige Induktion: Eine Funktion $f: D \to \mathbb{R}$ heißt k-mal differenzierbar im Punkt $x \in D$, falls ein $\epsilon > 0$ existiert, so daß

$$f | D \cap]x - \epsilon, x + \epsilon[\to \mathbb{R}$$

$(k-1)$-mal differenzierbar in $D \cap]x - \epsilon, x + \epsilon[$ ist, und die $(k-1)$-te Ableitung von f in x differenzierbar ist. Man verwendet folgende Bezeichnungen:

$$f^{(k)}(x) := \frac{d^k f(x)}{dx^k} := \left(\frac{d}{dx}\right)^k f(x) := \frac{d}{dx}\left(\frac{d^{k-1} f(x)}{dx^{k-1}}\right).$$

Die Funktion $f: D \to \mathbb{R}$ heißt k-mal differenzierbar in D, wenn f in jedem Punkt $x \in D$ k-mal differenzierbar ist. Sie heißt k-mal stetig differenzierbar in D, wenn überdies die k-te Ableitung $f^{(k)}: D \to \mathbb{R}$ in D stetig ist.

Unter der 0-ten Ableitung einer Funktion versteht man die Funktion selbst.

▲ Aufgaben

15.1. Man berechne die Ableitungen der folgenden Funktionen

$$f_k: \mathbb{R}_+^* \to \mathbb{R}, \ k = 1, \dots, 5,$$
$$f_1(x) := x^{(x^x)}, \quad f_2(x) := (x^x)^x, \quad f_3(x) := x^{(x^a)},$$
$$f_4(x) := x^{(a^x)}, \quad f_5(x) := a^{(x^x)}.$$

Dabei sei a eine positive Konstante.

15.2. Die Funktion $g: \mathbb{R} \to \mathbb{R}$ sei wie folgt definiert:

$$g(x) := x^2 \cos\left(\frac{1}{x}\right) \text{ für } x \neq 0,$$
$$g(0) := 0.$$

Man zeige, daß g in jedem Punkt $x \in \mathbb{R}$ differenzierbar ist und berechne die Ableitung.

15.3. Man berechne die Ableitung der Funktionen

$$\sinh: \mathbb{R} \to \mathbb{R},$$
$$\cosh: \mathbb{R} \to \mathbb{R},$$
$$\tanh := \frac{\sinh}{\cosh}: \mathbb{R} \to \mathbb{R}.$$

15.4. Man berechne die Ableitungen der Funktionen

$$\text{Ar sinh}: \mathbb{R} \to \mathbb{R},$$
$$\text{Ar cosh}: [1, \infty[\to \mathbb{R},$$

(vgl. Aufgabe 12.2).

15.5. Man beweise: Die Funktion tanh: $\mathbb{R} \to \mathbb{R}$ ist streng monoton wachsend und bildet $\mathbb{R}$ bijektiv auf $]-1, 1[$ ab. Die Umkehrfunktion

$$\operatorname{Ar\,tanh}:]-1,1[\to \mathbb{R}$$

ist differenzierbar. Man berechne die Ableitung.

15.6. Es seien $f, g: D \to \mathbb{R}$ in D n-mal differenzierbare Funktionen. Man beweise durch vollständige Induktion nach n die folgenden Beziehungen:

i) $$\frac{d^n}{dx^n}(f(x)\,g(x)) = \sum_{k=0}^{n} \binom{n}{k} f^{(n-k)}(x)\,g^{(k)}(x), \quad \text{(Leibniz)}.$$

ii) $$f(x)\frac{d^n g(x)}{dx^n} = \sum_{k=0}^{n} (-1)^k \binom{n}{k} \frac{d^{n-k}}{dx^{n-k}}(f^{(k)}(x)\,g(x)).$$

15.7. Eine Funktion $f: \mathbb{R} \to \mathbb{R}$ heißt *gerade,* wenn $f(x) = f(-x)$ für alle $x \in \mathbb{R}$, und *ungerade,* wenn $f(x) = -f(-x)$ für alle $x \in \mathbb{R}$.

i) Man zeige: Die Ableitung einer geraden (ungeraden) Funktion ist ungerade (gerade).

ii) Sei $f: \mathbb{R} \to \mathbb{R}$ die Polynomfunktion

$$f(x) = a_0 + a_1 x + \ldots + a_n x^n, \quad (a_k \in \mathbb{R}).$$

Man beweise: f ist genau dann gerade (ungerade), wenn $a_k = 0$ für alle ungeraden (geraden) Indizes k.

§ 16. Lokale Extrema. Mittelwertsatz. Konvexität

Wir kommen jetzt zu den ersten Anwendungen der Differentiation. Viele Eigenschaften einer Funktion spiegeln sich nämlich in ihrer Ableitung wieder. So kann das Auftreten von lokalen Extrema, die Monotonie und die Konvexität mithilfe der Ableitung untersucht werden. Aus Schranken für die Ableitung erhält man Abschätzungen für das Wachstum der Funktion.

Definition. Sei $f:]a, b[\to \mathbb{R}$ eine Funktion. Man sagt, f habe in $x \in]a, b[$ ein *lokales Maximum (Minimum),* wenn ein $\epsilon > 0$ existiert, so daß

$$f(x) \geq f(\xi) \quad (\text{bzw. } f(x) \leq f(\xi)) \quad \text{für alle } \xi \text{ mit } |x - \xi| < \epsilon.$$

Trifft in der letzten Zeile das Gleichheitszeichen nur für $\xi = x$ zu, so nennt man x ein *isoliertes* lokales Maximum (Minimum).

Extremum ist der gemeinsame Oberbegriff für Maximum und Minimum. Anstelle von lokalem Extremum spricht man auch von *relativem* Extremum.

Satz 1. *Die Funktion* $f:]a, b[\to \mathbb{R}$ *besitze im Punkt* $x \in]a, b[$ *ein lokales Extremum und sei in* x *differenzierbar. Dann ist* $f'(x) = 0$.

Beweis. f besitze in x ein lokales Maximum. Dann existiert ein $\epsilon > 0$, so daß $]x-\epsilon, x+\epsilon[\, \subset\,]a, b[$ und

$$f(\xi) \leq f(x) \text{ für alle } \xi \in]x-\epsilon, x+\epsilon[.$$

Daraus folgt

$$f'_+(x) = \lim_{\xi \searrow x} \frac{f(\xi) - f(x)}{\xi - x} \leq 0,$$

$$f'_-(x) = \lim_{\xi \nearrow x} \frac{f(\xi) - f(x)}{\xi - x} \geq 0.$$

Da f in x differenzierbar ist, gilt $f'_+(x) = f'_-(x) = f'(x)$; also muß $f'(x) = 0$ sein. Für ein lokales Minimum ist der Satz analog zu beweisen.

Bemerkungen

a) $f'(x) = 0$ ist nur eine notwendige, aber nicht hinreichende Bedingung für ein lokales Extremum. Für die Funktion $f(x) = x^3$ gilt z. B. $f'(0) = 0$, sie besitzt aber in 0 kein lokales Extremum.

b) Nach § 11, Satz 2, nimmt jede in einem *abgeschlossenen* Intervall stetige Funktion $f: [a, b] \to \mathbb{R}$ ihr absolutes Maximum und ihr absolutes Minimum an. Liegt ein Extremum jedoch am Rand, so ist dort nicht notwendig $f'(x) = 0$, wie man z. B. an der Funktion

$$f: [0, 1] \to \mathbb{R}, \quad x \mapsto x$$

sieht.

Satz 2 (Satz von Rolle). *Sei* $a < b$ *und* $f: [a, b] \to \mathbb{R}$ *eine stetige Funktion mit* $f(a) = f(b)$. *Die Funktion* f *sei in* $]a, b[$ *differenzierbar. Dann existiert ein* $\xi \in]a, b[$ *mit* $f'(\xi) = 0$.

Der Satz von Rolle sagt insbesondere, daß zwischen zwei Nullstellen einer differenzierbaren Funktion eine Nullstelle der Ableitung liegt.

Beweis. Falls f konstant ist, ist der Satz trivial. Ist f nicht konstant, so gibt es ein $x_0 \in]a, b[$ mit $f(x_0) > f(a)$ oder $f(x_0) < f(a)$. Dann wird das absolute Maximum (bzw. Minimum) der Funktion $f: [a, b] \to \mathbb{R}$ in einem Punkt $\xi \in]a, b[$ angenommen. Nach Satz 1 ist $f'(\xi) = 0$, q.e.d.

Corollar 1 (Mittelwertsatz). *Sei* $a < b$ *und* $f: [a, b] \to \mathbb{R}$ *eine stetige Funktion, die in* $]a, b[$ *differenzierbar ist. Dann existiert ein* $\xi \in]a, b[$, *so daß*

$$\frac{f(b) - f(a)}{b - a} = f'(\xi).$$

Geometrisch bedeutet der Mittelwertsatz, daß die Steigung der Sekante durch die Punkte $(a, f(a))$ und $(b, f(b))$ gleich der Steigung der Tangente an den Graphen von f an einer gewissen Zwischenstelle $(\xi, f(\xi))$ ist (Bild 29).

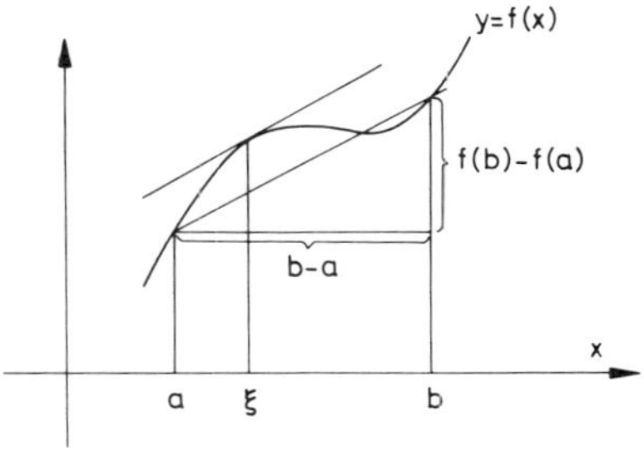

Bild 29

Beweis. Wir definieren eine Hilfsfunktion $F: [a, b] \to \mathbb{R}$ durch

$$F(x) = f(x) - \frac{f(b) - f(a)}{b - a}(x - a).$$

F ist stetig in $[a, b]$ und differenzierbar in $]a, b[$. Da $F(a) = f(a) = F(b)$, existiert nach dem Satz von Rolle ein $\xi \in]a, b[$ mit $F'(\xi) = 0$. Da

$$F'(\xi) = f'(\xi) - \frac{f(b) - f(a)}{b - a},$$

folgt die Behauptung.

Corollar 2. *Sei* $f: [a, b] \to \mathbb{R}$ *eine stetige, in* $]a, b[$ *differenzierbare Funktion. Für die Ableitung gelte*

$$m \leq f'(\xi) \leq M \text{ für alle } \xi \in]a, b[$$

mit gewissen Konstanten $m, M \in \mathbb{R}$. *Dann gilt für alle* $x, y \in \mathbb{R}$ *mit* $a \leq x \leq y \leq b$ *die Abschätzung*

$$m(y - x) \leq f(y) - f(x) \leq M(y - x).$$

Dies ist nur eine Umformulierung des Mittelwertsatzes.

Corollar 3. *Sei* $f: [a, b] \to \mathbb{R}$ *stetig und in* $]a, b[$ *differenzierbar mit* $f'(x) = 0$ *für alle* $x \in]a, b[$. *Dann ist* f *konstant.*

Dies ist der Fall $m = M = 0$ von Corollar 2.

Als Anwendung geben wir nun eine Charakterisierung der Exponentialfunktion durch ihre Differentialgleichung.

Satz 3. *Sei* $c \in \mathbb{R}$ *eine Konstante und* $f: \mathbb{R} \to \mathbb{R}$ *eine differenzierbare Funktion mit*

$$f'(x) = cf(x) \text{ für alle } x \in \mathbb{R}.$$

Sei $A := f(0)$. *Dann gilt*

$$f(x) = Ae^{cx} \text{ für alle } x \in \mathbb{R}.$$

Beweis. Wir betrachten die Funktion $F(x) := f(x)e^{-cx}$. Nach der Produktregel für die Ableitung ist

$$F'(x) = f'(x)e^{-cx} - cf(x)e^{-cx} = (f'(x) - cf(x))e^{-cx} = 0$$

für alle $x \in \mathbb{R}$, also F konstant. Da $F(0) = f(0) = A$, ist $F(x) = A$ für alle $x \in \mathbb{R}$, woraus folgt

$$f(x) = Ae^{cx} \quad \text{für alle } x \in \mathbb{R}.$$

Bemerkung. Speziell erhält man aus Satz 3: Die Funktion $\exp: \mathbb{R} \to \mathbb{R}$ ist die eindeutig bestimmte differenzierbare Funktion $f: \mathbb{R} \to \mathbb{R}$ mit $f' = f$ und $f(0) = 1$.

Satz 4. *Sei* $f: [a, b] \to \mathbb{R}$ *stetig und in* $]a, b[$ *differenzierbar. Wenn für alle* $x \in]a, b[$ *gilt* $f'(x) \geq 0$ (*bzw.* $f'(x) > 0$, $f'(x) \leq 0$, $f'(x) < 0$), *so ist* f *in* $[a, b]$ *monoton wachsend (bzw. streng monoton wachsend, monoton fallend, streng monoton fallend).*

Beweis. Wir behandeln nur den Fall, daß $f'(x) > 0$ für alle $x \in]a, b[$. Angenommen, f sei nicht streng monoton wachsend. Dann gibt es $x_1, x_2 \in [a, b]$ mit $x_1 < x_2$ und $f(x_1) \geq f(x_2)$. Daher existiert nach dem Mittelwertsatz ein $\xi \in]x_1, x_2[$ mit

$$f'(\xi) = \frac{f(x_2) - f(x_1)}{x_2 - x_1} \leq 0.$$

Dies ist ein Widerspruch zur Voraussetzung $f'(\xi) > 0$. Also ist f doch streng monoton wachsend.

Die übrigen Fälle sind analog zu beweisen.

Satz 5. *Sei* $f:]a, b[\to \mathbb{R}$ *eine differenzierbare Funktion. Im Punkt* $x \in]a, b[$ *sei* f *zweimal differenzierbar und es gelte*

$$f'(x) = 0 \;\textit{und}\; f''(x) > 0 \;(\textit{bzw.}\; f''(x) < 0).$$

Dann besitzt f *in* x *ein isoliertes lokales Minimum (bzw. Maximum).*

Bemerkung. Satz 5 gibt nur eine hinreichende, aber nicht notwendige Bedingung für ein isoliertes lokales Extremum. Die Funktion $f(x) = x^4$ besitzt z. B. für $x = 0$ ein isoliertes lokales Minimum. Es gilt jedoch $f''(0) = 0$.

Beweis. Sei $f''(x) > 0$. (Der Fall $f''(x) < 0$ ist analog zu beweisen.) Da

$$f''(x) = \lim_{\xi \to x} \frac{f'(\xi) - f'(x)}{\xi - x} > 0,$$

existiert ein $\epsilon > 0$, so daß

$$\frac{f'(\xi) - f'(x)}{\xi - x} > 0 \text{ für alle } \xi \text{ mit } 0 < |\xi - x| < \epsilon.$$

Da $f'(x) = 0$, folgt daraus

$$f'(\xi) < 0 \text{ für } x - \epsilon < \xi < x,$$
$$f'(\xi) > 0 \text{ für } x < \xi < x + \epsilon.$$

Nach Satz 4 ist deshalb f im Intervall $[x - \epsilon, x]$ streng monoton fallend und in $[x, x + \epsilon]$ streng monoton wachsend. f besitzt also in x ein isoliertes lokales Minimum.

Definition. Sei $D \subset \mathbb{R}$ ein (endliches oder unendliches) Intervall. Eine Funktion $f: D \to \mathbb{R}$ heißt *konvex,* wenn für alle $x_1, x_2 \in D$ und alle λ mit $0 < \lambda < 1$ gilt

$$f(\lambda x_1 + (1-\lambda)x_2) \leq \lambda f(x_1) + (1-\lambda) f(x_2).$$

Die Funktion f heißt *konkav,* wenn $-f$ konvex ist.

Die angegebene Konvexitäts-Bedingung bedeutet (für $x_1 < x_2$), daß der Graph von f im Intervall $[x_1, x_2]$ unterhalb der Sekante durch $(x_1, f(x_1))$ und $(x_2, f(x_2))$ liegt (Bild 30).

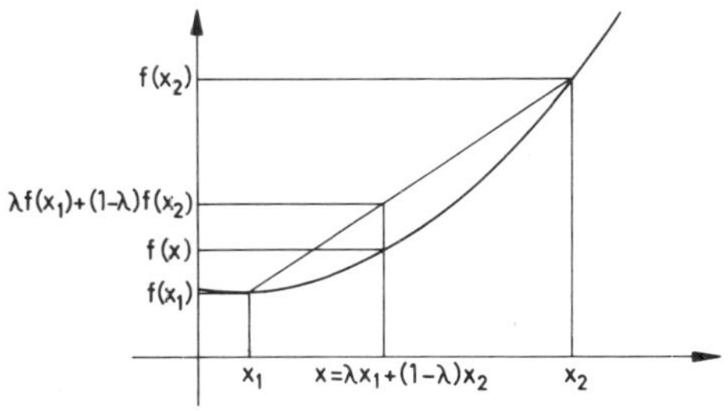

Bild 30

Satz 6. *Sei* $D \subset \mathbb{R}$ *ein offenes Intervall und* $f: D \to \mathbb{R}$ *eine zweimal differenzierbare Funktion.* f *ist genau dann konvex, wenn* $f''(x) \geq 0$ *für alle* $x \in D$.

Beweis

a) Sei zunächst vorausgesetzt, daß $f''(x) \geq 0$ für alle $x \in D$. Dann ist die Ableitung $f': D \to \mathbb{R}$ nach Satz 4 monoton wachsend. Seien $x_1, x_2 \in D$, $0 < \lambda < 1$ und $x := \lambda x_1 + (1-\lambda)x_2$. Wir können annehmen, daß $x_1 < x_2$. Dann gilt $x_1 < x < x_2$. Nach dem Mittelwertsatz existieren $\xi_1 \in]x_1, x[$ und $\xi_2 \in]x, x_2[$ mit

$$\frac{f(x) - f(x_1)}{x - x_1} = f'(\xi_1) \leq f'(\xi_2) = \frac{f(x_2) - f(x)}{x_2 - x}.$$

Da $x - x_1 = (1-\lambda)(x_2 - x_1)$ und $x_2 - x = \lambda(x_2 - x_1)$, folgt daraus

$$\frac{f(x) - f(x_1)}{1-\lambda} \leq \frac{f(x_2) - f(x)}{\lambda}$$

und weiter

$$f(x) \leq \lambda f(x_1) + (1-\lambda) f(x_2).$$

Die Funktion f ist also konvex.

b) Sei $f: D \to \mathbb{R}$ konvex. Angenommen, es gelte nicht $f''(x) \geq 0$ für alle $x \in D$. Dann gibt es ein $x_0 \in D$ mit $f''(x_0) < 0$. Sei $c := f'(x_0)$ und

$$\varphi(x) := f(x) - c(x - x_0) \quad \text{für } x \in D.$$

Dann ist $\varphi: D \to \mathbb{R}$ eine zweimal differenzierbare Funktion mit $\varphi'(x_0) = 0$ und $\varphi''(x_0) = f''(x_0) < 0$. Nach Satz 5 besitzt φ in x_0 ein isoliertes lokales Maximum. Es gibt also ein $h > 0$, so daß $[x_0 - h, x_0 + h] \subset D$ und

$$\varphi(x_0 - h) < \varphi(x_0), \quad \varphi(x_0 + h) < \varphi(x_0).$$

Daraus folgt

$$f(x_0) = \varphi(x_0) > \tfrac{1}{2}(\varphi(x_0 - h) + \varphi(x_0 + h)) = \tfrac{1}{2}(f(x_0 - h) + f(x_0 + h)).$$

Setzt man $x_1 := x_0 - h$, $x_2 := x_0 + h$ und $\lambda := \frac{1}{2}$, so ist $x_0 = \lambda x_1 + (1-\lambda)x_2$, also

$$f(\lambda x_1 + (1-\lambda)x_2) > \lambda f(x_1) + (1-\lambda) f(x_2).$$

Dies steht aber im Widerspruch zur Konvexität von f.

Eine einfache Anwendung ist der folgende

Hilfssatz. *Seien* $p, q \in \,]1, \infty[$ *mit* $\frac{1}{p} + \frac{1}{q} = 1$. *Dann gilt für alle* $x, y \in \mathbb{R}_+$ *die Ungleichung*

$$x^{1/p} y^{1/q} \leq \frac{x}{p} + \frac{y}{q}.$$

Beweis. Es genügt offenbar, den Hilfssatz für $x, y \in \mathbb{R}_+^*$ zu beweisen. Da für den Logarithmus $\ln: \mathbb{R}_+^* \to \mathbb{R}$ gilt $\ln''(x) = -1/x^2 < 0$, ist die Funktion ln konkav, also

$$\ln\left(\frac{1}{p}x + \frac{1}{q}y\right) \geq \frac{1}{p}\ln x + \frac{1}{q}\ln y.$$

Nimmt man von beiden Seiten die Exponentialfunktion, so ergibt sich die Behauptung.

p-Norm. Sei p eine reelle Zahl ≥ 1. Dann definiert man für Vektoren $x = (x_1, \ldots, x_n) \in \mathbb{C}^n$ eine Norm $\|x\|_p \in \mathbb{R}_+$ durch

$$\|x\|_p := \left(\sum_{\nu=1}^{n} |x_\nu|^p\right)^{1/p}.$$

Dies ist eine Verallgemeinerung der gewöhnlichen euklidischen Norm, die man für $p = 2$ erhält.

Offenbar gilt $\|x\|_p = 0$ dann und nur dann, wenn $x = 0$, sowie $\|\lambda x\|_p = |\lambda|\,\|x\|_p$ für alle $\lambda \in \mathbb{C}$.

Satz 7 (Höldersche Ungleichung). *Seien* $p, q \in]1, \infty[$ *mit* $\frac{1}{p} + \frac{1}{q} = 1$. *Dann gilt für jedes Paar von Vektoren* $x = (x_1, \dots, x_n) \in \mathbb{C}^n$, $y = (y_1, \dots, y_n) \in \mathbb{C}^n$

$$\sum_{\nu=1}^{n} |x_\nu y_\nu| \le \|x\|_p \|y\|_q .$$

Beweis. Wir können annehmen, daß $\|x\|_p \neq 0$ und $\|y\|_q \neq 0$, da sonst der Satz trivial ist. Wir setzen

$$\xi_\nu := \frac{|x_\nu|^p}{\|x\|_p^p}, \qquad \eta_\nu := \frac{|y_\nu|^q}{\|y\|_q^q}.$$

Dann ist $\sum_{\nu=1}^{n} \xi_\nu = 1$ und $\sum_{\nu=1}^{n} \eta_\nu = 1$. Der Hilfssatz ergibt angewandt auf ξ_ν und η_ν

$$\frac{|x_\nu y_\nu|}{\|x\|_p \|y\|_q} = \xi_\nu^{1/p} \eta_\nu^{1/q} \le \frac{\xi_\nu}{p} + \frac{\eta_\nu}{q} .$$

Durch Summation über ν erhält man

$$\frac{1}{\|x\|_p \|y\|_q} \sum_{\nu=1}^{n} |x_\nu y_\nu| \le \frac{1}{p} + \frac{1}{q} = 1,$$

also die Behauptung.

Bemerkung. Für $p = q = 2$ erhält man aus der Hölderschen Ungleichung die *Cauchy-Schwarzsche Ungleichung*

$$|\langle x, y\rangle| \le \|x\|_2 \|y\|_2 \quad \text{für } x, y \in \mathbb{C}^n .$$

Dabei ist

$$\langle x, y\rangle := \sum_{\nu=1}^{n} \overline{x}_\nu y_\nu$$

das kanonische Skalarprodukt im $\mathbb{C}^n$.

Satz 8 (Minkowskische Ungleichung). *Sei* $p \in [1, \infty[$. *Dann gilt für alle* $x, y \in \mathbb{C}^n$

$$\|x + y\|_p \le \|x\|_p + \|y\|_p .$$

Beweis. Für $p = 1$ folgt der Satz direkt aus der Dreiecksungleichung für komplexe Zahlen. Sei nun $p > 1$ und q definiert durch $\frac{1}{p} + \frac{1}{q} = 1$. Es sei $z \in \mathbb{C}^n$ der Vektor mit den Komponenten

$$z_\nu := |x_\nu + y_\nu|^{p-1}, \quad \nu = 1, \dots, n.$$

Dann ist $z_\nu^q = |x_\nu + y_\nu|^{q(p-1)} = |x_\nu + y_\nu|^p$, also

$$\|z\|_q = \|x + y\|_p^{p/q}.$$

Nach der Hölderschen Ungleichung gilt

$$\sum_\nu |x_\nu + y_\nu|\,|z_\nu| \le \sum_\nu |x_\nu z_\nu| + \sum_\nu |y_\nu z_\nu| \le (\|x\|_p + \|y\|_p)\,\|z\|_q,$$

also nach Definition von z

$$\|x + y\|_p^p \le (\|x\|_p + \|y\|_p)\,\|x + y\|_p^{p/q}.$$

Da $p - \frac{p}{q} = 1$, folgt daraus die Behauptung.

▲ **Aufgaben**

16.1. Man untersuche die Funktion $f\colon \mathbb{R} \to \mathbb{R}$,

$$f(x) := x^3 + ax^2 + bx,$$

auf lokale Extrema in Abhängigkeit von den Parametern $a, b \in \mathbb{R}$.

16.2. Man beweise, daß die Funktion

$$f\colon \mathbb{R}_+ \to \mathbb{R},\ f(x) := x^n e^{-x},\ (n > 0),$$

genau ein relatives und absolutes Maximum an der Stelle $x = n$ besitzt.

16.3. Das *Legendresche Polynom* n-ter Ordnung $P_n\colon \mathbb{R} \to \mathbb{R}$ ist definiert durch

$$P_n(x) := \frac{1}{2^n n!} \frac{d^n}{dx^n} [(x^2 - 1)^n].$$

Man beweise:

i) P_n hat genau n paarweise verschiedene Nullstellen im Intervall $]-1,1[$.

Anleitung: Man verwende den Satz von Rolle.

ii) P_n genügt der Differentialgleichung

$$(1 - x^2) P_n''(x) - 2xP_n'(x) + n(n+1) P_n(x) = 0$$

(Legendresche Differentialgleichung).

16.4. Man beweise, daß jede in einem offenen Intervall $D \subset \mathbb{R}$ konvexe Funktion $f\colon D \to \mathbb{R}$ stetig ist.

16.5. Für $x = (x_1, \ldots, x_n) \in \mathbb{C}^n$ sei

$$\|x\|_\infty := \max(|x_1|, \ldots, |x_n|).$$

Man beweise

$$\|x\|_\infty = \lim_{p \to \infty} \|x\|_p.$$

§ 17. Numerische Lösung von Gleichungen

Wir beschäftigen uns jetzt mit der Lösung von Gleichungen $f(x) = 0$, wobei f eine auf einem Intervall vorgegebene reelle Funktion ist. Nicht immer kann man die Lösungen, wie dies etwa bei quadratischen Polynomen der Fall ist, durch einen expliziten Ausdruck angeben. Es sind Näherungsmethoden notwendig, bei denen die Lösungen als Grenzwerte von Folgen dargestellt werden, deren einzelne Glieder berechnet werden können. Für die Brauchbarkeit eines Näherungsverfahrens ist es wichtig, Fehlerabschätzungen zu haben, damit man weiß, wann man bei vorgegebener Fehlerschranke das Verfahren abbrechen darf.

Ein Fixpunktsatz

Es tritt häufig das Problem auf, eine Gleichung der Form $f(x) = x$ lösen zu müssen, wo $f: [a, b] \to \mathbb{R}$ eine stetige Funktion ist. Hier bietet sich folgendes Näherungsverfahren an. Sei x_0 ein Näherungswert und

$$x_n := f(x_{n-1}) \text{ für } n \geq 1.$$

Falls die Folge (x_n) wohldefiniert ist (d. h. jedes x_n wieder im Definitionsbereich von f liegt) und gegen ein $\xi \in [a, b]$ konvergiert, so ist ξ eine Lösung der Gleichung, denn aus der Stetigkeit von f folgt

$$\xi = \lim_{n\to\infty} x_n = \lim_{n\to\infty} f(x_{n-1}) = f(\xi).$$

Einen wichtigen Fall, in dem das Verfahren konvergiert, enthält der folgende Satz. Bild 31 veranschaulicht das Iterationsverfahren am Graphen von f.

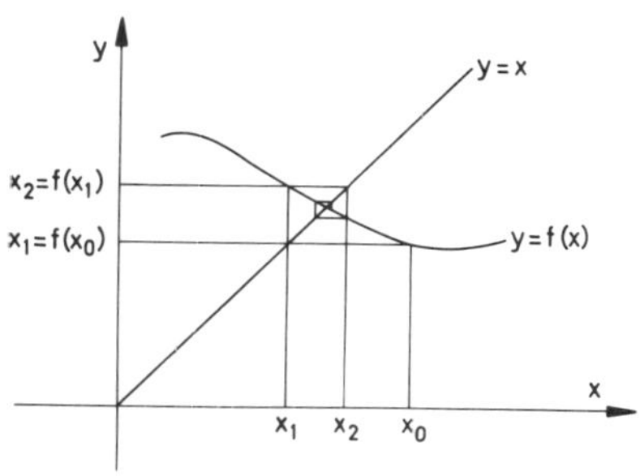

Bild 31

Satz 1. *Sei* $D \subset \mathbb{R}$ *ein abgeschlossenes Intervall und* $f: D \to \mathbb{R}$ *eine differenzierbare Funktion mit* $f(D) \subset D$. *Es gebe ein* $q < 1$, *so daß* $|f'(x)| \leq q$ *für alle* $x \in D$. *Sei* $x_0 \in D$ *beliebig und*

$$x_n := f(x_{n-1}) \textit{ für } n \geq 1.$$

Dann konvergiert die Folge (x_n) *gegen die eindeutige Lösung* $\xi \in D$ *der Gleichung* $f(\xi) = \xi$. *Es gilt die Fehlerabschätzung*

$$|\xi - x_n| \leq \frac{q}{1-q} |x_n - x_{n-1}| \leq \frac{q^n}{1-q} |x_1 - x_0|.$$

Bemerkung. Wie die Fehlerabschätzung zeigt, kann man aus der Differenz zweier aufeinanderfolgender Näherungswerte auf die Genauigkeit der Näherung schließen. Für $q \leq \frac{1}{2}$ etwa ist der Fehler der n-ten Näherung nicht größer als der Unterschied zwischen der $(n-1)$-ten und n-ten Näherung.

Das Verfahren konvergiert um so schneller, je kleiner q ist. Dies kann man manchmal durch geeignete Umformungen erreichen. Es sei etwa die Gleichung $F(x) = 0$ zu lösen, wo F eine stetig differenzierbare Funktion ist. Für einen Näherungswert x^* der Lösung sei $F'(x^*) =: c \neq 0$. Setzt man $f(x) := x - \frac{1}{c} F(x)$, so ist die Gleichung $F(\xi) = 0$ äquivalent mit $f(\xi) = \xi$. Es gilt $f'(x^*) = 0$, also ist $|f'(x)|$ klein, falls x hinreichend nahe bei x^* liegt.

Beweis von Satz 1

a) Aus dem Mittelwertsatz erhält man

$$|f(x) - f(y)| \leq q\,|x - y| \quad \text{für alle } x, y \in D.$$

Daraus folgt insbesondere

$$|x_{n+1} - x_n| = |f(x_n) - f(x_{n-1})| \leq q\,|x_n - x_{n-1}|$$

und durch Induktion über n

$$|x_{n+1} - x_n| \leq q^n |x_1 - x_0| \quad \text{für alle } n \in \mathbb{N}.$$

Da

$$x_{n+1} = x_0 + \sum_{k=0}^{n} (x_{k+1} - x_k),$$

und die Reihe $\sum_{k=0}^{\infty} (x_{k+1} - x_k)$ nach dem Majorantenkriterium konvergiert, existiert

$$\xi := \lim_{n \to \infty} x_n.$$

Weil D ein abgeschlossenes Intervall ist, liegt ξ in D und genügt nach dem eingangs Bemerkten der Gleichung $\xi = f(\xi)$.

b) Zur Eindeutigkeit. Ist η eine weitere Lösung der Gleichung $\eta = f(\eta)$, so gilt

$$|\xi - \eta| = |f(\xi) - f(\eta)| \leq q\,|\xi - \eta|,$$

woraus wegen $q < 1$ folgt $|\xi - \eta| = 0$, also $\xi = \eta$.

c) Fehlerabschätzung. Für alle $n \geq 1$ und $k \geq 1$ gilt

$$|x_{n+k} - x_{n+k-1}| \leq q^k |x_n - x_{n-1}|.$$

Da $\xi - x_n = \sum_{k=1}^{\infty} (x_{n+k} - x_{n+k-1})$, folgt daraus

$$|\xi - x_n| \leq \sum_{k=1}^{\infty} q^k |x_n - x_{n-1}| = \frac{q}{1-q} |x_n - x_{n-1}| \leq \frac{q^n}{1-q} |x_1 - x_0|.$$

(17.1) Als *Beispiel* wollen wir das Maximum der Funktion $F: \mathbb{R}_+^* \to \mathbb{R}$,

$$F(x) := \frac{1}{x^5(e^{1/x} - 1)}$$

bestimmen, vgl. Bild 32. Die Funktion F hängt eng mit der *Planckschen Strahlungsfunktion*

$$J(\lambda) = \frac{c^2 h}{\lambda^5 \left(\exp\left(\frac{ch}{\lambda k T}\right) - 1\right)}$$

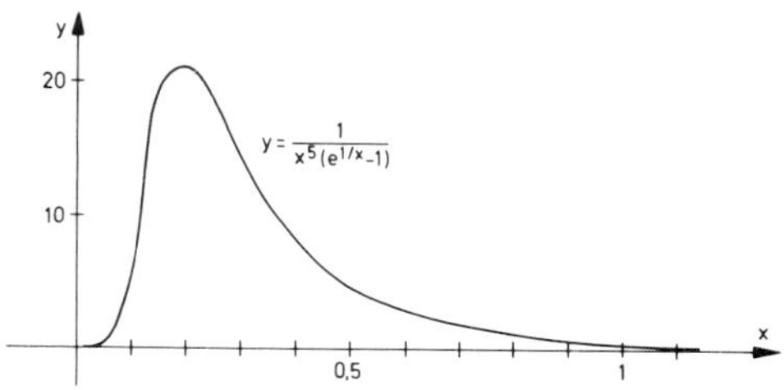

Bild 32

Wertetabelle für Bild 32

x	y
0	0
0,05	0,01
0,1	4,54
0,15	16,78
0,2	21,20
0,25	19,1
0,3	15,2
0,4	8,7
0,5	5,0
0,6	3,00
0,7	1,87
0,8	1,22
0,9	0,83
1,0	0,58

zusammen, welche die Strahlungsintensität eines schwarzen Körpers bei der absoluten Temperatur T in Abhängigkeit von der Wellenlänge λ angibt; dabei ist c die Lichtgeschwindigkeit, h die Plancksche und k die Boltzmannsche Konstante. Setzt man $x = \frac{kT}{ch} \lambda$, so ist

$$J(\lambda) = \frac{k^5 T^5}{c^3 h^4} F(x).$$

Für $x > 0$ ist

$$F'(x) = -\frac{5x^4(e^{1/x} - 1) - x^3 e^{1/x}}{x^{10}(e^{1/x} - 1)^2},$$

also $F'(x) = 0$ genau dann, wenn

$$5x(e^{1/x} - 1) - e^{1/x} = 0.$$

Substituiert man $t := 1/x$, so ist dies äquivalent mit

$$5(1-e^{-t}) = t.$$

Mit $f(t) := 5(1-e^{-t})$ hat man also die Gleichung $f(t) = t$ zu lösen. Wir zeigen zunächst, daß diese Gleichung in $\mathbb{R}_+^*$ genau eine Lösung t^* besitzt, die im Intervall $[4, 5]$ liegt. Es ist $f'(t) = 5e^{-t}$, also $f'(t) > 1$ für $t < \ln 5$. Im Intervall $[0, \ln 5]$ ist also die Funktion $f(t) - t$ streng monoton wachsend. Wegen $f(0) = 0$ gilt $f(t) > t$ für alle $t \in]0, \ln 5]$. Für $t > \ln 5$ gilt $f'(t) < 1$, also ist die Funktion $f(t) - t$ im Intervall $[\ln 5, \infty[$ streng monoton fallend, hat also dort höchstens eine Nullstelle. Wegen

$$f(4) = 4{,}90 \ldots > 4,$$
$$f(5) = 4{,}96 \ldots < 5$$

gibt es nach dem Zwischenwertsatz tatsächlich eine Nullstelle t^* von $f(t) - t$ im Intervall $[4, 5]$. Es ist

$$q := \sup_{t \in [4,5]} |f'(t)| = f'(4) = 5e^{-4} = 0{,}09157 \ldots,$$

$$\frac{q}{1-q} = 0{,}1008 \ldots,$$

also konvergiert die Folge

$$t_0 := 5, \quad t_{n+1} := f(t_n),$$

gegen t^* und man hat die Fehlerabschätzung

$$|t^* - t_n| \leq 0{,}101\,|t_n - t_{n-1}|.$$

Die Rechnung auf 6 Dezimalen ergibt:

n	t_n
0	5,0
1	4,966 310
2	4,965 155
3	4,965 115
4	4,965 114
5	4,965 114

Also ist $t^* = 4{,}965\,114 \pm 10^{-6}$.

Für das ursprüngliche Problem bedeutet das, daß die Gleichung $F'(x) = 0$ in $\mathbb{R}_+^*$ genau eine Lösung hat und zwar

$$x^* = \frac{1}{t^*} = 0{,}201\,405\,2 \pm 10^{-7}.$$

Da $\lim\limits_{x \searrow 0} F(x) = 0$ und $\lim\limits_{x \to \infty} F(x) = 0$, hat die Funktion F an der Stelle x^* ihr einziges Maximum. Die maximale Strahlungsintensität eines schwarzen Körpers der Temperatur T liegt also bei der Wellenlänge

$$\lambda_{max} = 0{,}2014 \frac{ch}{kT}.$$

Das Newtonsche Verfahren

Das Newtonsche Verfahren zur Lösung der Gleichung $f(x) = 0$ besteht darin, bei einem Näherungswert x_0 den Graphen von f durch die Tangente zu ersetzen und deren Schnittpunkt mit der x-Achse als neuen Näherungswert x_1 zu benützen und dann das Verfahren zu iterieren, vgl. Bild 33. Formelmäßig ausgedrückt bedeutet das

$$x_{n+1} := x_n - \frac{f(x_n)}{f'(x_n)}, \quad (n \in \mathbb{N}).$$

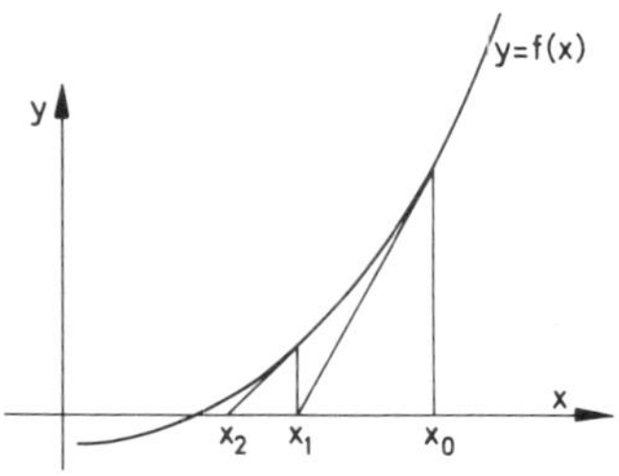

Bild 33

Sei f in dem abgeschlossenen Intervall D definiert und stetig differenzierbar mit $f'(x) \neq 0$ für alle $x \in D$. Falls die durch die obige Iterationsvorschrift gebildete Folge (x_n) wohldefiniert ist und gegen ein $\xi \in D$ konvergiert, so folgt aus Stetigkeitsgründen

$$\xi = \xi - \frac{f(\xi)}{f'(\xi)}, \quad \text{also } f(\xi) = 0.$$

Im allgemeinen braucht das Verfahren jedoch nicht zu konvergieren (Bild 34).

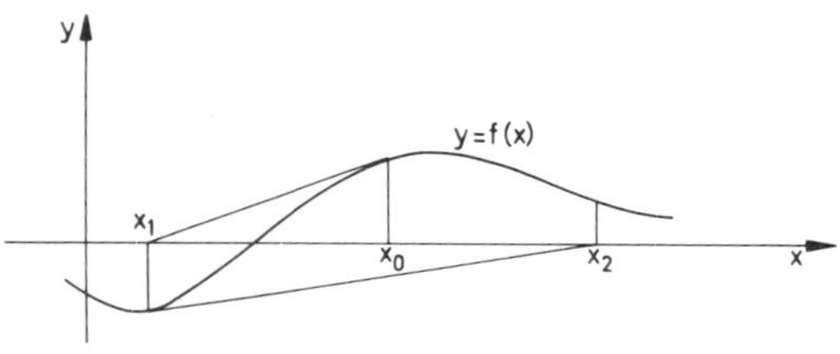

Bild 34

Einen wichtigen Fall, in dem Konvergenz auftritt, enthält der folgende Satz.

Satz 2. *Es sei* $f: [a, b] \to \mathbb{R}$ *eine zweimal differenzierbare konvexe Funktion mit* $f(a) < 0$ *und* $f(b) > 0$. *Dann gilt:*

a) *Es gibt genau ein* $\xi \in]a, b[$ *mit* $f(\xi) = 0$.

b) *Ist* $x_0 \in [a, b]$ *ein beliebiger Punkt mit* $f(x_0) \geq 0$, *so ist die Folge*

$$x_{n+1} := x_n - \frac{f(x_n)}{f'(x_n)}, \quad (n \in \mathbb{N}),$$

wohldefiniert und konvergiert monoton fallend gegen ξ.

c) *Gilt* $f'(\xi) \geq C > 0$ *und* $f''(x) \leq K$ *für alle* $x \in]\xi, b[$, *so hat man für jedes* $n \geq 1$ *die Abschätzungen*

$$|x_{n+1} - x_n| \leq |\xi - x_n| \leq \frac{K}{2C} |x_n - x_{n-1}|^2 .$$

Bemerkungen

1) Analoge Aussagen gelten natürlich auch, falls f konkav ist oder $f(a) > 0$ und $f(b) < 0$ gilt.

2) Die Fehlerabschätzung sagt, daß beim Newtonschen Verfahren sogenannte *quadratische Konvergenz* vorliegt. Ist etwa $\frac{K}{2C}$ größenordnungsmäßig gleich 1 und stimmen x_{n-1} und x_n auf k Dezimalen überein, so ist der Näherungswert x_n auf 2k Dezimalstellen genau und bei jedem weiteren Iterationsschritt verdoppelt sich die Zahl der gültigen Stellen.

Beweis von Satz 2

a) Da $f''(x) \geq 0$ für alle $x \in]a, b[$, ist die Funktion f' im ganzen Intervall $[a, b]$ monoton wachsend. Nach § 11, Satz 2, existiert ein $q \in [a, b[$ mit

$$f(q) = \inf \{ f(x) : x \in [a, b] \} < 0.$$

Falls $q \neq a$, gilt $f'(q) = 0$, also $f'(x) \leq 0$ für $x \leq q$. Die Funktion f ist also im Intervall $[a, q]$ monoton fallend und kann dort keine Nullstelle haben.

In jedem Fall liegen alle Nullstellen von $f: [a, b] \to \mathbb{R}$ im Intervall $]q, b[$ und nach dem Zwischenwertsatz gibt es dort mindestens eine Nullstelle. Angenommen, es gäbe zwei Nullstellen $\xi_1 < \xi_2$. Nach dem Mittelwertsatz existiert ein $t \in]q, \xi_1[$ mit

$$f'(t) = \frac{f(\xi_1) - f(q)}{\xi_1 - q} = \frac{-f(q)}{\xi_1 - q} > 0,$$

also gilt auch $f'(x) > 0$ für alle $x \geq \xi_1$. Die Funktion f ist also im Intervall $[\xi_1, b]$ streng monoton wachsend und kann keine zweite Nullstelle $\xi_2 > \xi_1$ besitzen.

b) Sei $x_0 \in [a, b]$ mit $f(x_0) \geq 0$. Dann ist notwendig $x_0 \geq \xi$. Wir beweisen durch Induktion, daß für die durch

$$x_{n+1} := x_n - \frac{f(x_n)}{f'(x_n)}$$

definierte Folge gilt $f(x_n) \geq 0$ und $\xi \leq x_n \leq x_{n-1}$ für alle n.
Induktionsschritt $n \to n+1$. Aus $x_n \geq \xi$ folgt $f'(x_n) \geq f'(\xi) > 0$, also $f(x_n)/f'(x_n) \geq 0$ und daher $x_{n+1} \leq x_n$. Als nächstes zeigen wir $f(x_{n+1}) \geq 0$.

Dazu betrachten wir die Hilfsfunktion

$$\varphi(x) := f(x) - f(x_n) - f'(x_n)(x - x_n).$$

Wegen der Monotonie von f' gilt

$$\varphi'(x) = f'(x) - f'(x_n) \leq 0 \text{ für } x \leq x_n.$$

Da $\varphi(x_n) = 0$, ist $\varphi(x) \geq 0$ für $x \leq x_n$, also insbesondere

$$0 \leq \varphi(x_{n+1}) = f(x_{n+1}) - f(x_n) - f'(x_n)(x_{n+1} - x_n) = f(x_{n+1}).$$

Wegen $f(x_{n+1}) \geq 0$ muß aber $x_{n+1} \geq \xi$ gelten, da man sonst einen Widerspruch zum Zwischenwertsatz erhielte.

Wir haben damit bewiesen, daß die Folge (x_n) monoton fällt und durch ξ nach unten beschränkt ist. Also existiert $\lim x_n =: x^*$. Nach dem eingangs Bemerkten gilt dann $f(x^*) = 0$ und wegen der Eindeutigkeit der Nullstelle ist $x^* = \xi$.
c) Da f' monoton wächst und $f'(\xi) \geq C$, gilt $f'(x) \geq C$ für alle $x \geq \xi$. Daraus folgt $f(x) \geq C(x - \xi)$ für alle $x \geq \xi$, insbesondere

$$|\xi - x_n| \leq \frac{f(x_n)}{C}.$$

Um $f(x_n)$ abzuschätzen, betrachten wir die Hilfsfunktion

$$\psi(x) := f(x) - f(x_{n-1}) - f'(x_{n-1})(x - x_{n-1}) - \frac{K}{2}(x - x_{n-1})^2.$$

Differentiation ergibt

$$\psi'(x) = f'(x) - f'(x_{n-1}) - K(x - x_{n-1}),$$
$$\psi''(x) = f''(x) - K \leq 0 \text{ für alle } x \in]\xi, b[.$$

Die Funktion ψ' ist also im Intervall $[\xi, b]$ monoton fallend. Da $\psi'(x_{n-1}) = 0$, folgt $\psi'(x) \geq 0$ für $x \in [\xi, x_{n-1}]$. Da auch $\psi(x_{n-1}) = 0$, folgt weiter $\psi(x) \leq 0$ für $x \in [\xi, x_{n-1}]$, insbesondere $\psi(x_n) \leq 0$, d. h.

$$f(x_n) \leq \frac{K}{2}(x_n - x_{n-1})^2,$$

also

$$|\xi - x_n| \le \frac{f(x_n)}{C} \le \frac{K}{2C}(x_n - x_{n-1})^2 .$$

Damit ist Satz 2 vollständig bewiesen.

(17.2) *Beispiel.* Sei k eine natürliche Zahl ≥ 2 und $a \in \mathbb{R}_+^*$. Wir betrachten die Funktion

$$f\colon \mathbb{R}_+ \to \mathbb{R}, \quad f(x) := x^k - a.$$

Es ist $f'(x) = kx^{k-1}$ und $f''(x) = k(k-1)x^{k-2} \ge 0$ für $x \ge 0$, also f konvex. Das Newtonsche Verfahren zur Nullstellenberechnung ist daher anwendbar. Es gilt

$$x - \frac{f(x)}{f'(x)} = x - \frac{x^k - a}{kx^{k-1}} = \frac{1}{k}\left((k-1)x + \frac{a}{x^{k-1}}\right).$$

Für beliebiges x_0 mit $x_0^k > a$ konvergiert deshalb die Folge

$$x_{n+1} := \frac{1}{k}\left((k-1)x_n + \frac{a}{x_n^{k-1}}\right), \quad (n \in \mathbb{N}),$$

gegen $\sqrt[k]{a}$. (Falls $x_0^k < a$, ist $x_1^k > a$ und das Verfahren konvergiert dann ebenfalls.) Wir haben somit das in § 6 beschriebene Verfahren zur Wurzelberechnung als Spezialfall des Newton-Verfahrens wiedergefunden.

▲ **Aufgaben**

17.1. Sei $k > 0$ eine natürliche Zahl. Man zeige, daß die Gleichung $x = \tan x$ im Intervall $](k - \frac{1}{2})\pi, (k + \frac{1}{2})\pi[$ genau eine Nullstelle ξ besitzt und daß die Folge

$$x_0 := (k + \tfrac{1}{2})\pi,$$
$$x_{n+1} := k\pi + \arctan x_n, \quad (n \in \mathbb{N}),$$

gegen ξ konvergiert. Man berechne ξ mit einer Genauigkeit von 10^{-6} für die Fälle $k = 1, 2, 3$.

17.2. Man berechne alle reellen Nullstellen des Polynoms $f(x) = x^5 - x - \frac{1}{5}$ mit einer Genauigkeit von 10^{-6}.

17.3. Man leite eine weitere hinreichende Bedingung für die Konvergenz des Newton-Verfahrens zur Lösung von $f(x) = 0$ her, indem man auf die Funktion

$$F(x) := x - \frac{f(x)}{f'(x)}$$

den Satz 1 anwende.

§ 18. Das Riemannsche Integral

Die Integration ist neben der Differentiation die wichtigste Anwendung des Grenzwertbegriffs in der Analysis. Wir definieren das Integral zunächst für Treppenfunktionen, wobei noch keine Grenzwertbetrachtungen nötig sind und der elementargeometrische Flächeninhalt von Rechtecken zugrundeliegt. Das Integral allgemeinerer Funktionen wird dann durch Approximation mittels Treppenfunktionen definiert.

Treppenfunktionen

Für $a, b \in \mathbb{R}$, $a < b$, bezeichne $T[a, b]$ die Menge aller Treppenfunktionen $\varphi: [a, b] \to \mathbb{R}$. Wie in § 10 definiert, heißt eine Funktion $\varphi: [a, b] \to \mathbb{R}$ Treppenfunktion, falls es eine Unterteilung

$$a = x_0 < x_1 < \ldots < x_n = b$$

des Intervalls $[a, b]$ gibt, so daß φ auf jedem offenen Teilintervall $]x_{k-1}, x_k[$ konstant ist.

Wir zeigen nun, daß $T[a, b]$ ein Untervektorraum des Vektorraums aller reellen Funktionen $f: [a, b] \to \mathbb{R}$ ist. Dazu sind folgende Eigenschaften nachzuprüfen:

1) $0 \in T[a, b]$,

2) $\varphi, \psi \in T[a, b] \Rightarrow \varphi + \psi \in T[a, b]$,

3) $\varphi \in T[a, b], \quad \lambda \in \mathbb{R} \Rightarrow \lambda\varphi \in T[a, b]$.

Die Eigenschaften 1) und 3) sind trivial. Es genügt daher, die Aussage 2) zu beweisen. Die Treppenfunktion φ sei definiert bzgl. der Unterteilung

$$Z: a = x_0 < x_1 < \ldots < x_n = b$$

und ψ bzgl. der Unterteilung

$$Z': a = x'_0 < x'_1 < \ldots < x'_m = b.$$

Nun sei $a = t_0 < t_1 < \ldots < t_k = b$ diejenige Unterteilung von $[a, b]$, die alle Teilpunkte von Z und Z' enthält, d. h.

$$\{t_0, t_1, \ldots, t_k\} = \{x_0, x_1, \ldots, x_n\} \cup \{x'_0, x'_1, \ldots, x'_m\}.$$

Dann sind φ und ψ konstant auf jedem Teilintervall $]t_{j-1}, t_j[$, also ist auch $\varphi + \psi$ auf $]t_{j-1}, t_j[$ konstant. Deshalb gilt $\varphi + \psi \in T[a, b]$.

Definition (Integral für Treppenfunktionen). Sei $\varphi \in T[a, b]$ definiert bzgl. der Unterteilung

$$a = x_0 < x_1 < \ldots < x_n = b$$

und sei $\varphi |]x_{k-1}, x_k[= c_k$ für $k = 1, \ldots, n$. Dann setzt man

$$\int_a^b \varphi(x)\,dx := \sum_{k=1}^{n} c_k (x_k - x_{k-1}).$$

Damit diese Definition sinnvoll ist, muß noch gezeigt werden, daß sie unabhängig von der Unterteilung ist. Es seien

$$Z:\ a = x_0 < x_1 < \ldots < x_n = b,$$
$$Z':\ a = t_0 < t_1 < \ldots < t_m = b$$

zwei Unterteilungen, auf deren offenen Teilintervallen φ konstant ist, und zwar sei

$$\varphi |]x_{i-1}, x_i[= c_i, \quad \varphi |]t_{j-1}, t_j[= c'_j.$$

Wir setzen zur Abkürzung

$$\int_Z \varphi := \sum_{i=1}^{n} c_i (x_i - x_{i-1}), \quad \int_{Z'} \varphi := \sum_{j=1}^{m} c'_j (t_j - t_{j-1}).$$

Es muß gezeigt werden, daß $\int_Z \varphi = \int_{Z'} \varphi$.

1. Fall. Jeder Teilpunkt von Z sei auch Teilpunkt von Z', etwa $x_i = t_{k_i}$. Dann gilt

$$x_{i-1} = t_{k_{i-1}} < t_{k_{i-1}+1} < \ldots < t_{k_i} = x_i, \quad (1 \leq i \leq n),$$

und

$$c'_j = c_i \text{ für } k_{i-1} < j \leq k_i.$$

Daraus folgt

$$\int_{Z'} \varphi = \sum_{i=1}^{n} \sum_{j=k_{i-1}+1}^{k_i} c_i (t_j - t_{j-1}) = \sum_{i=1}^{n} c_i (x_i - x_{i-1}) = \int_Z \varphi.$$

2. Fall. Seien Z und Z' beliebig und sei Z^* die Unterteilung, die alle Teilpunkte von Z und Z' umfaßt. Dann gilt nach dem 1. Fall

$$\int_Z \varphi = \int_{Z^*} \varphi = \int_{Z'} \varphi, \quad \text{q.e.d.}$$

Bemerkung. Falls $\varphi(x) \geq 0$ für alle $x \in [a, b]$, kann man $\int_a^b \varphi(x)\,dx$ als die zwischen der x-Achse und dem Graphen von φ liegende Fläche deuten (schraffierte Fläche in Bild 35). Falls φ auf einigen Teilintervallen negativ ist, sind die entsprechenden Flächen negativ in Ansatz zu bringen (Bild 36).

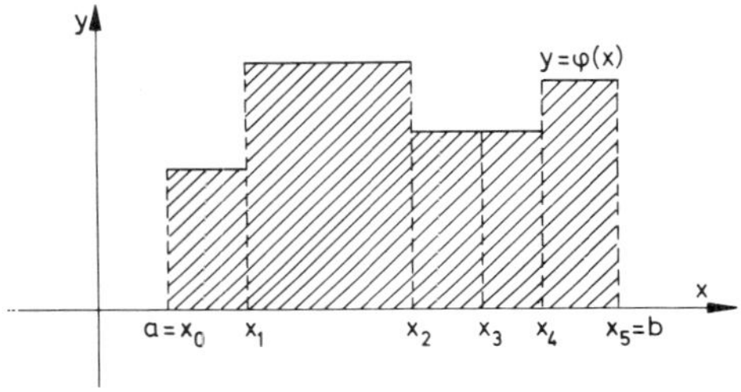

Bild 35

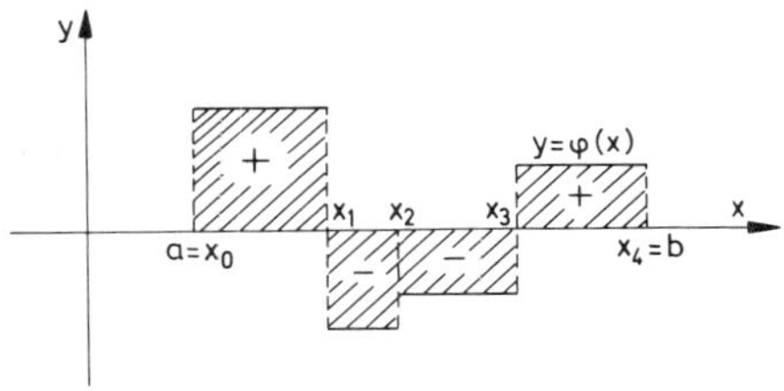

Bild 36

Satz 1. *Seien* $\varphi, \psi \in T[a,b]$ *und* $\lambda \in \mathbb{R}$. *Dann gilt:*

a) $\displaystyle\int_a^b (\varphi+\psi)(x)\,dx = \int_a^b \varphi(x)\,dx + \int_a^b \psi(x)\,dx.$

b) $\displaystyle\int_a^b (\lambda\varphi)(x)\,dx = \lambda\int_a^b \varphi(x)\,dx.$

c) *Aus* $\varphi \leq \psi$ *folgt* $\displaystyle\int_a^b \varphi(x)\,dx \leq \int_a^b \psi(x)\,dx.$

Dabei wird für Funktionen $\varphi, \psi\colon [a,b] \to \mathbb{R}$ definiert:

$$\varphi \leq \psi :\Longleftrightarrow \varphi(x) \leq \psi(x) \quad \text{für alle} \quad x \in [a,b].$$

Beweis. Nach dem oben Bemerkten können φ und ψ bzgl. derselben Unterteilung des Intervalls $[a, b]$ definiert werden. Die Aussagen des Satzes sind dann trivial.

Bemerkung. Die Aussagen a) und b) von Satz 1 bedeuten, daß das Integral ein *lineares Funktional* auf dem Vektorraum $T[a, b]$ ist. Die Eigenschaft c) drückt aus, daß dieses Funktional *monoton* ist.

Definition (Oberintegral, Unterintegral). Sei f: [a, b] → ℝ eine beliebige beschränkte Funktion. Dann setzt man

$$\int_a^{b*} f(x)\,dx := \inf\left\{\int_a^b \varphi(x)\,dx : \varphi \in T[a,b], \varphi \geq f\right\},$$

$$\int_{a*}^{b} f(x)\,dx := \sup\left\{\int_a^b \varphi(x)\,dx : \varphi \in T[a,b], \varphi \leq f\right\}.$$

Beispiele

(18.1) Für jede Treppenfunktion $\varphi \in T[a, b]$ gilt

$$\int_a^{b*} \varphi(x)\,dx = \int_{a*}^{b} \varphi(x)\,dx = \int_a^b \varphi(x)\,dx.$$

(18.2) Sei f: [0, 1] → ℝ definiert durch

$$f(x) := \begin{cases} 1, & \text{falls x rational,} \\ 0, & \text{falls x irrational.} \end{cases}$$

Dann gilt $\int_0^{1*} f(x)\,dx = 1$ und $\int_{0*}^{1} f(x)\,dx = 0$.

Bemerkung. Es gilt stets $\int_{a*}^{b} f(x)\,dx \leq \int_a^{b*} f(x)\,dx$.

Satz 2. *Seien* f, g: [a, b] → ℝ *beschränkte Funktionen. Dann gilt*

a) $\int^* (f + g) \leq \int^* f + \int^* g$, (Subadditivität),

b) $\int^* (\lambda f) = \lambda \int^* f$ *für alle* $\lambda \in \mathbb{R}_+$.

Dabei haben wir die Abkürzung $\int^* f$ für $\int_a^{b*} f(x)\,dx$ verwendet. Ähnliche Abkürzungen verwenden wir auch im folgenden.

Beweis

a) Es genügt zu zeigen, daß

$$\int^*(f+g) \leq \int^* f + \int^* g + \epsilon \text{ für alle } \epsilon > 0.$$

Nach Definition des Oberintegrals gibt es Treppenfunktionen $\varphi, \psi \in T[a, b]$ mit $\varphi \geq f, \psi \geq g$ und

$$\int \varphi \leq \int^* f + \frac{\epsilon}{2}, \quad \int \psi \leq \int^* g + \frac{\epsilon}{2}.$$

Da $\varphi + \psi \geq f + g$, folgt daraus

$$\int^*(f+g) \leq \int(\varphi + \psi) \leq \int^* f + \int^* g + \epsilon.$$

b) Es genügt zu zeigen

$$\lambda\int^* f - \epsilon \leq \int^*(\lambda f) \leq \lambda\int^* f + \epsilon \text{ für alle } \epsilon > 0.$$

Wir können annehmen, daß $\lambda > 0$. Nach Definition von $\int^* f$ gibt es eine Treppenfunktion $\varphi \geq f$ mit

$$\int \varphi \leq \int^* f + \frac{\epsilon}{\lambda}.$$

Da $\lambda\varphi \geq \lambda f$, folgt daraus

$$\int^*(\lambda f) \leq \int(\lambda\varphi) = \lambda\int\varphi \leq \lambda\left(\int^* f + \frac{\epsilon}{\lambda}\right) = \lambda\int^* f + \epsilon.$$

Analog beweist man die Ungleichung

$$\lambda\int^* f \leq \int^*(\lambda f) + \epsilon.$$

Corollar. *Seien* $f, g\colon [a, b] \to \mathbb{R}$ *beschränkte Funktionen. Dann gilt:*

a) $\int_*(f+g) \geq \int_* f + \int_* g$,

b) $\int_*(\lambda f) = \lambda\int_* f$ *für alle* $\lambda \in \mathbb{R}_+$.

c) *Für* $\lambda < 0$ *gilt*

$$\int^*(\lambda f) = \lambda\int_* f \text{ und } \int_*(\lambda f) = \lambda\int^* f.$$

Beweis. Nach Definition des Ober- und Unterintegrals gilt

$$\int_* f = -\int^* (-f).$$

Damit folgt das Corollar unmittelbar aus Satz 2.

Definition. Eine beschränkte Funktion f: [a, b] → ℝ heißt *Riemann-integrierbar*, wenn

$$\int_a^{b*} f(x)\,dx = \int_{a*}^{b} f(x)\,dx.$$

In diesem Fall setzt man

$$\int_a^b f(x)\,dx := \int_a^{b*} f(x)\,dx.$$

Bemerkung. Diese Definition des Integrals für Riemann-integrierbare Funktionen f: [a, b] → ℝ ergibt sich zwangsläufig, wenn man das Integral so erklären will, daß es für Treppenfunktionen mit dem schon definierten Integral übereinstimmt und daß aus $f \le g$ folgt $\int f \le \int g$. Denn für jede Treppenfunktion $\varphi \ge f$ gilt dann $\int f \le \int \varphi$, also $\int f \le \int^* f$. Ebenso folgt $\int f \ge \int_* f$. Falls also Ober- und Unterintegral von f übereinstimmen, muß der gemeinsame Wert notwendig das Integral von f sein.

(18.3) *Beispiele.* Nach (18.1) ist jede Treppenfunktion Riemann-integrierbar. Die in (18.2) definierte Funktion ist nicht Riemann-integrierbar.

Schreibweise. Anstelle der Integrationsvariablen x können auch andere Buchstaben verwendet werden:

$$\int_a^b f(x)\,dx = \int_a^b f(t)\,dt = \int_a^b f(\xi)\,d\xi = \ldots .$$

Satz 3. *Eine Funktion* f: [a, b] → ℝ *ist genau dann Riemann-integrierbar, wenn zu jedem* $\epsilon > 0$ *Treppenfunktionen* $\varphi, \psi \in T[a, b]$ *existieren mit*

$$\varphi \le f \le \psi$$

und

$$\int_a^b \psi(x)\,dx - \int_a^b \varphi(x)\,dx \le \epsilon.$$

Dies folgt unmittelbar aus der Definition von inf und sup.

Im folgenden schreiben wir statt Riemann-integrierbar kurz integrierbar.

Satz 4. *Jede stetige Funktion* $f: [a, b] \to \mathbb{R}$ *ist integrierbar.*

Beweis. Zu $\epsilon > 0$ existieren nach § 11, Satz 5, Treppenfunktionen $\varphi, \psi \in T[a, b]$ mit $\varphi \leq f \leq \psi$ und

$$\psi(x) - \varphi(x) \leq \frac{\epsilon}{b-a} \quad \text{für alle } x \in [a, b].$$

Daher folgt aus Satz 1

$$\int_a^b \psi(x)\,dx - \int_a^b \varphi(x)\,dx = \int_a^b (\psi(x) - \varphi(x))\,dx \leq \int_a^b \frac{\epsilon}{b-a}\,dx = \epsilon.$$

Nach Satz 3 ist f also integrierbar.

Satz 5. *Jede monotone Funktion* $f: [a, b] \to \mathbb{R}$ *ist integrierbar.*

Beweis. Sei f monoton wachsend (für monoton fallende Funktionen ist der Satz analog zu beweisen). Durch die Punkte

$$x_k := a + k\,\frac{b-a}{n}, \quad (k = 0, 1, \ldots, n)$$

erhält man eine äquidistante Unterteilung von $[a, b]$. Bezüglich dieser Unterteilung definieren wir Treppenfunktionen $\varphi, \psi \in T[a, b]$ wie folgt:

$$\begin{aligned} \varphi(x) &:= f(x_{k-1}) \quad \text{für } x_{k-1} \leq x < x_k, \\ \psi(x) &:= f(x_k) \quad\;\;\; \text{für } x_{k-1} \leq x < x_k, \end{aligned}$$

sowie $\varphi(b) = \psi(b) = f(b)$. Da f monoton wächst, gilt

$$\varphi \leq f \leq \psi$$

und

$$\int_a^b \psi(x)\,dx - \int_a^b \varphi(x)\,dx$$

$$= \sum_{k=1}^{n} f(x_k)(x_k - x_{k-1}) - \sum_{k=1}^{n} f(x_{k-1})(x_k - x_{k-1})$$

$$= \frac{b-a}{n}\left(\sum_{k=1}^{n} f(x_k) - \sum_{k=1}^{n} f(x_{k-1})\right) = \frac{b-a}{n}(f(x_n) - f(x_0)) \leq \epsilon,$$

falls n genügend groß ist. Also ist f nach Satz 3 integrierbar.

Satz 6. *Seien* f, g: [a, b] → ℝ *integrierbare Funktionen und* $\lambda \in \mathbb{R}$. *Dann sind auch die Funktionen* f + g *und* λf *integrierbar und es gilt:*

a) $$\int_a^b (f+g)(x)\,dx = \int_a^b f(x)\,dx + \int_a^b g(x)\,dx.$$

b) $$\int_a^b (\lambda f)(x)\,dx = \lambda \int_a^b f(x)\,dx.$$

c) *Aus* $f \leq g$ *folgt* $$\int_a^b f(x)\,dx \leq \int_a^b g(x)\,dx.$$

Bemerkung. Satz 6 bedeutet, daß die Riemann-integrierbaren Funktionen einen Vektorraum bilden und das Integral ein monotones, lineares Funktional auf diesem Vektorraum ist.

Beweis. Aus Satz 2 und seinem Corollar folgt

$$\int_* f + \int_* g \leq \int_* (f+g) \leq \int^* (f+g) \leq \int^* f + \int^* g.$$

Da $\int_* f = \int^* f$ und $\int_* g = \int^* g$, folgt daraus

$$\int_* (f+g) = \int^* (f+g) = \int^* f + \int^* g.$$

Also ist f + g integrierbar und es gilt die Formel a). Die übrigen Aussagen sind ebenso einfach zu beweisen.

Definition. Für eine Funktion f: D → ℝ definieren wir die Funktionen f_+, f_-: D → ℝ wie folgt:

$$f_+(x) := \begin{cases} f(x), & \text{falls } f(x) > 0, \\ 0 & \text{sonst.} \end{cases}$$

$$f_-(x) := \begin{cases} -f(x), & \text{falls } f(x) < 0, \\ 0 & \text{sonst.} \end{cases}$$

Offenbar gilt $f = f_+ - f_-$ und $|f| = f_+ + f_-$.

Satz 7. *Seien* f, g: [a, b] → ℝ *integrierbare Funktionen. Dann gilt:*

a) *Die Funktionen* f_+ *und* f_- *sind integrierbar.*

b) *Für jedes* $p \in [1, \infty[$ *ist die Funktion* $|f|^p$ *integrierbar.*

c) *Die Funktion* fg: [a, b] → ℝ *ist integrierbar.*

Vorsicht! Im allgemeinen ist $\int_a^b f(x)\,g(x)\,dx \neq \int_a^b f(x)\,dx \int_a^b g(x)\,dx$.

Beweis

a) Nach Voraussetzung gibt es zu $\epsilon > 0$ Treppenfunktionen $\varphi, \psi \in T[a, b]$ mit $\varphi \leq f \leq \psi$ und

$$\int_a^b (\psi - \varphi)(x)\,dx \leq \epsilon.$$

Dann sind auch φ_+ und ψ_+ Treppenfunktionen mit $\varphi_+ \leq f_+ \leq \psi_+$ und

$$\int_a^b (\psi_+ - \varphi_+)(x)\,dx \leq \int_a^b (\psi - \varphi)(x)\,dx \leq \epsilon;$$

also ist f_+ integrierbar. Die Integrierbarkeit von f_- beweist man analog. Nach Satz 6 ist daher auch $|f|$ integrierbar.

b) Es genügt, die Integrierbarkeit von $|f|^p$ für den Fall $0 \leq f \leq 1$ zu beweisen. Zu $\epsilon > 0$ gibt es Treppenfunktionen $\varphi, \psi \in T[a, b]$ mit

$$0 \leq \varphi \leq f \leq \psi \leq 1$$

und

$$\int_a^b (\psi - \varphi)(x)\,dx \leq \frac{\epsilon}{p}.$$

Dann sind auch φ^p und ψ^p Treppenfunktionen mit $\varphi^p \leq f^p \leq \psi^p$ und wegen $\frac{d}{dx}(x^p) = px^{p-1}$ folgt aus dem Mittelwertsatz

$$\psi^p - \varphi^p \leq p(\psi - \varphi).$$

Deshalb ist

$$\int_a^b (\psi^p - \varphi^p)(x)\,dx \leq p \int_a^b (\psi - \varphi)(x)\,dx \leq \epsilon,$$

also f^p integrierbar.

c) Die Behauptung folgt aus Teil b), denn

$$fg = \tfrac{1}{4}\,[(f + g)^2 - (f - g)^2].$$

Satz 8 (Mittelwertsatz der Integralrechnung). *Seien* $f, \varphi\colon [a, b] \to \mathbb{R}$ *stetige Funktionen und* $\varphi \geq 0$. *Dann existiert ein* $\xi \in [a, b]$, *so daß*

$$\int_a^b f(x)\varphi(x)\,dx = f(\xi)\int_a^b \varphi(x)\,dx.$$

Im Spezialfall $\varphi = 1$ *hat man*

$$\int_a^b f(x)\,dx = f(\xi)(b - a) \text{ für ein } \xi \in [a, b].$$

Beweis. Wir setzen

$$m := \inf\{f(x) : x \in [a, b]\},$$
$$M := \sup\{f(x) : x \in [a, b]\}.$$

Dann gilt $m\varphi \leq f\varphi \leq M\varphi$, also nach Satz 6

$$m\int_a^b \varphi(x)\,dx \leq \int_a^b f(x)\varphi(x)\,dx \leq M\int_a^b \varphi(x)\,dx.$$

Daher existiert ein $\mu \in [m, M]$ mit

$$\int_a^b f(x)\varphi(x)\,dx = \mu\int_a^b \varphi(x)\,dx.$$

Nach dem Zwischenwertsatz existiert ein $\xi \in [a, b]$ mit $f(\xi) = \mu$. Daraus folgt die Behauptung.

Riemannsche Summen

Sei $f\colon [a, b] \to \mathbb{R}$ eine Funktion,

$$a = x_0 < x_1 < \ldots < x_n = b$$

eine Unterteilung von $[a, b]$ und ξ_k ein beliebiger Punkt aus dem Intervall $[x_{k-1}, x_k]$. Dann heißt

$$\sum_{k=1}^{n} f(\xi_k)(x_k - x_{k-1})$$

Riemannsche Summe der Funktion f bzgl. der Unterteilung $(x_k)_{0 \leq k \leq n}$ und den Stützstellen $(\xi_k)_{1 \leq k \leq n}$.

Die *Feinheit* η der Unterteilung $a = x_0 < x_1 < \ldots < x_n = b$ ist definiert als

$$\eta := \max_{1 \leq k \leq n} (x_k - x_{k-1}).$$

Der nächste Satz sagt, daß die Riemannschen Summen einer integrierbaren Funktion gegen das Integral konvergieren, wenn die Feinheit der Unterteilungen gegen Null konvergiert.

Satz 9. *Sei* $f: [a, b] \to \mathbb{R}$ *eine Riemann-integrierbare Funktion. Dann existiert zu jedem* $\epsilon > 0$ *ein* $\delta > 0$, *so daß für jede Unterteilung*

$$a = x_0 < x_1 < \ldots < x_n = b$$

des Intervalls $[a, b]$ *der Feinheit* $\leq \delta$ *und jede Wahl von Stützstellen* $\xi_k \in [x_{k-1}, x_k]$ *gilt*

$$\left| \int_a^b f(x)\,dx - \sum_{k=1}^{n} f(\xi_k)(x_k - x_{k-1}) \right| \leq \epsilon.$$

Beweis. Zu $\epsilon > 0$ existieren nach Satz 3 Treppenfunktionen $\varphi, \psi \in T[a, b]$ mit

$$\varphi \leq f \leq \psi \text{ und } \int_a^b (\psi - \varphi)(x)\,dx \leq \frac{\epsilon}{2}.$$

Wir dürfen annehmen, daß φ und ψ bzgl. der gemeinsamen Unterteilung

$$a = t_0 < t_1 < \ldots < t_m = b$$

definiert sind. Da f beschränkt ist, existiert

$$M := \sup\{|f(x)| : x \in [a, b]\} \in \mathbb{R}_+.$$

Behauptung. Für $\delta := \frac{\epsilon}{8Mm}$ gilt die Aussage des Satzes. Sei dazu

$$a = x_0 < x_1 < \ldots < x_n = b$$

eine beliebige Unterteilung der Feinheit $\leq \delta$ und $\xi_k \in [x_{k-1}, x_k]$. Wir definieren die Treppenfunktion $F \in T[a, b]$ durch $F(x_k) = 0$ und

$$F(x) = f(\xi_k) \text{ für } x_{k-1} < x < x_k.$$

Dann ist

$$\int_a^b F(x)\,dx = \sum_{k=1}^{n} f(\xi_k)(x_k - x_{k-1})$$

die Riemannsche Summe von f bzgl. der Unterteilung (x_k) und den Stützstellen (ξ_k).

Für die Treppenfunktion F haben wir

(1) $\varphi(x) - 2M \le F(x) \le \psi(x) + 2M$ für alle $x \in [a, b]$.

(2) Falls $[x_{k-1}, x_k] \subset]t_{j-1}, t_j[$ für ein j, so gilt

$$\varphi(x) \le F(x) \le \psi(x) \quad \text{für alle} \quad x \in]x_{k-1}, x_k[\,.$$

Es sei $A \subset [a, b]$ die Vereinigung aller Intervalle $]x_{k-1}, x_k[$, für die ein j existiert mit $[x_{k-1}, x_k] \subset]t_{j-1}, t_j[$. Definieren wir die Treppenfunktion $s\colon [a, b] \to \mathbb{R}$ durch

$$s(x) := \begin{cases} 0, & \text{falls } x \in A, \\ 2M & \text{sonst,} \end{cases}$$

so gilt nach (1) und (2)

$$\varphi(x) - s(x) \le F(x) \le \psi(x) + s(x) \quad \text{für alle} \quad x \in [a, b].$$

Da es höchstens 2m Intervalle $[x_{k-1}, x_k]$ gibt, in denen s ungleich 0 ist, gilt

$$\int_a^b s(x)\,dx \le 2M(2m\delta) \le \frac{\epsilon}{2}\,.$$

Daraus folgt

$$\int_a^b \varphi(x)\,dx - \frac{\epsilon}{2} \le \int_a^b F(x)\,dx \le \int_a^b \psi(x)\,dx + \frac{\epsilon}{2}\,.$$

Da außerdem nach Wahl von φ und ψ

$$\int_a^b f(x)\,dx \le \int_a^b \varphi(x)\,dx + \frac{\epsilon}{2} \quad \text{und} \quad \int_a^b \psi(x)\,dx \le \int_a^b f(x)\,dx + \frac{\epsilon}{2}\,,$$

ergibt sich

$$\left| \int_a^b f(x)\,dx - \int_a^b F(x)\,dx \right| \le \epsilon, \quad \text{q.e.d.}$$

Bemerkung. Der Satz ist viel einfacher zu beweisen, falls man die Funktion $f\colon [a, b] \to \mathbb{R}$ als stetig voraussetzt und die gleichmäßige Stetigkeit ausnützt. Wir überlassen dem Leser als Übung, die Vereinfachung des Beweises für diesen Fall durchzuführen.

Für das nächste Beispiel zu Satz 9 benötigen wir den folgenden Hilfssatz

Hilfssatz. *Sei* $t \in \mathbb{R}$ *kein ganzzahliges Vielfaches von* 2π. *Dann gilt für jede natürliche Zahl* n

$$\frac{1}{2} + \sum_{k=1}^{n} \cos kt = \frac{\sin(n+\frac{1}{2})t}{2\sin\frac{1}{2}t}.$$

Beweis. Es gilt $\cos kt = \frac{1}{2}(e^{ikt} + e^{-ikt})$, also

$$\frac{1}{2} + \sum_{k=1}^{n} \cos kt = \frac{1}{2} \sum_{k=-n}^{n} e^{ikt}.$$

Nun ist nach der Summenformel für die geometrische Reihe

$$\sum_{k=-n}^{n} e^{ikt} = e^{-int} \sum_{k=0}^{2n} e^{ikt} = e^{-int} \frac{1-e^{(2n+1)it}}{1-e^{it}}$$

$$= \frac{e^{i(n+\frac{1}{2})t} - e^{-i(n+\frac{1}{2})t}}{e^{i\frac{t}{2}} - e^{-i\frac{t}{2}}} = \frac{\sin(n+\frac{1}{2})t}{\sin\frac{1}{2}t}.$$

Daraus folgt die Behauptung.

(18.4) Wir wollen als Beispiel das Integral

$$\int_0^a \cos x \, dx, \quad (a > 0)$$

mittels Riemannscher Summen berechnen.

Für eine natürliche Zahl $n \geq 1$ erhält man durch

$$x_k := \frac{ka}{n}, \quad k = 0, 1, \ldots, n,$$

eine äquidistante Unterteilung von $[0, a]$ der Feinheit $\frac{a}{n}$. Als Stützstellen wählen wir $\xi_k = x_k$. Die zugehörige Riemannsche Summe ist dann

$$S_n := \sum_{k=1}^{n} \frac{a}{n} \cos \frac{ka}{n} = \frac{a}{n} \left(\frac{\sin(n+\frac{1}{2})\frac{a}{n}}{2\sin\frac{a}{2n}} - \frac{1}{2} \right)$$

$$= \frac{\frac{a}{2n}}{\sin\frac{a}{2n}} \cdot \sin\left(a + \frac{a}{2n}\right) - \frac{a}{2n}.$$

Da $\lim\limits_{n\to\infty} \dfrac{\sin\frac{a}{2n}}{\frac{a}{2n}} = 1$ (nach § 14, Corollar zu Satz 5), folgt

$$\int_0^a \cos x \, dx = \lim_{n\to\infty} S_n = \sin a.$$

(18.5) Mithilfe von Satz 9 lassen sich die Minkowskische und Höldersche Ungleichung aus § 16 auf Integrale verallgemeinern. Sei $f\colon [a, b] \to \mathbb{R}$ eine integrierbare Funktion und $p \geq 1$ eine reelle Zahl. Dann definiert man

$$\|f\|_p := \left(\int_a^b |f(x)|^p dx \right)^{1/p}.$$

Für integrierbare Funktionen $f, g\colon [a, b] \to \mathbb{R}$ gilt dann

a) $\|f + g\|_p \leq \|f\|_p + \|g\|_p$ für alle $p \geq 1$.

b) $\int_a^b |f(x)\, g(x)|\, dx \leq \|f\|_p \|g\|_q$ für $p, q > 1$ mit $\frac{1}{p} + \frac{1}{q} = 1$.

Satz 10. *Sei* $a < b < c$ *und* $f\colon [a, c] \to \mathbb{R}$ *eine Funktion.* f *ist genau dann integrierbar, wenn sowohl* $f\,|\,[a, b]$ *als auch* $f\,|\,[b, c]$ *integrierbar sind und es gilt dann*

$$\int_a^c f(x)\, dx = \int_a^b f(x)\, dx + \int_b^c f(x)\, dx.$$

Der einfache Beweis sei dem Leser überlassen.

Definition. Man setzt

$$\int_a^a f(x)\, dx := 0,$$

$$\int_a^b f(x)\, dx := -\int_b^a f(x)\, dx, \quad \text{falls } b < a.$$

Bemerkung. Die Formel von Satz 10 gilt nun für beliebige gegenseitige Lage von a, b, c, falls f in $[\min(a, b, c), \max(a, b, c)]$ integrierbar ist.

▲ **Aufgaben**

18.1. Man berechne das Integral $\int_0^a e^x dx$ mittels Riemannscher Summen ($a > 0$).

18.2. Man berechne das Integral

$$\int_0^a x^k dx, \quad (k \in \mathbb{N}, a \in \mathbb{R}_+^*),$$

mittels Riemannscher Summen. Dabei benutze man eine äquidistante Teilung des Intervalls $[0, a]$ und das Ergebnis von Aufgabe 1.4.

18.3. Man berechne das Integral

$$\int_1^a \frac{dx}{x}, \quad (a > 1),$$

mittels Riemannscher Summen.

Anleitung. Man wähle folgende Unterteilung:

$$1 = x_0 < x_1 < \ldots < x_n = a, \text{ wobei } x_k := a^{k/n}.$$

Als Stützstellen wähle man $\xi_k := x_{k-1}$.

§ 19. Integration und Differentiation

Während wir im vorigen Paragraphen das Integral in Anlehnung an seine anschauliche Bedeutung als Flächeninhalt definiert haben, zeigen wir hier, daß die Integration die Umkehrung der Differentiation ist, was in vielen Fällen die Möglichkeit zur Berechnung des Integrals liefert.

Für den ganzen Paragraphen sei $I \subset \mathbb{R}$ ein aus mindestens zwei Punkten bestehendes offenes, halboffenes oder abgeschlossenes endliches oder unendliches Intervall.

Unbestimmtes Integral

Während wir bisher Funktionen immer über ein festes abgeschlossenes Intervall integriert haben, betrachten wir jetzt die eine Integrationsgrenze als variabel und erhalten so eine neue Funktion, das „unbestimmte Integral“.

Satz 1. *Sei* $f: I \to \mathbb{R}$ *eine stetige Funktion und* $a \in I$. *Für* $x \in I$ *sei*

$$F(x) := \int_a^x f(t)\,dt.$$

Dann ist die Funktion $F: I \to \mathbb{R}$ *differenzierbar und es gilt* $F' = f$.

Beweis. Für $h \neq 0$ ist

$$\frac{F(x+h) - F(x)}{h} = \frac{1}{h}\left(\int_a^{x+h} f(t)\,dt - \int_a^x f(t)\,dt\right) = \frac{1}{h}\int_x^{x+h} f(t)\,dt.$$

Nach dem Mittelwertsatz der Integralrechnung (§ 18, Satz 8) existiert ein $\xi_h \in [x, x+h]$ (bzw. $\xi_h \in [x+h, x]$, falls $h < 0$) mit

$$\int_x^{x+h} f(t)\,dt = hf(\xi_h).$$

Da $\lim_{h \to 0} \xi_h = x$ und f stetig ist, folgt

$$F'(x) = \lim_{h \to 0} \frac{1}{h} \int_x^{x+h} f(t)\,dt = \lim_{h \to 0} \frac{1}{h}(hf(\xi_h)) = f(x).$$

Definition. Eine differenzierbare Funktion $F: I \to \mathbb{R}$ heißt *Stammfunktion* (oder *primitive Funktion*) einer Funktion $f: I \to \mathbb{R}$, falls $F' = f$.

Bemerkung. Satz 1 bedeutet, daß das unbestimmte Integral eine Stammfunktion des Integranden ist.

Satz 2. *Sei* $F: I \to \mathbb{R}$ *eine Stammfunktion von* $f: I \to \mathbb{R}$. *Eine weitere Funktion* $G: I \to \mathbb{R}$ *ist genau dann Stammfunktion von* f, *wenn* $F - G$ *eine Konstante ist.*

Beweis

a) Sei $F - G = c$ mit einer Konstanten $c \in \mathbb{R}$. Dann ist $G' = (F - c)' = F' = f$.

b) Sei G Stammfunktion von f, also $G' = f = F'$. Dann gilt $(F - G)' = 0$, daher ist $F - G$ konstant (§ 16, Corollar 3 zu Satz 2).

Satz 3 (Fundamentalsatz der Differential- und Integralrechnung). *Sei* $f: I \to \mathbb{R}$ *eine stetige Funktion und* F *eine Stammfunktion von* f. *Dann gilt für alle* $a, b \in I$

$$\int_a^b f(x)\,dx = F(b) - F(a).$$

Beweis. Für $x \in I$ sei

$$F_0(x) := \int_a^x f(t)\,dt.$$

Dann ist $F_0: I \to \mathbb{R}$ eine Stammfunktion von f mit

$$F_0(a) = 0, \quad F_0(b) = \int_a^b f(t)\,dt.$$

Ist nun F eine beliebige Stammfunktion von f, so gibt es nach Satz 2 ein $c \in \mathbb{R}$ mit $F - F_0 = c$. Deshalb ist

$$F(b) - F(a) = F_0(b) - F_0(a) = F_0(b) = \int_a^b f(t)\,dt, \quad \text{q.e.d.}$$

Bezeichnung. Man setzt

$$F(x)\Big|_a^b := F(b) - F(a).$$

Die Formel von Satz 3 schreibt sich dann als

$$\int_a^b f(x)\,dx = F(x)\Big|_a^b .$$

Hierfür schreibt man abkürzend

$$\int f(x)\,dx = F(x).$$

Diese Schreibweise ist jedoch insofern problematisch, als F nur bis auf eine Konstante eindeutig bestimmt ist.

Beispiele

Aufgrund von Satz 3 erhält man aus jeder Differentiationsformel eine Formel über Integration. Wir stellen einige Beispiele zusammen.

(19.1) Sei $s \in \mathbb{R}$, $s \neq -1$. Dann gilt

$$\int_a^b x^s dx = \frac{x^{s+1}}{s+1}\Big|_a^b .$$

Dabei ist das Integrationsintervall folgenden Einschränkungen unterworfen: Für $s \in \mathbb{N}$ sind $a, b \in \mathbb{R}$ beliebig; ist s eine ganze Zahl ≤ -2, so darf 0 nicht im Integrationsintervall liegen; ist s nicht ganz, so ist $[a, b] \subset \mathbb{R}_+^*$ vorauszusetzen (bzw. $[b, a] \subset \mathbb{R}_+^*$, falls $b < a$).

(19.2) Für $a, b > 0$ gilt

$$\int_a^b \frac{dx}{x} = \ln x\Big|_a^b .$$

Für $a, b < 0$ gilt

$$\int_a^b \frac{dx}{x} = \ln(-x)\Big|_a^b, \quad \text{da } \frac{d}{dx}\ln(-x) = \frac{1}{x} \text{ für } x < 0.$$

Man kann die beiden Fälle so zusammenfassen:

$$\int \frac{dx}{x} = \ln|x| \quad \text{für } x \neq 0.$$

Dabei soll $x \neq 0$ bedeuten: Der Punkt 0 liegt nicht im Integrationsintervall.

(19.3) $\int \sin x\,dx = -\cos x.$

(19.4) $\int \cos x \, dx = \sin x.$

Damit haben wir auf mühelose Weise das in (18.4) mittels Riemannscher Summen berechnete Integral wiedererhalten.

(19.5) $\int \exp x \, dx = \exp x.$

(19.6) $\int \frac{dx}{\sqrt{1-x^2}} = \arcsin x$ für $|x| < 1$.

(19.7) $\int \frac{dx}{1+x^2} = \arctan x.$

(19.8) $\int \frac{dx}{\cos^2 x} = \tan x;$

dabei muß im Integrationsintervall $\cos x \neq 0$ sein.

Satz 4 (Substitutionsregel). *Sei* $f: I \to \mathbb{R}$ *eine stetige Funktion und* $\varphi: [a, b] \to \mathbb{R}$ *eine stetig differenzierbare Funktion mit* $\varphi([a, b]) \subset I$. *Dann gilt*

$$\int_a^b f(\varphi(t))\varphi'(t)\, dt = \int_{\varphi(a)}^{\varphi(b)} f(x)\, dx.$$

Beweis. Sei $F: I \to \mathbb{R}$ eine Stammfunktion von f. Für die Funktion $F \circ \varphi$: $[a, b] \to \mathbb{R}$ gilt nach der Kettenregel

$$(F \circ \varphi)'(t) = F'(\varphi(t))\varphi'(t) = f(\varphi(t))\varphi'(t).$$

Daraus folgt nach Satz 3

$$\int_a^b f(\varphi(t))\varphi'(t)\, dt = (F \circ \varphi)(t)\Big|_a^b = F(\varphi(b)) - F(\varphi(a)) = \int_{\varphi(a)}^{\varphi(b)} f(x)\, dx.$$

Bezeichnung. Unter Verwendung der symbolischen Schreibweise

$$d\varphi(t) := \varphi'(t)\, dt$$

lautet die Substitutionsregel

$$\int_a^b f(\varphi(t))\, d\varphi(t) = \int_{\varphi(a)}^{\varphi(b)} f(x)\, dx.$$

In dieser Form ist sie besonders einfach zu merken, denn man hat einfach x durch $\varphi(t)$ zu ersetzen. Läuft t von a nach b, so läuft $x = \varphi(t)$ von $\varphi(a)$ nach $\varphi(b)$.

Beispiele

(19.9) $$\int_a^b f(t+c)\,dt = \int_{a+c}^{b+c} f(x)\,dx, \quad (\text{Substitution } \varphi(t) = t + c).$$

(19.10) Für $c \neq 0$ gilt $$\int_a^b f(ct)\,dt = \frac{1}{c}\int_{ac}^{bc} f(x)\,dx, \quad (\varphi(t) = ct).$$

(19.11) $$\int_a^b t f(t^2)\,dt = \frac{1}{2}\int_{a^2}^{b^2} f(x)\,dx, \quad (\varphi(t) = t^2).$$

(19.12) Sei φ: $[a, b] \to \mathbb{R}$ eine stetig differenzierbare Funktion mit $\varphi(t) \neq 0$ für alle $t \in [a, b]$. Dann gilt nach (19.2)

$$\int_a^b \frac{\varphi'(t)}{\varphi(t)}\,dt = \ln|\varphi(t)|\Big|_a^b, \quad \left(f(x) = \frac{1}{x},\ x = \varphi(t)\right).$$

(19.13) Sei $[a, b] \subset \left]-\frac{\pi}{2}, \frac{\pi}{2}\right[$. Dann gilt nach (19.12)

$$\int_a^b \tan t\,dt = \int_a^b \frac{\sin t}{\cos t}\,dt = -\ln\cos t\Big|_a^b.$$

(19.14) Zur Berechnung von $\int_a^b \frac{dx}{1-x^2}$, wobei $-1, 1 \notin [a, b]$, verwenden die sog. *Partialbruchzerlegung:*

Da $1 - x^2 = (1-x)(1+x)$, versucht man $\alpha, \beta \in \mathbb{R}$ so zu bestimmen, daß

$$\frac{1}{1-x^2} = \frac{\alpha}{1-x} + \frac{\beta}{1+x},$$

d. h.

$$\frac{1}{1-x^2} = \frac{(\alpha+\beta) + (\alpha-\beta)x}{1-x^2}.$$

Man erhält $\alpha = \beta = \frac{1}{2}$. Damit folgt

$$\int_a^b \frac{dx}{1-x^2} = \frac{1}{2}\left(\int_a^b \frac{dx}{1-x} + \int_a^b \frac{dx}{1+x}\right) = \frac{1}{2}\left(\int_a^b \frac{dx}{x+1} - \int_a^b \frac{dx}{x-1}\right)$$

$$= \frac{1}{2}(\ln|x+1| - \ln|x-1|)\Big|_a^b = \frac{1}{2}\ln\left|\frac{x+1}{x-1}\right|\Big|_a^b.$$

(19.15) Sei $-1 < a < b < 1$. Durch die Substitution $x = \sin t$ erhält man mit $u := \arcsin a$, $v := \arcsin b$

$$\int_a^b \sqrt{1-x^2}\,dx = \int_u^v \sqrt{1-\sin^2 t}\,d\sin t = \int_u^v \cos^2 t\,dt.$$

Wegen

$$\cos^2 t = \left(\frac{e^{it}+e^{-it}}{2}\right)^2 = \frac{1}{4}(e^{2it}+e^{-2it}) + \frac{1}{2} = \frac{1}{2}(\cos 2t + 1)$$

folgt weiter

$$\int_a^b \sqrt{1-x^2}\,dx = \frac{1}{2}\int_u^v (\cos 2t + 1)\,dt = \frac{1}{4}\sin 2t\Big|_u^v + \frac{1}{2}t\Big|_u^v .$$

Da $\sin 2t = 2\sin t\cos t = 2\sin t\sqrt{1-\sin^2 t}$, gilt

$$\sin 2t\Big|_u^v = 2t\sqrt{1-t^2}\Big|_a^b .$$

Also erhält man insgesamt

$$\int_a^b \sqrt{1-x^2}\,dx = \frac{1}{2}\left(\arcsin t + t\sqrt{1-t^2}\right)\Big|_a^b .$$

Da sowohl die rechte wie linke Seite stetig von $a, b \in [-1, 1]$ abhängen, gilt die Formel auch für $a = -1$ und $b = 1$, woraus folgt

$$\int_{-1}^1 \sqrt{1-x^2}\,dx = \frac{\pi}{2},$$

was die Fläche des Halbkreises vom Radius 1 darstellt (Bild 37).

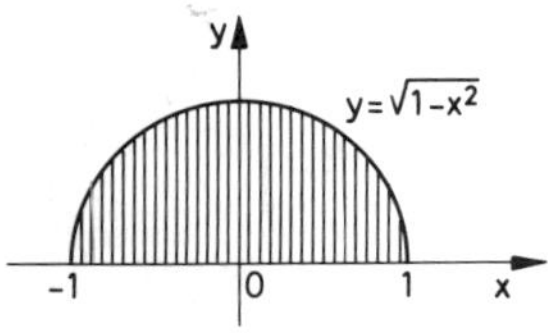

Bild 37

(19.16) Zur Berechnung von $\int \frac{dx}{\sqrt{1+x^2}}$ verwenden wir die Substitution $x = \sinh t = \frac{1}{2}(e^t - e^{-t})$. Da

$$d \sinh t = \cosh t \, dt,$$
$$\cosh^2 t - \sinh^2 t = 1, \quad \text{(Aufgabe 10.1)},$$
$$\operatorname{Ar\,sinh} x = \ln(x + \sqrt{1+x^2}), \quad \text{(Aufgabe 12.2)},$$

folgt mit $u := \operatorname{Ar\,sinh} a$, $v := \operatorname{Ar\,sinh} b$

$$\int_a^b \frac{dx}{\sqrt{1+x^2}} = \int_u^v \frac{d \sinh t}{\sqrt{1+\sinh^2 t}} = \int_u^v \frac{\cosh t}{\cosh t} dt = t \Big|_u^v = \ln(x + \sqrt{1+x^2}) \Big|_a^b$$

(19.17) Berechnung von $\int_a^b \frac{dx}{\sqrt{x^2-1}}$, $(a, b > 1)$.

Wir substituieren $x = \cosh t = \frac{1}{2}(e^t + e^{-t})$. Da

$$d \cosh t = \sinh t \, dt,$$
$$\operatorname{Ar\,cosh} t = \ln(t + \sqrt{t^2 - 1}), \quad \text{(Aufgabe 12.2)},$$

folgt mit $u := \operatorname{Ar\,cosh} a$, $v := \operatorname{Ar\,cosh} b$

$$\int_a^b \frac{dx}{\sqrt{x^2-1}} = \int_u^v \frac{\sinh t}{\sinh t} dt = t \Big|_u^v = \ln(t + \sqrt{t^2-1}) \Big|_a^b .$$

Satz 5 (Partielle Integration). *Seien* $f, g: [a, b] \to \mathbb{R}$ *zwei stetig differenzierbare Funktionen. Dann gilt*

$$\int_a^b f(x) g'(x) \, dx = f(x) g(x) \Big|_a^b - \int_a^b g(x) f'(x) \, dx.$$

Eine Kurzschreibweise für diese Formel ist

$$\int f \, dg = fg - \int g \, df.$$

Beweis. Für $F := fg$ gilt nach der Produktregel

$$F'(x) = f'(x) g(x) + f(x) g'(x),$$

also nach Satz 3

$$\int_a^b f'(x) g(x) \, dx + \int_a^b f(x) g'(x) \, dx = F(x) \Big|_a^b = f(x) g(x) \Big|_a^b ,$$

woraus die Behauptung folgt.

Beispiele

(19.18) Seien a, b > 0. Zur Berechnung von $\int_a^b \ln x\,dx$ setzen wir $f(x) = \ln x,\ g(x) = x$.

$$\int_a^b \ln x\,dx = x\ln x\Big|_a^b - \int_a^b x\,d\ln x = x\ln x\Big|_a^b - \int_a^b dx = x(\ln x - 1)\Big|_a^b .$$

(19.19) Berechnung von $\int \arctan x\,dx$.

$$\int \arctan x\,dx = x\arctan x - \int x\,d\arctan x.$$

Da $\frac{d}{dx}\arctan x = \frac{1}{1+x^2}$, folgt

$$\int x\,d\arctan x = \int \frac{x}{1+x^2}\,dx = (\text{Substitution } t = x^2)$$

$$= \frac{1}{2}\int \frac{dt}{1+t} = \frac{1}{2}\ln(1+t) = \frac{1}{2}\ln(1+x^2).$$

Also gilt

$$\int \arctan x\,dx = x\arctan x - \frac{1}{2}\ln(1+x^2).$$

(19.20) Berechnung von $\int \arcsin x\,dx$, $(-1 < x < 1)$.

$$\int \arcsin x\,dx = x\arcsin x - \int x\,d\arcsin x.$$

Nun ist

$$\int x\,d\arcsin x = \int \frac{x}{\sqrt{1-x^2}}\,dx = (t = 1-x^2,\ dt = -2x\,dx)$$

$$= -\frac{1}{2}\int \frac{dt}{\sqrt{t}} = -\sqrt{t} = -\sqrt{1-x^2},$$

also

$$\int \arcsin x\,dx = x\arcsin x + \sqrt{1-x^2}.$$

Eine zweite Methode zur Berechnung von $\int x\,d\arcsin x$ liefert die Substitution $t = \arcsin x$:

$$\int x\,d\arcsin x = \int \sin t\,dt = -\cos t = -\sqrt{1-\sin^2 t} = -\sqrt{1-x^2}.$$

(Es ist $\cos t \geq 0$, da $-\frac{\pi}{2} \leq t \leq \frac{\pi}{2}$.)

(19.21) Rekursionsformel für $I_m := \int \sin^m x dx$. Partielle Integration liefert für $m \geq 2$

$$I_m = -\int \sin^{m-1} x \, d\cos x$$

$$= -\cos x \sin^{m-1} x + (m-1) \int \cos^2 x \sin^{m-2} x \, dx$$

$$= -\cos x \sin^{m-1} x + (m-1) \int (1 - \sin^2 x) \sin^{m-2} x \, dx$$

$$= -\cos x \sin^{m-1} x + (m-1) I_{m-2} - (m-1) I_m .$$

Diese Gleichung kann man nach I_m auflösen und erhält

$$I_m = -\frac{1}{m} \cos x \sin^{m-1} x + \frac{m-1}{m} I_{m-2} .$$

Da

$$I_0 = \int \sin^0 x \, dx = x,$$

$$I_1 = \int \sin x \, dx = -\cos x,$$

kann man damit rekursiv I_m für alle natürlichen Zahlen m berechnen.

(19.22) Wir wollen das vorangehende Beispiel für das bestimmte Integral

$$A_m := \int_0^{\pi/2} \sin^m x \, dx$$

ausführen. Es ist $A_0 = \frac{\pi}{2}$, $A_1 = 1$ und

$$A_m = \frac{m-1}{m} A_{m-2} \text{ für } m \geq 2.$$

Man erhält

$$A_{2n} = \frac{(2n-1)(2n-3) \cdot \ldots \cdot 3 \cdot 1}{2n \cdot (2n-2) \cdot \ldots \cdot 4 \cdot 2} \cdot \frac{\pi}{2},$$

$$A_{2n+1} = \frac{2n \cdot (2n-2) \cdot \ldots \cdot 4 \cdot 2}{(2n+1)(2n-1) \cdot \ldots \cdot 5 \cdot 3} .$$

Wegen $\sin^{2n+2} x \leq \sin^{2n+1} x \leq \sin^{2n} x$ für $x \in [0, \frac{\pi}{2}]$ gilt

$$A_{2n+2} \leq A_{2n+1} \leq A_{2n} .$$

Da

$$\lim_{n\to\infty} \frac{A_{2n+2}}{A_{2n}} = \lim_{n\to\infty} \frac{2n+1}{2n+2} = 1,$$

gilt auch

$$\lim_{n\to\infty} \frac{A_{2n+1}}{A_{2n}} = 1.$$

Nun ist

$$\frac{A_{2n+1}}{A_{2n}} = \frac{2n \cdot 2n \cdot \ldots \cdot 4 \cdot 2 \cdot 2}{(2n+1)(2n-1) \cdot \ldots \cdot 3 \cdot 3 \cdot 1} \cdot \frac{2}{\pi},$$

also folgt

$$\frac{\pi}{2} = \prod_{n=1}^{\infty} \frac{4n^2}{4n^2-1}, \quad \textit{(Wallissches Produkt)}.$$

Als weitere Anwendung der partiellen Integration beweisen wir folgenden Satz:

Satz 6. *Sei* $f\colon [a, b] \to \mathbb{R}$ *eine stetig differenzierbare Funktion. Für* $k \in \mathbb{R}$ *sei*

$$F(k) := \int_a^b f(x) \sin kx \, dx.$$

Dann gilt $\lim\limits_{|k|\to\infty} F(k) = 0$.

Beweis. Für $k \neq 0$ ergibt sich durch partielle Integration

$$F(k) = -f(x) \frac{\cos kx}{k} \bigg|_a^b + \frac{1}{k} \int_a^b f'(x) \cos kx \, dx.$$

Da f und f' auf $[a, b]$ stetig sind, gibt es eine Konstante $M \geq 0$, so daß

$$|f(x)| \leq M \text{ und } |f'(x)| \leq M \text{ für alle } x \in [a, b].$$

Damit ergibt sich die Abschätzung

$$|F(k)| \leq \frac{2M}{|k|} + \frac{M(b-a)}{|k|},$$

woraus die Behauptung folgt.

(19.23) Als Beispiel für Satz 6 beweisen wir die Formel

$$\sum_{k=1}^{\infty} \frac{\sin kx}{k} = \frac{\pi - x}{2} \quad \text{für } 0 < x < 2\pi.$$

Beweis. Da $\int\limits_{\pi}^{x} \cos kt\,dt = \frac{\sin kx}{k}$ und

$$\sum_{k=1}^{n} \cos kt = \frac{\sin(n+\frac{1}{2})t}{2\sin\frac{1}{2}t} - \frac{1}{2}, \quad \text{(Hilfssatz aus § 18)},$$

folgt

$$\sum_{k=1}^{n} \frac{\sin kx}{k} = \int\limits_{\pi}^{x} \frac{\sin(n+\frac{1}{2})t}{2\sin\frac{1}{2}t}\,dt - \frac{1}{2}(x-\pi).$$

Nach Satz 6 gilt für

$$F_n(x) := \int\limits_{\pi}^{x} \frac{1}{2\sin\frac{1}{2}t}\sin(n+\tfrac{1}{2})t\,dt, \quad (0 < x < 2\pi),$$

$\lim\limits_{n\to\infty} F_n(x) = 0$. Daraus folgt die Behauptung.

Satz 7 (Trapez-Regel). *Sei* f: $[0, 1] \to \mathbb{R}$ *eine zweimal stetig differenzierbare Funktion. Dann existiert ein* $\xi \in [0, 1]$, *so daß*

$$\int\limits_{0}^{1} f(x)\,dx = \tfrac{1}{2}(f(0) + f(1)) - \tfrac{1}{12} f''(\xi).$$

Beweis. Sei $\varphi(x) := \frac{1}{2} x(1-x)$. Es gilt $\varphi(x) \geq 0$ für alle $x \in [0, 1]$, $\varphi'(x) = \frac{1}{2} - x$ und $\varphi''(x) = -1$. Durch zweimalige partielle Integration und Anwendung des Mittelwertsatzes der Integralrechnung erhält man

$$\int\limits_{0}^{1} f(x)\,dx = -\int\limits_{0}^{1} \varphi''(x) f(x)\,dx = -\varphi'(x) f(x)\Big|_{0}^{1} + \int\limits_{0}^{1} \varphi'(x) f'(x)\,dx$$

$$= \tfrac{1}{2}(f(0) + f(1)) + \varphi(x) f'(x)\Big|_{0}^{1} - \int\limits_{0}^{1} \varphi(x) f''(x)\,dx$$

$$= \tfrac{1}{2}(f(0) + f(1)) - f''(\xi) \int\limits_{0}^{1} \varphi(x)\,dx$$

$$= \tfrac{1}{2}(f(0) + f(1)) - \tfrac{1}{12} f''(\xi), \quad \text{q.e.d.}$$

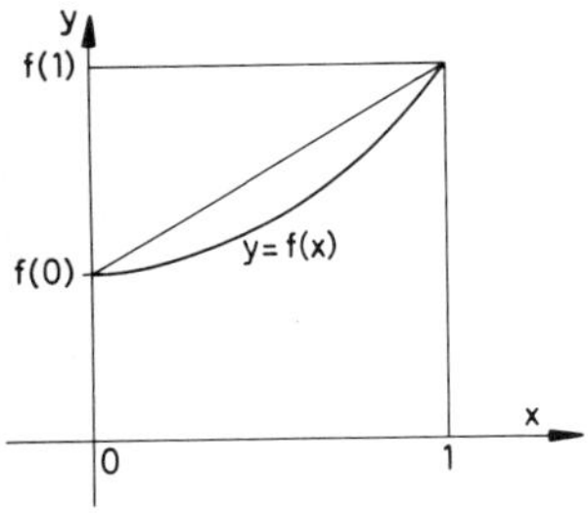

Bild 38

Bemerkung. Der Name Trapez-Regel kommt daher, daß der Ausdruck $\frac{1}{2}(f(0) + f(1))$ bei positivem f die Fläche des Trapezes mit den Ecken (0, 0), (1, 0), (0, f(0)) und (1, f(1)) darstellt (Bild 38). Man sieht an der Figur auch, warum das Korrekturglied $-\frac{1}{12} f''(\xi)$ mit einem Minuszeichen versehen ist, denn für eine konvexe Funktion (für die $f'' \geq 0$) ist die Fläche des Trapezes größergleich dem Integral.

Corollar. *Es sei* $f: [a, b] \to \mathbb{R}$ *eine zweimal stetig differenzierbare Funktion und*

$$K := \sup \{|f''(x)| : x \in [a, b]\}.$$

Sei $n \geq 1$ *eine natürliche Zahl und* $h := \frac{b-a}{n}$. *Dann gilt*

$$\int_a^b f(x)\,dx = \left(\tfrac{1}{2} f(a) + \sum_{\nu=1}^{n-1} f(a + \nu h) + \tfrac{1}{2} f(b)\right) h + R$$

mit $|R| \leq \frac{K}{12}(b - a) h^2$.

Beweis. Durch Variablentransformation erhält man aus Satz 7

$$\int_{a+\nu h}^{a+(\nu+1)h} f(x)\,dx = \frac{h}{2}(f(a + \nu h) + f(a + (\nu + 1)h)) - \frac{h^3}{12} f''(\xi)$$

mit $\xi \in [a + \nu h, a + (\nu + 1)h]$. Summation über ν ergibt die Behauptung.

▲ **Aufgaben**

19.1. Seien $a, b \in \mathbb{R}_+^*$. Man berechne den Flächeninhalt der Ellipse

$$E := \{(x, y) \in \mathbb{R}^2 : \frac{x^2}{a^2} + \frac{y^2}{b^2} \leq 1\}.$$

19.2. Für $n, m \in \mathbb{N}$ berechne man die Integrale

$$\int_0^{2\pi} \sin nx \sin mx\,dx, \quad \int_0^{2\pi} \sin nx \cos mx\,dx, \quad \int_0^{2\pi} \cos nx \cos mx\,dx.$$

19.3. Man bestimme eine Rekursionsformel für die Integrale

$$I_m := \int \frac{dx}{\sqrt{1+x^2}^{\,m}}, \quad m \in \mathbb{N}.$$

19.4. Man berechne das Integral

$$\int \frac{dx}{ax^2+bx+c}, \quad (a, b, c \in \mathbb{R}).$$

19.5. Man berechne das Integral $\displaystyle\int \frac{dx}{1+x^4}$.

Anleitung. Man benutze $1+x^4 = (1+\sqrt{2}\,x+x^2)(1-\sqrt{2}\,x+x^2)$ und stelle eine Partialbruchzerlegung

$$\frac{1}{1+x^4} = \frac{ax+b}{1+\sqrt{2}\,x+x^2} + \frac{cx+d}{1-\sqrt{2}\,x+x^2}$$

her.

19.6. Es seien P_n die Legendre-Polynome

$$P_n(x) = \frac{1}{2^n n!}\left(\frac{d}{dx}\right)^n (x^2-1)^n,$$

vgl. Aufgabe 16.3. Man beweise mittels partieller Integration:

i) $\displaystyle\int_{-1}^{1} P_n(x)\,P_m(x)\,dx = 0$ für $n \neq m$.

ii) $\displaystyle\int_{-1}^{1} P_n(x)^2\,dx = \frac{2}{2n+1}$.

§ 20. Uneigentliche Integrale. Die Gamma-Funktion

Der bisher behandelte Integralbegriff ist für manche Anwendungen zu eng. So konnten wir bisher nur über endliche Intervalle integrieren und die Riemann-integrierbaren Funktionen waren notwendig beschränkt. Ist das Integrationsintervall unendlich oder die zu integrierende Funktion nicht beschränkt, so kommt man zu den uneigentlichen Integralen, die unter gewissen Bedingungen als Grenzwerte Riemannscher Integrale definiert werden können. Als Anwendung behandeln wir die Gamma-Funktion, die durch ein uneigentliches Integral definiert ist und die die Fakultät interpoliert.

Uneigentliche Integrale

Wir betrachten drei Fälle.

1. Eine Integrationsgrenze ist unendlich.

Definition. Sei $f\colon [a, \infty[\to \mathbb{R}$ eine Funktion, die über jedem Intervall $[a, R]$, $a < R < \infty$, Riemann-integrierbar ist. Falls der Grenzwert

$$\lim_{R \to \infty} \int_a^R f(x)\,dx$$

existiert, heißt das Integral $\int_a^\infty f(x)\,dx$ konvergent und man setzt

$$\int_a^\infty f(x)\,dx := \lim_{R \to \infty} \int_a^R f(x)\,dx.$$

Analog definiert man das Integral $\int_{-\infty}^a f(x)\,dx$ für eine Funktion $f\colon]-\infty, a] \to \mathbb{R}$.

(20.1) *Beispiel.* Das Integral $\int_1^\infty \frac{dx}{x^s}$ konvergiert für $s > 1$. Es gilt nämlich

$$\int_1^R \frac{dx}{x^s} = \frac{1}{1-s} \cdot \frac{1}{x^{s-1}} \Bigg|_1^R = \frac{1}{s-1} \left(1 - \frac{1}{R^{s-1}}\right).$$

Da $\lim\limits_{R \to \infty} \frac{1}{R^{s-1}} = 0$, folgt

$$\int_1^\infty \frac{dx}{x^s} = \frac{1}{s-1} \quad \text{für } s > 1.$$

Andrerseits zeigt man

$$\int_1^\infty \frac{dx}{x^s} \text{ konvergiert nicht für } s \leq 1.$$

2. Der Integrand ist an einer Integrationsgrenze nicht definiert.

Definition. Sei $f\colon]a, b] \to \mathbb{R}$ eine Funktion, die über jedem Teilintervall $[a + \epsilon, b]$, $0 < \epsilon < b - a$, Riemann-integrierbar ist. Falls der Grenzwert

$$\lim_{\epsilon \searrow 0} \int_{a+\epsilon}^{b} f(x)\,dx$$

existiert, heißt das Integral $\int_a^b f(x)\,dx$ konvergent und man setzt

$$\int_a^b f(x)\,dx := \lim_{\epsilon \searrow 0} \int_{a+\epsilon}^{b} f(x)\,dx.$$

(20.2) *Beispiel.* Das Integral $\int_0^1 \frac{dx}{x^s}$ konvergiert für $s < 1$. Es gilt nämlich

$$\int_\epsilon^1 \frac{dx}{x^s} = \frac{1}{1-s} \cdot \frac{1}{x^{s-1}} \Bigg|_\epsilon^1 = \frac{1}{s-1}(1 - \epsilon^{1-s}).$$

Da $\lim_{\epsilon \searrow 0} \epsilon^{1-s} = 0$, folgt

$$\int_0^1 \frac{dx}{x^s} = \frac{1}{1-s} \quad \text{für } s < 1.$$

Andrerseits zeigt man

$$\int_0^1 \frac{dx}{x^s} \text{ konvergiert nicht für } s \geq 1.$$

3. Beide Integrationsgrenzen sind kritisch.

Definition. Sei $f\colon]a, b[\to \mathbb{R}$, $a \in \mathbb{R} \cup \{-\infty\}$, $b \in \mathbb{R} \cup \{\infty\}$, eine Funktion, die über jedem Teilintervall $[\alpha, \beta] \subset]a, b[$ Riemann-integrierbar ist und sei $c \in]a, b[$ beliebig. Falls die beiden uneigentlichen Integrale

$$\int_a^c f(x)\,dx = \lim_{\alpha \searrow a} \int_\alpha^c f(x)\,dx$$

und

$$\int_c^b f(x)\,dx = \lim_{\beta \nearrow b} \int_c^\beta f(x)\,dx$$

konvergieren, heißt das Integral $\int_a^b f(x)\,dx$ konvergent und man setzt

$$\int_a^b f(x)\,dx = \int_a^c f(x)\,dx + \int_c^b f(x)\,dx.$$

Bemerkung. Diese Definition ist unabhängig von der Auswahl von $c \in]a, b[$.

Beispiele

(20.3) Nach (20.1) und (20.2) divergiert das Integral $\int_0^\infty \frac{dx}{x^s}$ für jedes $s \in \mathbb{R}$.

(20.4) Das Integral $\int_{-1}^1 \frac{dx}{\sqrt{1-x^2}}$ konvergiert:

$$\int_{-1}^1 \frac{dx}{\sqrt{1-x^2}} = \lim_{\epsilon \searrow 0} \int_{-1+\epsilon}^0 \frac{dx}{\sqrt{1-x^2}} + \lim_{\epsilon \searrow 0} \int_0^{1-\epsilon} \frac{dx}{\sqrt{1-x^2}}$$

$$= -\lim_{\epsilon \searrow 0} \arcsin(-1+\epsilon) + \lim_{\epsilon \searrow 0} \arcsin(1-\epsilon)$$

$$= -\left(-\frac{\pi}{2}\right) + \frac{\pi}{2} = \pi.$$

(20.5) Das Integral $\int_{-\infty}^\infty \frac{dx}{1+x^2}$ konvergiert ebenfalls:

$$\int_{-\infty}^\infty \frac{dx}{1+x^2} = \lim_{R\to\infty} \int_{-R}^0 \frac{dx}{1+x^2} + \lim_{R\to\infty} \int_0^R \frac{dx}{1+x^2}$$

$$= -\lim_{R\to\infty} \arctan(-R) + \lim_{R\to\infty} \arctan R = -\left(-\frac{\pi}{2}\right) + \frac{\pi}{2} = \pi.$$

Integral-Vergleichskriterium für Reihen

Mithilfe der uneigentlichen Integrale kann man manchmal einfach entscheiden, ob eine unendliche Reihe konvergiert oder divergiert.

Satz 1. *Sei* $f\colon [1, \infty[\to \mathbb{R}_+$ *eine monoton fallende Funktion. Die Reihe* $\sum_{n=1}^{\infty} f(n)$ *konvergiert genau dann, wenn das uneigentliche Integral* $\int_1^{\infty} f(x)\,dx$ *konvergiert.*

Beweis. Da $f(n) \leq f(x) \leq f(n-1)$ für $n-1 \leq x \leq n$, gilt

$$f(n) \leq \int_{n-1}^{n} f(x)\,dx \leq f(n-1).$$

Summation über $n = 2, 3, \ldots, N$ ergibt

$$\sum_{n=2}^{N} f(n) \leq \int_1^{N} f(x)\,dx \leq \sum_{n=1}^{N-1} f(n).$$

Falls $\int_1^{\infty} f(x)\,dx$ konvergiert, ist deshalb die Reihe $\sum_{n=1}^{\infty} f(n)$ beschränkt, also konvergent.

Wenn umgekehrt $\sum_{n=1}^{\infty} f(n)$ als konvergent vorausgesetzt wird, so folgt, daß $\int_1^{R} f(x)\,dx$ für $R \to \infty$ monoton wachsend und beschränkt ist, also konvergiert.

(20.6) *Beispiel.* Aus (20.1) folgt:

Die Reihe $\sum_{n=1}^{\infty} \frac{1}{n^s}$ konvergiert für $s > 1$ und divergiert für $s \leq 1$.

(Diese Reihe hatten wir schon in (7.2) behandelt.)

Bemerkung. Betrachtet man die Summe der Reihe als Funktion von s, so erhält man die *Riemannsche Zetafunktion*

$$\zeta(s) := \sum_{n=1}^{\infty} \frac{1}{n^s}, \quad (s > 1).$$

(Die wahre Bedeutung dieser Funktion wird erst in der sogenannten Funktionentheorie sichtbar, wo diese Funktion ins Komplexe fortgesetzt wird.)

Die Gamma-Funktion

Definition. Für $x > 0$ setzt man

$$\Gamma(x) := \int_0^\infty t^{x-1} e^{-t} dt.$$

Bemerkung. Daß dieses uneigentliche Integral konvergiert, folgt nach (20.1) und (20.2) daraus, daß

a) $t^{x-1} e^{-t} \leq \frac{1}{t^{1-x}}$ für alle $t > 0$,

b) $t^{x-1} e^{-t} \leq \frac{1}{t^2}$ für $t \geq t_0$,

da $\lim\limits_{t \to \infty} t^{x+1} e^{-t} = 0$, vgl. (12.2).

Satz 2. *Es gilt* $\Gamma(n+1) = n!$ *für alle* $n \in \mathbb{N}$ *und*

$$x\Gamma(x) = \Gamma(x+1) \textit{ für alle } x \in \mathbb{R}_+^*.$$

Beweis. Partielle Integration liefert

$$\int_\epsilon^R t^x e^{-t} dt = -t^x e^{-t} \Big|_{t=\epsilon}^{t=R} + x \int_\epsilon^R t^{x-1} e^{-t} dt.$$

Durch Grenzübergang $\epsilon \searrow 0$ und $R \to \infty$ erhält man daraus $\Gamma(x+1) = x\Gamma(x)$. Da

$$\Gamma(1) = \lim_{R \to \infty} \int_0^R e^{-t} dt = \lim_{R \to \infty} (1 - e^{-R}) = 1,$$

folgt aus dieser Funktionalgleichung

$$\Gamma(n+1) = n\Gamma(n) = n(n-1)\Gamma(n-1) = n(n-1) \cdot \ldots \cdot 1 \cdot \Gamma(1) = n!$$

Bemerkung. Die Funktion $\Gamma: \mathbb{R}_+^* \to \mathbb{R}$ interpoliert also die Fakultät, die nur für natürliche Zahlen definiert ist. (Daß die Gamma-Funktion so definiert ist, daß nicht $\Gamma(n)$, sondern $\Gamma(n+1)$ gleich $n!$ ist, hat historische Gründe.) Durch diese Eigenschaft und die Funktionalgleichung ist die Gammafunktion aber noch nicht eindeutig bestimmt. Wir brauchen noch eine weitere Eigenschaft, die logarithmische Konvexität, um die Gammafunktion zu charakterisieren.

Definition. Sei $I \subset \mathbb{R}$ ein Intervall. Eine positive Funktion $F: I \to \mathbb{R}_+^*$ heißt *logarithmisch konvex*, wenn die Funktion $\ln F: I \to \mathbb{R}$ konvex ist.

Übersetzt man die Konvexitätsbedingung für die Funktion $\ln F$ mithilfe der Exponentialfunktion auf die Funktion F, so erhält man: F ist genau dann logarithmisch konvex, wenn für alle $x, y \in I$ und $0 < \lambda < 1$ gilt

$$F(\lambda x + (1-\lambda)y) \le F(x)^\lambda F(y)^{1-\lambda}.$$

Satz 3. *Die Funktion* $\Gamma\colon \mathbb{R}_+^* \to \mathbb{R}$ *ist logarithmisch konvex.*

Beweis. Seien $x, y \in \mathbb{R}_+^*$ und $0 < \lambda < 1$. Wir setzen $p := 1/\lambda$ und $q := 1/(1-\lambda)$. Dann gilt $\frac{1}{p} + \frac{1}{q} = 1$. Wir wenden nun auf die Funktionen

$$f(t) := t^{\frac{x-1}{p}} e^{-\frac{t}{p}}, \quad g(t) := t^{\frac{y-1}{q}} e^{-\frac{t}{q}}$$

die Höldersche Ungleichung (18.5) an:

$$\int_\epsilon^R f(t)\,g(t)\,dt \le \left(\int_\epsilon^R f(t)^p dt\right)^{1/p} \left(\int_\epsilon^R g(t)^q dt\right)^{1/q}.$$

Nun ist

$$f(t)\,g(t) = t^{\frac{x}{p}+\frac{y}{q}-1} e^{-t},$$
$$f(t)^p = t^{x-1} e^{-t}, \quad g(t)^q = t^{y-1} e^{-t}.$$

Damit ergibt die Höldersche Ungleichung nach Grenzübergang $\epsilon \searrow 0$, $R \to \infty$

$$\Gamma\left(\frac{x}{p} + \frac{y}{q}\right) \le \Gamma(x)^{1/p}\,\Gamma(y)^{1/q}.$$

Dies zeigt, daß Γ logarithmisch konvex ist.

Satz 4 (H. Bohr). *Sei* $F\colon \mathbb{R}_+^* \to \mathbb{R}_+^*$ *eine Funktion mit folgenden Eigenschaften:*

a) $F(1) = 1$,

b) $F(x+1) = xF(x)$ *für alle* $x \in \mathbb{R}_+^*$,

c) F *ist logarithmisch konvex.*

Dann gilt $F(x) = \Gamma(x)$ *für alle* $x \in \mathbb{R}_+^*$.

Beweis. Da die Γ-Funktion die Eigenschaften a) bis c) hat, genügt es zu zeigen, daß eine Funktion F mit a) bis c) eindeutig bestimmt ist.

Aus der Funktionalgleichung b) folgt

$$F(x+n) = F(x)\,x\,(x+1) \cdot \ldots \cdot (x+n-1)$$

für alle $x > 0$ und alle natürlichen Zahlen $n \ge 1$. Insbesondere folgt daraus $F(n+1) = n!$ für alle $n \in \mathbb{N}$. Es genügt daher zu beweisen, daß $F(x)$ für $0 < x < 1$ eindeutig bestimmt ist. Wegen

$$n + x = (1-x)\,n + x\,(n+1)$$

folgt aus der logarithmischen Konvexität

$$F(n+x) \leq F(n)^{1-x} F(n+1)^x = F(n)^{1-x} F(n)^x n^x = (n-1)!\, n^x.$$

Aus $n+1 = x(n+x) + (1-x)(n+1+x)$ folgt ebenso

$$n! = F(n+1) \leq F(n+x)^x F(n+1+x)^{1-x} = F(n+x)(n+x)^{1-x}.$$

Kombiniert man beide Ungleichungen, erhält man

$$n!\,(n+x)^{x-1} \leq F(n+x) \leq (n-1)!\, n^x$$

und weiter

$$a_n(x) := \frac{n!\,(n+x)^{x-1}}{x(x+1)\cdot \ldots \cdot (x+n-1)} \leq F(x) \leq \frac{(n-1)!\, n^x}{x(x+1)\cdot \ldots \cdot (x+n-1)} =: b_n(x).$$

Da $\dfrac{b_n(x)}{a_n(x)} = \dfrac{(n+x)\, n^x}{n(n+x)^x}$ für $n \to \infty$ gegen 1 konvergiert, folgt

$$F(x) = \lim_{n\to\infty} \frac{(n-1)!\, n^x}{x(x+1)\cdot \ldots \cdot (x+n-1)},$$

F ist also eindeutig bestimmt.

Satz 5. *Für alle* $x > 0$ *gilt*

$$\Gamma(x) = \lim_{n\to\infty} \frac{n!\, n^x}{x(x+1)\cdot \ldots \cdot (x+n)}.$$

Beweis. Da $\lim\limits_{n\to\infty} \dfrac{n}{x+n} = 1$, folgt die behauptete Gleichung für $0 < x < 1$ aus der im vorangehenden Beweis hergeleiteten Beziehung. Sie ist außerdem trivialerweise für $x = 1$ richtig. Es genügt also zu zeigen: Gilt die Formel für ein x, so auch für $y := x + 1$. Nun ist

$$\Gamma(y) = \Gamma(x+1) = x\Gamma(x) = \lim_{n\to\infty} \frac{n!\, n^x}{(x+1)\cdot \ldots \cdot (x+n)}$$

$$= \lim_{n\to\infty} \frac{n!\, n^{y-1}}{y(y+1)\cdot \ldots \cdot (y+n-1)} = \lim_{n\to\infty} \frac{n!\, n^y}{y(y+1)\cdot \ldots \cdot (y+n-1)(y+n)}.$$

Damit ist Satz 5 bewiesen.

(20.7) Wir zeigen als Anwendung von Satz 5, daß $\Gamma(\frac{1}{2}) = \sqrt{\pi}$.

Beweis. Wir können $\Gamma(\frac{1}{2})$ auf zwei Weisen darstellen:

$$\Gamma(\tfrac{1}{2}) = \lim_{n\to\infty} \frac{n!\sqrt{n}}{\frac{1}{2}(1+\frac{1}{2})(2+\frac{1}{2})\cdot \ldots \cdot (n+\frac{1}{2})},$$

$$\Gamma(\tfrac{1}{2}) = \lim_{n\to\infty} \frac{n!\sqrt{n}}{(1-\frac{1}{2})(2-\frac{1}{2})\cdot \ldots \cdot (n-\frac{1}{2})(n+\frac{1}{2})}.$$

Multiplikation ergibt

$$\Gamma(\tfrac{1}{2})^2 = \lim_{n\to\infty} \frac{2n}{n+\frac{1}{2}} \cdot \frac{(n!)^2}{(1-\frac{1}{4})(4-\frac{1}{4})\cdot\ldots\cdot(n^2-\frac{1}{4})}$$

$$= 2 \lim_{n\to\infty} \prod_{k=1}^{n} \frac{k^2}{k^2-\frac{1}{4}} = \pi,$$

wobei das Wallissche Produkt (19.22) benutzt wurde. Also ist $\Gamma(\frac{1}{2}) = \sqrt{\pi}$.

(20.8) Mithilfe des Wertes von $\Gamma(\frac{1}{2})$ können wir das folgende uneigentliche Integral berechnen:

$$\int_{-\infty}^{\infty} e^{-x^2} dx = \sqrt{\pi}.$$

Beweis. Die Substitution $x = t^{1/2}$, $dx = \frac{1}{2} t^{-1/2} dt$ liefert

$$\int_{\epsilon}^{R} e^{-x^2} dx = \frac{1}{2} \int_{\epsilon^2}^{R^2} t^{-1/2} e^{-t} dt,$$

also ergibt sich durch Grenzübergang $\epsilon \searrow 0$, $R \to \infty$

$$\int_0^{\infty} e^{-x^2} dx = \frac{1}{2} \int_0^{\infty} t^{-1/2} e^{-t} dt = \frac{1}{2} \Gamma\left(\frac{1}{2}\right) = \frac{1}{2}\sqrt{\pi}.$$

Daraus folgt die Behauptung.

Stirlingsche Formel

Wir leiten jetzt noch eine nützliche Formel für das asymptotische Verhalten von $n!$ für große n her. Dabei nennt man zwei Folgen $(a_n)_{n\in\mathbb{N}}$ und $(b_n)_{n\in\mathbb{N}}$ nicht-verschwindender Zahlen *asymptotisch gleich,* in Zeichen $a_n \sim b_n$, falls

$$\lim_{n\to\infty} \frac{a_n}{b_n} = 1.$$

Man beachte, daß nicht vorausgesetzt wird, daß die Folgen (a_n) und (b_n) konvergieren und daß auch im allgemeinen die Folge der Differenzen $(a_n - b_n)$ nicht konvergiert.

Satz 6 (Stirling). *Die Fakultät hat das asymptotische Verhalten*

$$n! \sim \sqrt{2\pi n}\left(\frac{n}{e}\right)^n.$$

Beweis. Aus der Trapez-Regel (§ 19, Satz 7) erhalten wir wegen $\ln''(x) = -1/x^2$ die Beziehung

$$\int_k^{k+1} \ln x \, dx = \frac{1}{2}(\ln(k) + \ln(k+1)) + \frac{1}{12\xi_k^2}$$

mit $k \leq \xi_k \leq k+1$. Summation über $k = 1, \dots, n-1$ ergibt

$$\int_1^n \ln x \, dx = \sum_{k=1}^{n} \ln k - \frac{1}{2}\ln n + \frac{1}{12}\sum_{k=1}^{n-1} \frac{1}{\xi_k^2}.$$

Da $\int_1^n \ln x \, dx = n \ln n - n + 1$, folgt daraus

$$\sum_{k=1}^{n} \ln k = \left(n + \frac{1}{2}\right) \ln n - n + \gamma_n,$$

wobei $\gamma_n := 1 - \frac{1}{12}\sum_{k=1}^{n-1} \frac{1}{\xi_k^2}$. Nehmen wir von beiden Seiten die Exponentialfunktion, so erhalten wir mit $c_n := e^{\gamma_n}$

$$n! = n^{n+\frac{1}{2}} e^{-n} c_n.$$

Da $0 < \frac{1}{\xi_k^2} \leq \frac{1}{k^2}$, existiert der Grenzwert

$$\gamma := \lim_{n\to\infty} \gamma_n = 1 - \frac{1}{12}\sum_{k=1}^{\infty} \frac{1}{\xi_k^2},$$

also auch der Grenzwert $c := \lim_{n\to\infty} c_n = e^{\gamma}$. Es ist

$$\frac{c_n^2}{c_{2n}} = \frac{(n!)^2 \sqrt{2n}\,(2n)^{2n}}{n^{2n+1}(2n)!} = \sqrt{2}\,\frac{2^{2n}(n!)^2}{\sqrt{n}(2n)!}$$

und $\lim_{n\to\infty} \frac{c_n^2}{c_{2n}} = \frac{c^2}{c} = c$. Um c zu berechnen, benützen wir das Wallissche Produkt (19.22)

$$\pi = 2\prod_{k=1}^{\infty} \frac{4k^2}{4k^2-1} = 2 \lim_{n\to\infty} \frac{2\cdot 2\cdot 4\cdot 4\cdot \ldots \cdot 2n\cdot 2n}{1\cdot 3\cdot 3\cdot 5\cdot \ldots \cdot (2n-1)(2n+1)}.$$

Es gilt

$$\left(2\prod_{k=1}^{n}\frac{4k^2}{4k^2-1}\right)^{\frac{1}{2}}=\sqrt{2}\,\frac{2\cdot 4\cdot\ldots\cdot 2n}{3\cdot 5\cdot\ldots\cdot(2n-1)\sqrt{2n+1}}$$

$$=\frac{1}{\sqrt{n+\frac{1}{2}}}\cdot\frac{2^2\cdot 4^2\cdot\ldots\cdot(2n)^2}{2\cdot 3\cdot 4\cdot 5\cdot\ldots\cdot(2n-1)\,2n}$$

$$=\frac{1}{\sqrt{n+\frac{1}{2}}}\cdot\frac{2^{2n}(n!)^2}{(2n)!},$$

also

$$\sqrt{\pi}=\lim_{n\to\infty}\frac{2^{2n}(n!)^2}{\sqrt{n}\,(2n)!}.$$

Daraus folgt $c=\sqrt{2\pi}$, d. h.

$$\lim_{n\to\infty}\frac{n!}{\sqrt{2\pi n}\,n^n e^{-n}}=1, \quad \text{q.e.d.}$$

Fehlerabschätzung. Mit den obigen Bezeichnungen gilt für $n \geq 2$

$$0<\gamma_n-\gamma=\frac{1}{12}\sum_{k=n}^{\infty}\frac{1}{\xi_k^2}\leq\frac{1}{12}\sum_{k=n}^{\infty}\frac{1}{k^2}<\frac{1}{12}\int_{n-1}^{\infty}\frac{dx}{x^2}=\frac{1}{12(n-1)}.$$

Daraus folgt

$$\sqrt{2\pi n}\,n^n e^{-n}<n!<\sqrt{2\pi n}\,n^n e^{-n}\exp\frac{1}{12(n-1)}.$$

Der Näherungswert $\sqrt{2\pi n}\,n^n e^{-n}$ für n! ist also zu klein, aber der relative Fehler ist kleiner als $\exp(\frac{1}{12(n-1)})-1$. Etwa für n = 10 ist der Fehler weniger als ein Prozent, für n = 100 weniger als ein Promille. Beispielsweise gilt mit einer Genauigkeit von 1 ‰

$$100! \approx 0{,}9324\cdot 10^{158}.$$

▲ Aufgaben

20.1. Man untersuche das Konvergenzverhalten der Reihen

$$\sum_{k=2}^{\infty}\frac{1}{k\ln k} \quad \text{und} \quad \sum_{k=2}^{\infty}\frac{1}{k(\ln k)^2}.$$

20.2. Sei $C_N := \sum_{n=1}^{N} \frac{1}{n} - \ln N$.

a) Man zeige $0 < C_N < 1$ für alle $N > 1$.
b) Man beweise, daß der Limes

$$C := \lim_{N \to \infty} C_N$$

existiert.

Bemerkung. Die Zahl C heißt „Euler-Mascheronische Konstante"; es gilt

$$C = 0{,}577\,215\,66\,\ldots .$$

20.3. Man beweise für $x > 0$ die Produktdarstellung

$$\frac{1}{\Gamma(x)} = xe^{Cx} \prod_{n=1}^{\infty} \left(1 + \frac{x}{n}\right) e^{-x/n},$$

wobei C die Euler-Mascheronische Konstante ist.

20.4. Man beweise die asymptotische Beziehung

$$\frac{1}{2^{2n}} \binom{2n}{n} \sim \frac{1}{\sqrt{\pi n}} .$$

20.5. Man zeige, daß für alle $x, y \in \mathbb{R}_+^*$ das uneigentliche Integral

$$B(x, y) := \int_0^1 t^{x-1}(1-t)^{y-1}\, dt$$

konvergiert (Eulersche Beta-Funktion).

§ 21. Gleichmäßige Konvergenz von Funktionenfolgen

Der Begriff der Konvergenz einer Folge von Funktionen f_n, $n \in \mathbb{N}$, gegen eine Funktion f, die alle denselben Definitionsbereich D haben, kann einfach auf den Konvergenzbegriff für Zahlenfolgen zurückgeführt werden: Man verlangt, daß an jeder Stelle $x \in D$ die Zahlenfolge $f_n(x)$, $n \in \mathbb{N}$, gegen $f(x)$ konvergiert. Wenn man Aussagen über die Funktion f aufgrund von Eigenschaften der Funktionen f_n beweisen will, reicht jedoch meistens diese sogenannte punktweise Konvergenz nicht aus. Man braucht zusätzlich, daß die Konvergenz gleichmäßig ist, das heißt grob gesprochen, daß die Konvergenz der Folge $(f_n(x))$ gegen $f(x)$ für alle $x \in D$ gleich schnell ist. Beispielsweise gilt bei gleichmäßiger Konvergenz, daß die Grenzfunktion f wieder stetig ist, falls alle f_n stetig sind. Die gleichmäßige Konvergenz spielt auch bei der Frage eine Rolle, wann Differentiation und Integration von Funktionen mit der Limesbildung vertauschbar sind. Besonders wichtige Beispiele für gleichmäßig konvergente Funktionenfolgen liefern die Partialsummen von Potenzreihen.

Definition. Sei K eine Menge und seien $f_n: K \to \mathbb{C}$, $n \in \mathbb{N}$, Funktionen.

a) Die Folge (f_n) konvergiert *punktweise* gegen eine Funktion $f: K \to \mathbb{C}$, falls für jedes $x \in K$ die Folge $(f_n(x))$ gegen $f(x)$ konvergiert, d. h. wenn gilt:
Zu jedem $x \in K$ und $\epsilon > 0$ existiert ein $N = N(x, \epsilon)$, so daß

$$|f_n(x) - f(x)| < \epsilon \quad \text{für alle } n \geq N.$$

b) Die Folge (f_n) konvergiert *gleichmäßig* gegen eine Funktion $f: K \to \mathbb{C}$, falls gilt:
Zu jedem $\epsilon > 0$ existiert ein $N = N(\epsilon)$, so daß

$$|f_n(x) - f(x)| < \epsilon \quad \text{für alle } x \in K \text{ und alle } n \geq N.$$

Der Unterschied ist also der, daß im Fall gleichmäßiger Konvergenz N nur von ϵ, nicht aber von x abhängt. Konvergiert eine Funktionenfolge gleichmäßig, so auch punktweise. Die Umkehrung gilt jedoch nicht, wie folgendes Beispiel zeigt:

(21.1) Für $n \geq 2$ sei $f_n: [0, 1] \to \mathbb{R}$ definiert durch

$$f_n(x) := \max\left(n - n^2 \left|x - \frac{1}{n}\right|, 0\right) \quad \text{(Bild 39).}$$

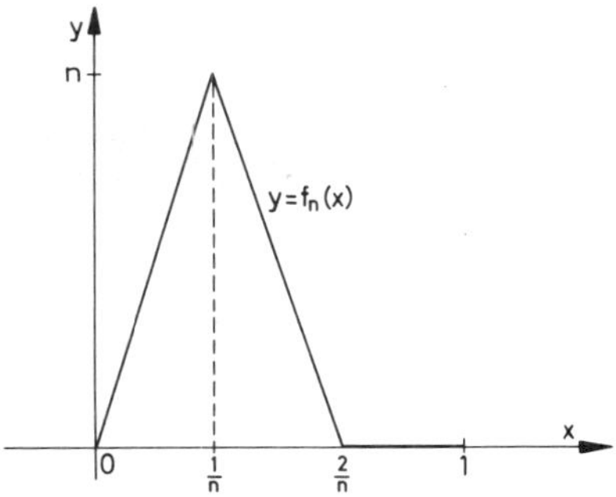

Bild 39

Wir zeigen, daß die Folge (f_n) punktweise gegen 0 konvergiert.

1. Für $x = 0$ ist $f_n(x) = 0$ für alle n.
2. Zu jedem $x \in]0, 1]$ existiert ein $N \geq 2$, so daß

$$\frac{2}{n} \leq x \quad \text{für alle } n \geq N.$$

Damit gilt $f_n(x) = 0$ für alle $n \geq N$, d. h. $\lim\limits_{n \to \infty} f_n(x) = 0$.

Die Folge (f_n) konvergiert jedoch nicht gleichmäßig gegen 0, denn für *kein* $n \geq 2$ gilt

$$|f_n(x) - 0| < 1 \quad \text{für alle } x \in [0, 1].$$

Satz 1. *Sei* $K \subset \mathbb{C}$ *und* $f_n: K \to \mathbb{C}$, $n \in \mathbb{N}$, *eine Folge stetiger Funktionen, die gleichmäßig gegen die Funktion* $f: K \to \mathbb{C}$ *konvergiere. Dann ist auch* f *stetig.*
Anders ausgedrückt: Der Limes einer gleichmäßig konvergenten Folge stetiger Funktionen ist wieder stetig.

Beweis. Sei $x \in K$. Es ist zu zeigen, daß es zu jedem $\epsilon > 0$ ein $\delta > 0$ gibt, so daß

$$|f(x) - f(x')| < \epsilon \text{ für alle } x' \in K \text{ mit } |x - x'| < \delta.$$

Da die Folge (f_n) gleichmäßig gegen f konvergiert, existiert ein $N \in \mathbb{N}$, so daß

$$|f_N(\xi) - f(\xi)| < \frac{\epsilon}{3} \text{ für alle } \xi \in K.$$

Da f_N im Punkt x stetig ist, existiert ein $\delta > 0$, so daß

$$|f_N(x) - f_N(x')| < \frac{\epsilon}{3} \text{ für alle } x' \in K \text{ mit } |x - x'| < \delta.$$

Daher gilt für alle $x' \in K$ mit $|x - x'| < \delta$

$$|f(x) - f(x')| \le |f(x) - f_N(x)| + |f_N(x) - f_N(x')|$$
$$+ |f_N(x') - f(x')| < \frac{\epsilon}{3} + \frac{\epsilon}{3} + \frac{\epsilon}{3} = \epsilon, \quad \text{q.e.d.}$$

Bemerkung. Konvergiert eine Folge stetiger Funktionen nur punktweise, so braucht die Grenzfunktion nicht stetig zu sein. Dazu betrachten wir folgendes Beispiel.

(21.2) Sei $\sigma: \mathbb{R} \to \mathbb{R}$ die wie folgt definierte Funktion (Bild 40):

$$\sigma(0) := 0$$
$$\sigma(x) := \frac{\pi - x}{2} \text{ für } x \in \,]0, 2\pi[\,,$$
$$\sigma(x + 2n\pi) := \sigma(x) \text{ für } n \in \mathbb{Z} \text{ und } x \in [0, 2\pi[.$$

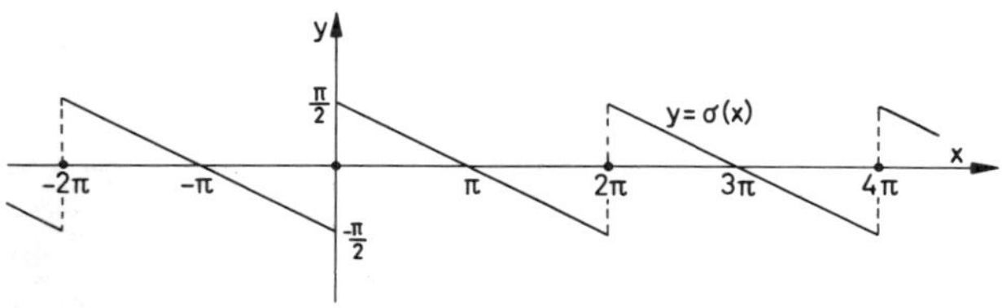

Bild 40

Nach Beispiel (19.23) gilt

$$\sigma(x) = \sum_{k=1}^{\infty} \frac{\sin kx}{k} \text{ für alle } x \in \mathbb{R}.$$

Wir hatten in (19.23) diese Beziehung für $0 < x < 2\pi$ bewiesen; für $x = 0$ gilt sie trivialerweise und für $2n\pi \leq x < 2(n+1)\pi$ folgt sie daraus, daß $\sin k(x + 2n\pi) = \sin kx$.

Die Partialsummen der Reihe sind stetig auf ganz $\mathbb{R}$, der Limes jedoch unstetig an den Stellen $x = 2n\pi$, $(n \in \mathbb{Z})$. Also kann die Reihe auf $\mathbb{R}$ nicht gleichmäßig konvergieren. Wir wollen jedoch zeigen, daß die Reihe für jedes $\delta \in]0, \pi[$ im Intervall $[\delta, 2\pi - \delta]$ gleichmäßig konvergiert. Dazu setzen wir

$$s_n(x) := \sum_{k=1}^{n} \sin kx = \operatorname{Im}\left(\sum_{k=1}^{n} e^{ikx}\right).$$

Für $\delta \leq x \leq 2\pi - \delta$ gilt

$$|s_n(x)| \leq \left|\sum_{k=1}^{n} e^{ikx}\right| = \left|\frac{e^{inx} - 1}{e^{ix} - 1}\right| \leq \frac{2}{|e^{ix/2} - e^{-ix/2}|} = \frac{1}{\sin\frac{x}{2}} \leq \frac{1}{\sin\frac{\delta}{2}}.$$

Es folgt für $m > n > 0$

$$\left|\sum_{k=n}^{m} \frac{\sin kx}{k}\right| = \left|\sum_{k=n}^{m} \frac{s_k(x) - s_{k-1}(x)}{k}\right|$$

$$= \left|\sum_{k=n}^{m} s_k(x)\left(\frac{1}{k} - \frac{1}{k+1}\right) + \frac{s_m(x)}{m+1} - \frac{s_{n-1}(x)}{n}\right|$$

$$\leq \frac{1}{\sin\frac{\delta}{2}}\left(\frac{1}{n} - \frac{1}{m+1} + \frac{1}{m+1} + \frac{1}{n}\right) \leq \frac{2}{n \sin\frac{\delta}{2}},$$

also auch

$$\left|\sum_{k=n}^{\infty} \frac{\sin kx}{k}\right| \leq \frac{2}{n \sin\frac{\delta}{2}} \quad \text{für alle } x \in [\delta, 2\pi - \delta].$$

Daraus folgt die behauptete gleichmäßige Konvergenz. Gemäß Satz 1 ist die Summe der Reihe im Intervall $[\delta, 2\pi - \delta]$ stetig. Aber natürlich kann der Limes einer Folge stetiger Funktionen auch stetig sein, wenn die Konvergenz nicht gleichmäßig, sondern nur punktweise ist, siehe Beispiel (21.1).

Definition (Supremumsnorm). Sei K eine Menge und $f: K \to \mathbb{C}$ eine Funktion. Dann setzt man

$$\|f\|_K := \sup\{|f(x)| : x \in K\}.$$

Bemerkung. Es gilt $\|f\|_K \in \mathbb{R}_+ \cup \{\infty\}$. Die Funktion f ist genau dann beschränkt, wenn $\|f\|_K < \infty$, d.h. $\|f\|_K \in \mathbb{R}_+$. Sind Mißverständnisse ausgeschlossen, schreibt man oft kurz $\|f\|$ statt $\|f\|_K$.

Mithilfe der Supremumsnorm läßt sich die Definition der gleichmäßigen Konvergenz so umformen: Eine Folge $f_n: K \to \mathbb{C}$, $n \in \mathbb{N}$, von Funktionen konvergiert genau dann gleichmäßig auf K gegen $f: K \to \mathbb{C}$, wenn

$$\lim_{n \to \infty} \|f_n - f\|_K = 0.$$

Denn die Bedingung $\|f_n - f\|_K \leq \epsilon$ ist gleichbedeutend mit $|f_n(x) - f(x)| \leq \epsilon$ für alle $x \in K$. Die Bedingung $\|f_n - f\|_K \leq \epsilon$ bedeutet im Fall reeller Funktionen, daß der Graph von f_n ganz im „ϵ-Streifen" zwischen $f - \epsilon$ und $f + \epsilon$ liegt (Bild 41).

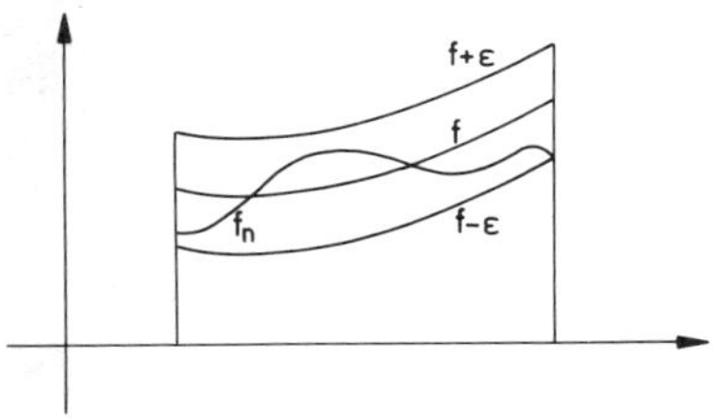

Bild 41

Satz 2 (Konvergenzkriterium von Weierstraß). *Seien* $f_n: K \to \mathbb{C}$, $n \in \mathbb{N}$, *Funktionen. Es gelte*

$$\sum_{n=0}^{\infty} \|f_n\|_K < \infty.$$

Dann konvergiert die Reihe $\sum_{n=0}^{\infty} f_n$ *absolut und gleichmäßig auf* K *gegen eine Funktion* $F: K \to \mathbb{C}$.

Beweis

a) Wir zeigen zunächst, daß Σf_n punktweise gegen eine gewisse Funktion $F: K \to \mathbb{C}$ konvergiert.

Sei $x \in K$. Da $|f_n(x)| \leq \|f_n\|_K$, konvergiert (nach dem Majoranten-Kriterium) die Reihe $\Sigma f_n(x)$ absolut. Wir setzen

$$F(x) := \sum_{n=0}^{\infty} f_n(x).$$

Damit ist eine Funktion $F: K \to \mathbb{C}$ definiert.

b) Sei $F_n := \sum_{k=0}^{n} f_k$. Wir beweisen jetzt, daß die Folge (F_n) gleichmäßig gegen F konvergiert.

Sei $\epsilon > 0$ vorgegeben. Aus der Konvergenz von $\Sigma \|f_n\|_K$ folgt, daß es ein N gibt, so daß

$$\sum_{k=n+1}^{\infty} \|f_k\|_K < \epsilon \quad \text{für alle } n \geq N.$$

Dann gilt für $n \geq N$ und alle $x \in K$

$$|F_n(x) - F(x)| = \left| \sum_{k=n+1}^{\infty} f_k(x) \right| \leq \sum_{k=n+1}^{\infty} |f_k(x)| \leq \sum_{k=n+1}^{\infty} \|f_k\|_K < \epsilon.$$

(21.3) Die Reihe $\sum_{n=1}^{\infty} \frac{\cos nx}{n^2}$ konvergiert gleichmäßig auf $\mathbb{R}$, denn für $f_n(x) := \frac{\cos nx}{n^2}$ gilt $\|f_n\|_{\mathbb{R}} = \frac{1}{n^2}$ und $\sum_{n=1}^{\infty} \frac{1}{n^2} < \infty$.

Ein weiteres Beispiel liefern die Potenzreihen.

Satz 3. *Sei* $(c_n)_{n \in \mathbb{N}}$ *eine Folge komplexer Zahlen und* $a \in \mathbb{C}$. *Die Potenzreihe*

$$f(z) = \sum_{n=0}^{\infty} c_n (z-a)^n$$

konvergiere für ein $z_1 \in \mathbb{C}$, $z_1 \neq a$. *Sei* ρ *eine reelle Zahl mit* $0 < \rho < |z_1 - a|$ *und*

$$K(a, \rho) := \{z \in \mathbb{C} \colon |z - a| \leq \rho\} \text{ (Bild 42).}$$

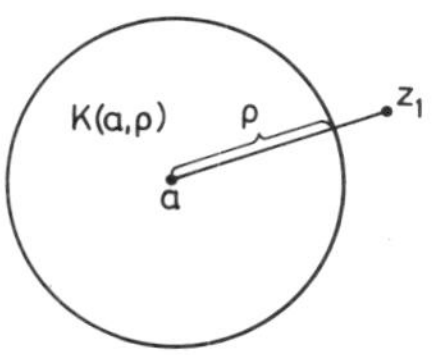

Bild 42

Dann konvergiert die Potenzreihe absolut und gleichmäßig auf $K(a, \rho)$. *Die Potenzreihe*

$$g(z) = \sum_{n=1}^{\infty} nc_n (z-a)^{n-1}$$

konvergiert ebenfalls absolut und gleichmäßig auf $K(a, \rho)$.

Beweis

a) Sei $f_n(z) := c_n(z-a)^n$, also $f = \sum_{n=0}^{\infty} f_n$. Da $\sum_{n=0}^{\infty} f_n(z_1)$ nach Voraussetzung konvergiert, existiert ein $M \in \mathbb{R}_+$, so daß $|f_n(z_1)| \leq M$ für alle $n \in \mathbb{N}$. Für alle $z \in K(a, \rho)$ gilt dann

$$|f_n(z)| = |c_n(z-a)^n| = |c_n(z_1-a)^n| \cdot \left|\frac{z-a}{z_1-a}\right|^n \leq M\theta^n,$$

wobei

$$\theta := \frac{\rho}{|z_1 - a|} \in]0, 1[.$$

Es gilt also $\|f_n\|_{K(a,\rho)} \leq M\theta^n$. Da $\sum_{n=0}^{\infty} M\theta^n$ konvergiert (geometrische Reihe), konvergiert $\sum_{n=0}^{\infty} f_n$ nach Satz 2 absolut und gleichmäßig auf $K(a, \rho)$.

b) Sei $g_n(z) := nc_n(z-a)^{n-1}$, also $g = \Sigma g_n$. Wie unter a) zeigt man, daß $\|g_n\|_{K(a,\rho)} \leq nM\theta^{n-1}$. Nach dem Quotienten-Kriterium konvergiert $\sum_{n=1}^{\infty} nM\theta^{n-1}$, also folgt aus Satz 2 die Behauptung.

Bemerkung. Ist $f(x) = \Sigma c_n(x-a)^n$ eine reelle Potenzreihe, die für ein reelles $x_1 \neq a$ konvergiert, so folgt aus Satz 3, daß die Potenzreihe automatisch auch in einem Kreis in der komplexen Ebene konvergiert. Reelle Funktionen, die durch Potenzreihen dargestellt werden, können so „ins Komplexe" fortgesetzt werden. Die systematische Untersuchung der durch Potenzreihen darstellbaren Funktionen ist Gegenstand der sogenannten Funktionentheorie.

Definition. Sei $f(z) = \sum_{n=0}^{\infty} c_n(z-a)^n$ eine Potenzreihe. Dann heißt

$$r := \sup\left\{|z-a| : \sum_{n=0}^{\infty} c_n(z-a)^n \text{ konvergiert}\right\}$$

Konvergenzradius der Potenzreihe.

Bemerkungen. Es gilt $r \in \mathbb{R}_+ \cup \{\infty\}$. Nach Satz 3 konvergiert für jedes $\rho \in [0, r[$ die Potenzreihe gleichmäßig auf $K(a, \rho)$. Die Potenzreihe konvergiert sogar im offenen Kreis

$$\overset{\circ}{K}(a, r) = \{z \in \mathbb{C} : |z-a| < r\},$$

da $\overset{\circ}{K}(a, r) = \bigcup_{\rho < r} K(a, \rho)$. In $\overset{\circ}{K}(a, r)$ ist die Konvergenz i. a. jedoch nicht gleichmäßig. Aus Satz 1 folgt: Der Limes einer Potenzreihe stellt eine im Innern des Konvergenzkreises stetige Funktion dar.

Satz 4. *Sei* $f_n: [a, b] \to \mathbb{R}$, $n \in \mathbb{N}$, *eine Folge stetiger Funktionen. Die Folge konvergiere auf* $[a, b]$ *gleichmäßig gegen die Funktion* $f: [a, b] \to \mathbb{R}$. *Dann gilt*

$$\int_a^b f(x)\,dx = \lim_{n\to\infty} \int_a^b f_n(x)\,dx.$$

Beweis. Nach Satz 1 ist f wieder stetig, also integrierbar. Es gilt

$$\left| \int_a^b f(x)\,dx - \int_a^b f_n(x)\,dx \right| \le \int_a^b |f(x) - f_n(x)|\,dx \le (b-a)\|f - f_n\|.$$

Dies konvergiert für $n \to \infty$ gegen Null, q.e.d.

Beispiele

(21.4) Satz 4 gilt nicht für punktweise Konvergenz, wie die in (21.1) definierten Funktionen $f_n: [0, 1] \to \mathbb{R}$ zeigen. Es ist nämlich

$$\int_0^1 f_n(x)\,dx = 1 \quad \text{für alle } n \ge 2,$$

aber

$$\int_0^1 (\lim f_n(x))\,dx = \int_0^1 0\,dx = 0.$$

(21.5) Nach Satz 3 konvergiert die Exponentialreihe gleichmäßig auf jedem Intervall $[a, b]$. Also gilt

$$\int_a^b \exp(x)\,dx = \int_a^b \left(\sum_{n=0}^{\infty} \frac{x^n}{n!} \right) dx = \sum_{n=0}^{\infty} \int_a^b \frac{x^n}{n!}\,dx$$

$$= \sum_{n=0}^{\infty} \frac{x^{n+1}}{(n+1)!} \Bigg|_a^b = \sum_{n=1}^{\infty} \frac{x^n}{n!} \Bigg|_a^b = \sum_{n=0}^{\infty} \frac{x^n}{n!} \Bigg|_a^b = \exp(x) \Bigg|_a^b .$$

Dies Resultat ist uns natürlich schon aus (19.5) bekannt.

(21.6) Will man Satz 4 auf uneigentliche Integrale anwenden, sind zusätzliche Überlegungen notwendig (vgl. das Gegenbeispiel in Aufgabe 21.1). Wir beweisen hier als Beispiel die Formel

$$\int_0^\infty \frac{x^{s-1}}{e^x - 1}\,dx = \Gamma(s)\,\zeta(s) \quad \text{für } s > 1.$$

Beweis. Sei $0 < \delta < R < \infty$. Dann gilt im Intervall $[\delta, R]$

$$\frac{x^{s-1}}{e^x - 1} = x^{s-1} e^{-x} \frac{1}{1 - e^{-x}} = x^{s-1} e^{-x} \sum_{n=0}^{\infty} e^{-nx} = \sum_{n=1}^{\infty} x^{s-1} e^{-nx},$$

wobei wegen $|e^{-x}| \le e^{-\delta} < 1$ gleichmäßige Konvergenz vorliegt. Also folgt aus Satz 4

$$\int_\delta^R \frac{x^{s-1}}{e^x - 1}\,dx = \sum_{n=1}^{\infty} \int_\delta^R x^{s-1} e^{-nx}\,dx.$$

Wir zeigen nun

i) $$\lim_{\delta \searrow 0} \int_\delta^1 \frac{x^{s-1}}{e^x - 1}\,dx = \sum_{n=1}^{\infty} \frac{1}{n^s} \int_0^n t^{s-1} e^{-t}\,dt,$$

ii) $$\lim_{R \to \infty} \int_1^R \frac{x^{s-1}}{e^x - 1}\,dx = \sum_{n=1}^{\infty} \frac{1}{n^s} \int_n^\infty t^{s-1} e^{-t}\,dt.$$

Da $\int_0^\infty t^{s-1} e^{-t}\,dt = \Gamma(s)$ und $\sum_{n=1}^{\infty} \frac{1}{n^s} = \zeta(s)$, (vgl. § 20), folgt daraus die Behauptung.

Zu i). Sei $\epsilon > 0$ vorgegeben und N so groß, daß

$$\sum_{n=N+1}^{\infty} \frac{1}{n^s} \le \frac{\epsilon}{2\Gamma(s)}.$$

Nun kann man $\delta_0 > 0$ so klein wählen, daß

$$\int_0^{N\delta} t^{s-1} e^{-t}\,dt \le \frac{\epsilon}{2\zeta(s)} \quad \text{für alle } \delta \le \delta_0.$$

Es ist $\int\limits_{\delta}^{1} x^{s-1} e^{-nx} dx = \frac{1}{n^s} \int\limits_{n\delta}^{n} t^{s-1} e^{-t} dt$, (Substitution $t = nx$), also gilt für $\delta \leq \delta_0$

$$\left| \sum_{n=1}^{\infty} \frac{1}{n^s} \int\limits_0^n t^{s-1} e^{-t} dt - \int\limits_{\delta}^{1} \frac{x^{s-1}}{e^x - 1} dx \right| = \left| \sum_{n=1}^{\infty} \frac{1}{n^s} \int\limits_0^{n\delta} t^{s-1} e^{-t} dt \right|$$

$$\leq \sum_{n=1}^{N} \frac{1}{n^s} \int\limits_0^{N\delta} t^{s-1} e^{-t} dt + \sum_{n=N+1}^{\infty} \frac{1}{n^s} \int\limits_0^{\infty} t^{s-1} e^{-t} dt$$

$$\leq \sum_{n=1}^{N} \frac{1}{n^s} \cdot \frac{\epsilon}{2\zeta(s)} + \sum_{n=N+1}^{\infty} \frac{1}{n^s} \Gamma(s) \leq \frac{\epsilon}{2} + \frac{\epsilon}{2} = \epsilon.$$

Damit ist i) bewiesen; der Beweis von ii) geht analog. Insbesondere folgt aus der bewiesenen Formel

$$\int\limits_0^{\infty} \frac{dx}{x^5 (e^{1/x} - 1)} = \int\limits_0^{\infty} \frac{t^3}{e^t - 1} dt = \Gamma(4)\zeta(4) = \frac{\pi^4}{15},$$

da $\zeta(4) = \sum\limits_{n=1}^{\infty} \frac{1}{n^4} = \frac{\pi^4}{90}$, wie wir in § 23 zeigen werden. Dieses Integral ist in der theoretischen Physik von Bedeutung, vgl. (17.1).

Satz 5. *Seien* $f_n : [a, b] \to \mathbb{R}$ *stetig differenzierbare Funktionen* ($n \in \mathbb{N}$), *die punktweise gegen die Funktion* $f: [a, b] \to \mathbb{R}$ *konvergieren. Die Folge der Ableitungen* $f_n' : [a, b] \to \mathbb{R}$ *konvergiere gleichmäßig. Dann ist* f *differenzierbar und es gilt*

$$f'(x) = \lim_{n \to \infty} f_n'(x) \textit{ für alle } x \in [a, b].$$

Beweis. Sei $f^* = \lim f_n'$. Nach Satz 1 ist f^* eine auf $[a, b]$ stetige Funktion. Für alle $x \in [a, b]$ gilt

$$f_n(x) = f_n(a) + \int\limits_a^x f_n'(x) dx.$$

Nach Satz 4 konvergiert $\int_a^x f_n'(x)\,dx$ für $n \to \infty$ gegen $\int_a^x f^*(x)\,dx$, also erhält man

$$f(x) = f(a) + \int_a^x f^*(x)\,dx.$$

Differentiation ergibt $f'(x) = f^*(x)$, (§ 19, Satz 1).

Beispiele

(21.7) Selbst wenn (f_n) gleichmäßig gegen eine differenzierbare Funktion f konvergiert, gilt i. a. nicht $\lim\limits_{n\to\infty} f_n' = f'$, wie folgendes Beispiel zeigt:

$$f_n\colon \mathbb{R} \to \mathbb{R}, \quad f_n(x) := \frac{1}{n}\sin nx, \quad (n \geq 1).$$

Da $\|f_n\| = \frac{1}{n}$, konvergiert die Folge (f_n) gleichmäßig gegen 0. Die Folge der Ableitungen $f_n'(x) = \cos nx$ konvergiert jedoch nicht gegen 0.

(21.8) Als Anwendung von Satz 5 berechnen wir die Summe der Reihe

$$F(x) := \sum_{n=1}^{\infty} \frac{\cos nx}{n^2},$$

die nach (21.3) gleichmäßig konvergiert. Die Reihe der Ableitungen

$$-\sum_{n=1}^{\infty} \frac{\sin nx}{n}$$

konvergiert nach (21.2) für jedes $\delta > 0$ auf dem Intervall $[\delta, 2\pi - \delta]$ gleichmäßig gegen $\frac{x-\pi}{2}$. Deshalb gilt für alle $x \in]0, 2\pi[$

$$F'(x) = \frac{x-\pi}{2}, \text{ d. h. } F(x) = \left(\frac{x-\pi}{2}\right)^2 + c$$

mit einer Konstanten $c \in \mathbb{R}$. Da F stetig ist, gilt diese Beziehung im ganzen Intervall $[0, 2\pi]$. Um die Konstante zu bestimmen, berechnen wir das Integral

$$\int_0^{2\pi} F(x)\,dx = \int_0^{2\pi} \left(\frac{x-\pi}{2}\right)^2 dx + \int_0^{2\pi} c\,dx = \frac{\pi^3}{6} + 2\pi c.$$

Da $\int_0^{2\pi} \cos nx\,dx = 0$ für alle $n \geq 1$, gilt andrerseits nach Satz 4

$$\int_0^{2\pi} F(x)\,dx = \sum_{n=1}^{\infty} \int_0^{2\pi} \frac{\cos nx}{n^2}\,dx = 0,$$

also folgt $c = -\frac{\pi^2}{12}$. Damit ist bewiesen

$$\sum_{n=1}^{\infty} \frac{\cos nx}{n^2} = \left(\frac{x-\pi}{2}\right)^2 - \frac{\pi^2}{12} \quad \text{für } 0 \leq x \leq 2\pi.$$

Insbesondere für $x = 0$ erhält man

$$\sum_{n=1}^{\infty} \frac{1}{n^2} = \frac{\pi^2}{6}.$$

Wendet man Satz 5 auf Satz 3 an, ergibt sich

Corollar 1. *Sei* $f(x) = \sum_{n=0}^{\infty} c_n (x-a)^n$ *eine Potenzreihe mit dem Konvergenzradius* $r > 0$, $(c_n, a \in \mathbb{R})$. *Dann gilt für alle* $x \in\,]a-r, a+r[$

$$f'(x) = \sum_{n=1}^{\infty} n c_n (x-a)^{n-1}.$$

Man drückt dies auch so aus: Eine Potenzreihe darf gliedweise differenziert werden.

(21.9) *Beispiel.* Für $|x| < 1$ gilt

$$\sum_{n=1}^{\infty} nx^n = x \sum_{n=1}^{\infty} nx^{n-1} = x \frac{d}{dx} \sum_{n=0}^{\infty} x^n = x \frac{d}{dx}\left(\frac{1}{1-x}\right) = \frac{x}{(1-x)^2}.$$

Corollar 2. *Die Potenzreihe* $f(x) = \sum_{n=0}^{\infty} c_n (x-a)^n$ *konvergiere im Intervall* $I := \,]a-r, a+r[$. *Dann ist* $f\colon I \to \mathbb{R}$ *beliebig oft differenzierbar und es gilt*

$$c_n = \frac{1}{n!} f^{(n)}(a) \quad \textit{für alle } n \in \mathbb{N}.$$

Beweis. Wiederholte Anwendung von Corollar 1 ergibt

$$f^{(k)}(x) = \sum_{n=k}^{\infty} n(n-1) \cdot \ldots \cdot (n-k+1) c_n (x-a)^{n-k}.$$

Insbesondere folgt daraus

$$f^{(k)}(a) = k!\, c_k, \quad \text{d. h.} \quad c_k = \frac{1}{k!} f^{(k)}(a).$$

▲ **Aufgaben**

21.1. Für $n \geq 1$ sei

$$f_n : \mathbb{R}_+ \to \mathbb{R}, \quad f_n(x) := \frac{x}{n^2} e^{-x/n}.$$

Man zeige, daß die Folge (f_n) auf $\mathbb{R}_+$ gleichmäßig gegen 0 konvergiert, aber

$$\lim_{n \to \infty} \int_0^\infty f_n(x)\, dx = 1.$$

21.2. Man berechne die Summen der Reihen

$$\sum_{n=1}^\infty \frac{\sin nx}{n^3} \quad \text{und} \quad \sum_{n=1}^\infty \frac{\cos nx}{n^4}, \quad (x \in \mathbb{R}).$$

21.3. Für $|x| < 1$ berechne man die Summen der Reihen

$$\sum_{n=1}^\infty n^2 x^n, \quad \sum_{n=1}^\infty n^3 x^n \quad \text{und} \quad \sum_{n=1}^\infty \frac{x^n}{n}.$$

§ 22. Taylor-Reihen

Wir haben schon die Darstellung verschiedener Funktionen, wie Exponentialfunktion, Sinus und Cosinus, durch Potenzreihen kennengelernt. In diesem Paragraphen beschäftigen wir uns nun systematisch mit der Entwicklung von Funktionen in Potenzreihen.

Satz 1 (Taylorsche Formel). *Sei* $I \subset \mathbb{R}$ *ein Intervall und* $f: I \to \mathbb{R}$ *eine* $(n+1)$-*mal stetig differenzierbare Funktion. Dann gilt für* $a \in I$ *und* $x \in I$

$$f(x) = f(a) + \frac{f'(a)}{1!}(x-a) + \frac{f''(a)}{2!}(x-a)^2 + \ldots + \frac{f^{(n)}(a)}{n!}(x-a)^n + R_{n+1}(x),$$

wobei

$$R_{n+1}(x) = \frac{1}{n!} \int_a^x (x-t)^n f^{(n+1)}(t)\, dt.$$

Beweis durch Induktion nach n.

Induktionsanfang n = 0. Es gilt nach dem Fundamentalsatz der Differential- und Integralrechnung

$$f(x) = f(a) + \int_a^x f'(t)\,dt.$$

Induktionsschritt $n \to n+1$. Nach Induktionsvoraussetzung ist

$$R_n(x) = \frac{1}{(n-1)!}\int_a^x (x-t)^{n-1} f^{(n)}(t)\,dt$$

$$= -\int_a^x f^{(n)}(t)\frac{d}{dt}\left(\frac{(x-t)^n}{n!}\right) dt = \text{(Partielle Integration)}$$

$$= -f^{(n)}(t)\frac{(x-t)^n}{n!}\Bigg|_{t=a}^{t=x} + \int_a^x \frac{(x-t)^n}{n!}\,df^{(n)}(t)$$

$$= \frac{f^{(n)}(a)}{n!}(x-a)^n + \frac{1}{n!}\int_a^x (x-t)^n f^{(n+1)}(t)\,dt.$$

Daraus folgt die Behauptung.

Corollar. *Sei* $f\colon I \to \mathbb{R}$ *eine* $(n+1)$*-mal differenzierbare Funktion mit* $f^{(n+1)}(x) = 0$ *für alle* $x \in I$. *Dann ist* f *ein Polynom vom Grad* $\leq n$.

Beweis. In diesem Fall ist das Restglied R_{n+1} identisch Null.

Satz 2 (Lagrangesche Form des Restglieds). *Sei* $f\colon I \to \mathbb{R}$ *eine* $(n+1)$*-mal stetig differenzierbare Funktion und* $a, x \in I$. *Dann existiert ein* ξ *zwischen* a *und* x, *so daß*

$$f(x) = \sum_{k=0}^{n} \frac{f^{(k)}(a)}{k!}(x-a)^k + \frac{f^{(n+1)}(\xi)}{(n+1)!}(x-a)^{n+1}.$$

Beweis. Nach dem Mittelwertsatz der Integralrechnung (§ 18, Satz 8) existiert ein $\xi \in [a, x]$ (bzw. $\xi \in [x, a]$, falls $x < a$), so daß gilt

$$R_{n+1}(x) = \frac{1}{n!}\int_a^x (x-t)^n f^{(n+1)}(t)\,dt = f^{(n+1)}(\xi)\int_a^x \frac{(x-t)^n}{n!}\,dt$$

$$= -f^{(n+1)}(\xi)\frac{(x-t)^{n+1}}{(n+1)!}\Bigg|_a^x = \frac{f^{(n+1)}(\xi)}{(n+1)!}(x-a)^{n+1}, \quad \text{q.e.d.}$$

Corollar. *Sei* f: I → ℝ *eine* n*-mal stetig differenzierbare Funktion und* $a \in I$. *Dann gilt für alle* $x \in I$

$$f(x) = \sum_{k=0}^{n} \frac{f^{(k)}(a)}{k!}(x-a)^k + \eta(x)(x-a)^n,$$

wobei η *eine Funktion mit* $\lim\limits_{x\to a} \eta(x) = 0$ *ist.*

Beweis. Wir verwenden die Lagrangesche Form des Restglieds n-ter Ordnung

$$f(x) - \sum_{k=0}^{n-1} \frac{f^{(k)}(a)}{k!}(x-a)^k = \frac{f^{(n)}(\xi)}{n!}(x-a)^n$$

$$= \frac{f^{(n)}(a)}{n!}(x-a)^n + \frac{f^{(n)}(\xi) - f^{(n)}(a)}{n!}(x-a)^n.$$

Wir setzen $\eta(x) := \dfrac{f^{(n)}(\xi) - f^{(n)}(a)}{n!}$, ($\xi$ hängt von x ab!).

Da ξ zwischen x und a liegt, folgt aus der Stetigkeit von $f^{(n)}$:

$$\lim_{x\to a} \eta(x) = \lim_{\xi\to a} \frac{f^{(n)}(\xi) - f^{(n)}(a)}{n!} = 0.$$

Daraus folgt die Behauptung.

(22.1) Als Beispiel betrachten wir die Funktion

$$f: \,]-1, 1[\, \to \mathbb{R}, \quad f(x) = \sqrt{1+x}$$

und den Entwicklungspunkt $a = 0$. Da

$$f(0) = 1, \quad f'(0) = \left.\frac{1}{2\sqrt{1+x}}\right|_{x=0} = \frac{1}{2},$$

ergibt das Corollar

$$f(x) = \sqrt{1+x} = 1 + \frac{x}{2} + \eta(x)x \text{ mit } \lim_{x\to 0} \eta(x) = 0.$$

Daraus erhält man z. B. für alle $n > 1$:

$$\sqrt{n+\sqrt{n}} = \sqrt{n\left(1+\frac{1}{\sqrt{n}}\right)} = \sqrt{n}\sqrt{1+\frac{1}{\sqrt{n}}}$$

$$= \sqrt{n}\left(1 + \frac{1}{2\sqrt{n}} + \eta\left(\frac{1}{\sqrt{n}}\right)\frac{1}{\sqrt{n}}\right) = \sqrt{n} + \frac{1}{2} + \eta\left(\frac{1}{\sqrt{n}}\right).$$

Daraus folgt

$$\lim_{n\to\infty} (\sqrt{n+\sqrt{n}} - \sqrt{n}) = \tfrac{1}{2}, \quad \text{(vgl. Aufgabe 6.3).}$$

Definition. Sei $f\colon I \to \mathbb{R}$ eine beliebig oft differenzierbare Funktion und $a \in I$. Dann heißt

$$T_f(x) := \sum_{k=0}^{\infty} \frac{f^{(k)}(a)}{k!}(x-a)^k$$

die *Taylor-Reihe* von f mit Entwicklungspunkt a.

Bemerkungen

a) Der Konvergenzradius der Taylor-Reihe ist nicht notwendig > 0.

b) Falls die Taylor-Reihe von f konvergiert, konvergiert sie nicht notwendig gegen f.

c) Die Taylor-Reihe konvergiert genau für diejenigen $x \in I$ gegen $f(x)$, für die das Restglied aus Satz 1 gegen 0 konvergiert.

(22.2) Wir geben ein Beispiel zu b). Sei $f\colon \mathbb{R} \to \mathbb{R}$ die Funktion

$$f(x) := \begin{cases} e^{-1/x^2}, & \text{falls } x \neq 0, \\ 0, & \text{falls } x = 0. \end{cases}$$

Wir wollen zeigen, daß f beliebig oft differenzierbar ist und $f^{(n)}(0) = 0$ für alle $n \in \mathbb{N}$. Die Taylor-Reihe von f um den Nullpunkt ist also identisch Null.

Dazu beweisen wir durch vollständige Induktion nach n, daß es Polynome p_n gibt, so daß

$$f^{(n)}(x) = \begin{cases} p_n(\frac{1}{x})e^{-1/x^2}, & \text{falls } x \neq 0 \\ 0, & \text{falls } x = 0. \end{cases}$$

Der Induktionsanfang $n = 0$ ist klar.

Induktionsschritt $n \to n+1$.

a) Für $x \neq 0$ gilt

$$f^{(n+1)}(x) = \frac{d}{dx} f^{(n)}(x) = \frac{d}{dx}\left(p_n\left(\frac{1}{x}\right)e^{-1/x^2}\right) =$$

$$= \left(-p_n'\left(\frac{1}{x}\right)\frac{1}{x^2} + 2p_n\left(\frac{1}{x}\right)\frac{1}{x^3}\right)e^{-1/x^2}.$$

Man wähle $p_{n+1}(t) := -p_n'(t)\,t^2 + 2p_n(t)\,t^3$.

b) Für x = 0 gilt

$$f^{(n+1)}(0) = \lim_{x \to 0} \frac{f^{(n)}(x) - f^{(n)}(0)}{x} = \lim_{x \to 0} \frac{p_n(\frac{1}{x}) e^{-1/x^2}}{x}$$

$$= \lim_{R \to \pm\infty} R p_n(R) e^{-R^2} = 0 \text{ nach (12.2), q.e.d.}$$

Aus § 21, Corollar 2 zu Satz 5 folgt unmittelbar

Satz 3. *Sei* $I \subset \mathbb{R}$ *ein Intervall,* $a \in I$ *und* $f\colon I \to \mathbb{R}$ *eine Funktion, die durch die Potenzreihe*

$$f(x) = \sum_{n=0}^{\infty} c_n (x-a)^n$$

dargestellt wird (für alle $x \in I$*). Dann ist die Taylor-Reihe von* f *gleich dieser Potenzreihe und konvergiert gegen* f.

Beispiele

(22.3) Die Taylor-Reihe der Exponentialreihe mit Entwicklungspunkt 0 ist

$$\exp(x) = \sum_{n=0}^{\infty} \frac{x^n}{n!}.$$

Sie konvergiert, wie wir bereits wissen, für alle $x \in \mathbb{R}$. Für einen beliebigen Entwicklungspunkt $a \in \mathbb{R}$ erhält man aus der Funktionalgleichung

$$\exp(x) = \exp(a)\exp(x-a) = \sum_{n=0}^{\infty} \frac{\exp(a)}{n!}(x-a)^n.$$

(22.4) Die Taylor-Reihen von Sinus und Cosinus,

$$\sin x = \sum_{k=0}^{\infty} (-1)^k \frac{x^{2k+1}}{(2k+1)!},$$

$$\cos x = \sum_{k=0}^{\infty} (-1)^k \frac{x^{2k}}{(2k)!},$$

konvergieren ebenfalls für alle $x \in \mathbb{R}$.

Die Lagrangesche Form des Restglieds ergibt für den Sinus

$$\sin x = \sum_{k=0}^{n} (-1)^k \frac{x^{2k+1}}{(2k+1)!} + R_{2n+3}(x)$$

mit

$$R_{2n+3}(x) = \frac{\sin^{(2n+3)}(\xi)}{(2n+3)!} x^{2n+3} = (-1)^{n+1} \frac{\cos\xi}{(2n+3)!} x^{2n+3}.$$

Dabei ist ξ eine Stelle zwischen 0 und x. Also gilt

$$|R_{2n+3}(x)| \le \frac{|x|^{2n+3}}{(2n+3)!} \quad \text{für alle } x \in \mathbb{R}.$$

In § 14, Satz 5, konnte diese Abschätzung nur für $|x| \le 2n+4$ bewiesen werden. Ebenso beweist man für den Cosinus

$$\cos x = \sum_{k=0}^{n} (-1)^k \frac{x^{2k}}{(2k)!} + R_{2n+2}(x)$$

mit

$$R_{2n+2}(x) = (-1)^{n+1} \frac{\cos \xi}{(2n+2)!} x^{2n+2},$$

also

$$|R_{2n+2}(x)| \le \frac{|x|^{2n+2}}{(2n+2)!} \quad \text{für alle } x \in \mathbb{R}.$$

Satz 4 (Logarithmusreihe). *Für* $-1 < x \le +1$ *gilt*

$$\ln(1+x) = x - \frac{x^2}{2} + \frac{x^3}{3} \mp \ldots = \sum_{n=1}^{\infty} \frac{(-1)^{n-1}}{n} x^n.$$

Corollar. *Für beliebiges* $a > 0$ *und* $0 < x \le 2a$ *gilt*

$$\ln x = \ln a + \sum_{n=1}^{\infty} \frac{(-1)^{n-1}}{na^n} (x-a)^n.$$

Dies folgt aus der Funktionalgleichung, denn

$$\ln x = \ln(a + (x-a)) = \ln a \left(1 + \frac{x-a}{a}\right) = \ln a + \ln\left(1 + \frac{x-a}{a}\right).$$

Beweis von Satz 4. Für $|x| < 1$ gilt

$$\ln(1+x) = \ln(1+t)\Big|_0^x = \int_0^x \frac{dt}{1+t} = \int_0^x \left(\sum_{n=0}^{\infty} (-1)^n t^n\right) dt.$$

Nach § 21, Satz 3, konvergiert $\sum_{n=0}^{\infty} (-1)^n t^n$ gleichmäßig auf $[-|x|, |x|]$. Aus § 21, Satz 4, folgt daher

$$\ln(1+x) = \sum_{n=0}^{\infty} (-1)^n \int_0^x t^n dt = \sum_{n=0}^{\infty} (-1)^n \frac{x^{n+1}}{n+1} = \sum_{n=1}^{\infty} \frac{(-1)^{n-1}}{n} x^n.$$

Damit ist der Satz für $|x| < 1$ bewiesen. Um den noch fehlenden Fall $x = 1$ zu erledigen, beweisen wir zunächst ein allgemeines Resultat.

Satz 5 (Abelscher Grenzwertsatz). *Sei* $\sum_{n=0}^{\infty} c_n$ *eine konvergente Reihe reeller Zahlen. Dann konvergiert die Potenzreihe*

$$f(x) := \sum_{n=0}^{\infty} c_n x^n$$

für alle $x \in [0, 1]$ *und stellt eine im ganzen abgeschlossenen Intervall* $[0, 1]$ *stetige Funktion dar.*

Beweis. Nach § 21, Satz 3, ist f im Intervall $[0, 1[$ stetig. Es ist also nur zu zeigen, daß

$$\lim_{x \nearrow 1} f(x) = f(1).$$

(Dies erklärt den Namen „Grenzwertsatz".) Wir setzen

$$s_n := \sum_{k=n+1}^{\infty} c_k \quad \text{für } n \geq -1.$$

Es gilt $s_{-1} = f(1)$ und $s_n - s_{n-1} = -c_n$ für alle $n \in \mathbb{N}$, sowie $\lim_{n \to \infty} s_n = 0$. Deshalb gibt es eine Konstante $K \in \mathbb{R}_+$ mit $|s_n| \leq K$ für alle n. Die Reihe $\sum_{n=0}^{\infty} s_n x^n$ konvergiert daher nach dem Majorantenkriterium für $|x| < 1$ und es gilt

$$(1-x) \sum_{n=0}^{\infty} s_n x^n = \sum_{n=0}^{\infty} s_n x^n - \sum_{n=0}^{\infty} s_n x^{n+1}$$

$$= \sum_{n=0}^{\infty} s_n x^n - \sum_{n=0}^{\infty} s_{n-1} x^n + s_{-1} = -\sum_{n=0}^{\infty} c_n x^n + f(1),$$

also

$$f(1) - f(x) = (1-x) \sum_{n=0}^{\infty} s_n x^n.$$

Sei $\epsilon > 0$ vorgegeben. Wir wählen N so groß, daß $|s_n| \leq \frac{\epsilon}{2}$ für alle $n \geq N$ und setzen $\delta := \frac{\epsilon}{2KN}$. Dann gilt für alle $x \in [0, 1[$ mit $1 - x < \delta$

$$|f(1) - f(x)| \leq (1-x) \sum_{n=0}^{N-1} |s_n| x^n + (1-x) \sum_{n=N}^{\infty} |s_n| x^n$$

$$\leq (1-x) KN + (1-x) \frac{\epsilon}{2} \sum_{n=0}^{\infty} x^n \leq \frac{\epsilon}{2} + \frac{\epsilon}{2} = \epsilon.$$

Also gilt $\lim\limits_{x \to 1} f(x) = f(1)$, q.e.d.

Nun zur Vervollständigung des Beweises von Satz 4!

Da $\sum\limits_{n=1}^{\infty} \frac{(-1)^{n-1}}{n}$ konvergiert, stellt nach dem Abelschen Grenzwertsatz

$$f(x) := \sum_{n=1}^{\infty} \frac{(-1)^{n-1}}{n} x^n$$

eine in [0, 1] stetige Funktion dar. Die Funktion $\ln(1+x)$ ist ebenfalls in [0, 1] stetig. Da $f(x) = \ln(1+x)$ für alle $x \in [0, 1[$, gilt die Gleichung auch für $x = 1$. Damit haben wir die in (7.3) angegebene Formel

$$\ln 2 = 1 - \tfrac{1}{2} + \tfrac{1}{3} - \tfrac{1}{4} \pm \ldots$$

bewiesen. Diese Formel ist natürlich für die praktische Berechnung von ln 2 ganz ungeeignet. Will man hiermit ln 2 mit einer Genauigkeit von 10^{-k} berechnen, so muß man die ersten 10^k Glieder berücksichtigen. Zu einer besser konvergenten Reihe kommt man durch folgende Umformung: Für $|x| < 1$ gilt

$$\ln(1+x) = x - \frac{x^2}{2} + \frac{x^3}{3} - \frac{x^4}{4} \pm \ldots$$

$$\ln(1-x) = -x - \frac{x^2}{2} - \frac{x^3}{3} - \frac{x^4}{4} - \ldots .$$

Subtraktion ergibt

$$\ln \frac{1+x}{1-x} = 2\left(x + \frac{x^3}{3} + \frac{x^5}{5} + \ldots\right) = 2 \sum_{k=0}^{\infty} \frac{x^{2k+1}}{2k+1} .$$

Dabei ist $\frac{1+x}{1-x} = y$, falls $x = \frac{y-1}{y+1}$. Für $x = \frac{1}{3}$ erhält man deshalb

$$\ln 2 = 2\left(\frac{1}{3} + \frac{1}{3 \cdot 3^3} + \frac{1}{5 \cdot 3^5} + \frac{1}{7 \cdot 3^7} + \ldots\right).$$

Für eine Genauigkeit von 10^{-6} braucht man hier nur die ersten 6 Glieder zu berücksichtigen; es ergibt sich

$$\ln 2 = 0{,}693\,147 \ldots .$$

Zur Berechnung der Logarithmen größerer Argumente zieht man die Funktionalgleichung des Logarithmus mit heran. Um z. B. ln 10 zu berechnen, schreiben wir

$$10 = e^2 x, \text{ wobei } x = \frac{10}{e^2} = 1{,}353\,352\,83 \ldots .$$

Dann ist $\ln 10 = 2 + \ln x$ und

$$\ln x = \ln \frac{1+y}{1-y} \text{ mit } y = \frac{x-1}{x+1} = 0{,}150\,148\,68\,\ldots .$$

Berücksichtigen wir nur die ersten 3 Glieder der Reihe, so ergibt sich

$$\ln \frac{1+y}{1-y} = 2\left(y + \frac{y^3}{3} + \frac{y^5}{5}\right) + R = 0{,}302\,584\,58\,\ldots + R,$$

wobei

$$|R| = 2\left|\frac{y^7}{7} + \frac{y^9}{9} + \frac{y^{11}}{11} + \ldots\right| \le \frac{2}{7}|y|^7(1 + y^2 + y^4 + \ldots) = \frac{2\,|y|^7}{7(1-y^2)},$$

also in unserem Falle $|R| \le 0{,}51 \cdot 10^{-6}$. Damit haben wir

$$\ln 10 = 2{,}302\,585 \pm 10^{-6}.$$

Satz 6 (Arcus-Tangens-Reihe). *Für* $|x| \le 1$ *gilt*

$$\arctan x = x - \frac{x^3}{3} + \frac{x^5}{5} - \frac{x^7}{7} \pm \ldots = \sum_{n=0}^{\infty} (-1)^n \frac{x^{2n+1}}{2n+1}.$$

Beweis. Sei $|x| < 1$. Dann gilt

$$\arctan x = \int_0^x \frac{dt}{1+t^2} = \int_0^x \left(\sum_{n=0}^{\infty} (-1)^n t^{2n}\right) dt$$

$$= \sum_{n=0}^{\infty} (-1)^n \int_0^x t^{2n} dt = \sum_{n=0}^{\infty} (-1)^n \frac{x^{2n+1}}{2n+1}.$$

Dabei wurde § 21, Satz 4, verwendet. Der Fall $|x| = 1$ wird analog zur Logarithmus-Reihe mithilfe des Abelschen Grenzwertsatzes bewiesen.

Da $\tan\frac{\pi}{4} = 1$, also $\arctan 1 = \frac{\pi}{4}$, ergibt sich für $x = 1$ die schon in (7.4) angegebene Formel

$$\frac{\pi}{4} = 1 - \frac{1}{3} + \frac{1}{5} - \frac{1}{7} \pm \ldots .$$

Satz 7 (Binomische Reihe). *Sei* $\alpha \in \mathbb{R}$. *Dann gilt für* $|x| < 1$

$$(1+x)^\alpha = \sum_{n=0}^{\infty} \binom{\alpha}{n} x^n.$$

Dabei ist $\binom{\alpha}{n} = \prod_{k=1}^{n} \frac{\alpha - k + 1}{k}$.

Bemerkung. Für $\alpha \in \mathbb{N}$ bricht die Reihe ab, (denn in diesem Fall ist $\binom{\alpha}{n} = 0$ für $n > \alpha$) und die Formel folgt aus dem binomischen Lehrsatz (§ 1, Satz 5).
Für $\alpha \in \mathbb{R} \setminus \mathbb{N}$ dagegen ist $\binom{\alpha}{n} \neq 0$ für alle $n \in \mathbb{N}$.

Beweis

a) Berechnung der Taylor-Reihe von $f(x) = (1+x)^\alpha$ mit Entwicklungspunkt 0:

$$f^{(k)}(x) = \alpha(\alpha-1) \cdot \ldots \cdot (\alpha-k+1)(1+x)^{\alpha-k} = k!\binom{\alpha}{k}(1+x)^{\alpha-k}.$$

Da also $\dfrac{f^{(k)}(0)}{k!} = \binom{\alpha}{k}$, lautet die Taylor-Reihe von f

$$T_f(x) = \sum_{k=0}^{\infty} \binom{\alpha}{k} x^k.$$

b) Wir zeigen, daß die Taylor-Reihe für $|x| < 1$ konvergiert. Dazu verwenden wir das Quotienten-Kriterium. Wir dürfen annehmen, daß $\alpha \notin \mathbb{N}$ und $x \neq 0$. Sei $a_n := \binom{\alpha}{n} x^n$. Dann gilt

$$\left|\frac{a_{n+1}}{a_n}\right| = \left|\frac{\binom{\alpha}{n+1} x^{n+1}}{\binom{\alpha}{n} x^n}\right| = |x| \cdot \left|\frac{\alpha-n}{n+1}\right|.$$

Da $\lim\limits_{n\to\infty} \left|\dfrac{a_{n+1}}{a_n}\right| = |x| \lim\limits_{n\to\infty} \left|\dfrac{\alpha-n}{n+1}\right| = |x| < 1$, existiert zu θ mit $|x| < \theta < 1$ ein n_0, so daß

$$\left|\frac{a_{n+1}}{a_n}\right| \leq \theta \quad \text{für alle } n \geq n_0.$$

Also konvergiert die Taylor-Reihe für $|x| < 1$.

c) Wir beweisen jetzt, daß die Taylor-Reihe gegen f konvergiert. Es ist zu zeigen, daß das Restglied

$$R_{n+1}(x) = \frac{1}{n!} \int_0^x (x-t)^n f^{(n+1)}(t)\, dt$$

$$= (n+1)\binom{\alpha}{n+1} \int_0^x (x-t)^n (1+t)^{\alpha-n-1}\, dt$$

für $|x| < 1$ gegen 0 konvergiert.

1. Fall. $0 \leq x < 1$.

Wir setzen $C := \max(1, (1+x)^\alpha)$. Dann gilt für $0 \leq t \leq x$

$$0 \leq (1+t)^{\alpha-n-1} \leq (1+t)^\alpha \leq C,$$

also

$$|R_{n+1}(x)| = (n+1)\,|\tbinom{\alpha}{n+1}| \int_0^x (x-t)^n (1+t)^{\alpha-n-1}\,dt$$

$$\leq (n+1)\,|\tbinom{\alpha}{n+1}|\,C \int_0^x (x-t)^n\,dt = C\,|\tbinom{\alpha}{n+1}|\,x^{n+1}.$$

Weil nach b) die Reihe $\sum\limits_{k=0}^{\infty} \binom{\alpha}{k} x^k$ für $|x| < 1$ konvergiert, folgt

$$\lim_{k\to\infty} |\tbinom{\alpha}{k}|\,x^k = 0, \text{ daher } \lim_{n\to\infty} R_{n+1}(x) = 0.$$

2. Fall. $-1 < x < 0$. Hier gilt

$$|R_{n+1}(x)| = (n+1)\,|\tbinom{\alpha}{n+1}) \int_0^{|x|} (x+t)^n (1-t)^{\alpha-n-1}\,dt|$$

$$= (n+1)\,|\tbinom{\alpha}{n+1}| \int_0^{|x|} (|x|-t)^n (1-t)^{\alpha-n-1}\,dt$$

$$= |\alpha\tbinom{\alpha-1}{n}| \int_0^{|x|} \left(\frac{|x|-t}{1-t}\right)^n (1-t)^{\alpha-1}\,dt.$$

Da die Funktion $t \mapsto \dfrac{|x|-t}{1-t}$ im Intervall $[0, |x|]$ monoton fallend ist, wie man durch Differenzieren erkennt, gilt

$$\left(\frac{|x|-t}{1-t}\right)^n \leq |x|^n \quad \text{für } 0 \leq t \leq |x|.$$

Wir setzen $C := |\alpha| \int\limits_0^{|x|} (1-t)^{\alpha-1}\,dt$. Dann ist

$$|R_{n+1}(x)| \leq |\alpha\tbinom{\alpha-1}{n}|\;|x|^n \int_0^{|x|} (1-t)^{\alpha-1}\,dt = C\,|\tbinom{\alpha-1}{n}|\;|x|^n.$$

Da nach b) die Reihe $\sum_{n=0}^{\infty} \binom{\alpha-1}{n} x^n$ für $|x| < 1$ konvergiert, folgt

$$\lim_{n\to\infty} R_{n+1}(x) = 0, \quad \text{q.e.d.}$$

Beispiele

(22.5) Da $\binom{-1}{n} = (-1)^n$, ergibt sich für $\alpha = -1$ aus der binomischen Reihe

$$\frac{1}{1+x} = \sum_{n=0}^{\infty} (-1)^n x^n \quad \text{für } |x| < 1.$$

Die geometrische Reihe ist also ein Spezialfall der binomischen Reihe.

(22.6) Für $\alpha = \frac{1}{2}$ lauten die ersten Binomialkoeffizienten

$$\binom{1/2}{0} = 1, \quad \binom{1/2}{1} = \frac{1}{2}, \quad \binom{1/2}{2} = \frac{\frac{1}{2}(-\frac{1}{2})}{1\cdot 2} = -\frac{1}{8},$$

$$\binom{1/2}{3} = \frac{\frac{1}{2}(-\frac{1}{2})(-\frac{3}{2})}{1\cdot 2\cdot 3} = \frac{1}{16}, \quad \binom{1/2}{4} = \binom{1/2}{3}\frac{-\frac{5}{2}}{4} = -\frac{5}{128}.$$

Also gilt für $|x| < 1$:

$$\sqrt{1+x} = 1 + \tfrac{1}{2}x - \tfrac{1}{8}x^2 + \tfrac{1}{16}x^3 - \tfrac{5}{128}x^4 + \text{Glieder höherer Ordnung.}$$

Man kann dies zur näherungsweisen Berechnung von Wurzeln benützen; z.B. ist

$$\sqrt{10} = \sqrt{9\cdot\tfrac{10}{9}} = 3\sqrt{1+\tfrac{1}{9}} = 3\left(1 + \tfrac{1}{2\cdot 9} - \tfrac{1}{8\cdot 9^2} + \dots\right)$$

$$= 3 + \tfrac{1}{6} - \tfrac{1}{8\cdot 27} + \dots = 3{,}162\dots .$$

(22.7) Für $\alpha = -\frac{1}{2}$ ist

$$\binom{-1/2}{0} = 1, \quad \binom{-1/2}{1} = -\tfrac{1}{2}, \quad \binom{-1/2}{2} = \tfrac{3}{8}, \quad \binom{-1/2}{3} = -\tfrac{5}{16}.$$

Daher gilt für $|x| < 1$:

$$\frac{1}{\sqrt{1+x}} = 1 - \tfrac{1}{2}x + \tfrac{3}{8}x^2 - \tfrac{5}{16}x^3 + \text{Glieder höherer Ordnung.}$$

Anwendung (Kinetische Energie eines relativistischen Teilchens). Nach A. Einstein beträgt die Gesamtenergie eines Teilchens der Masse m

$$E = mc^2.$$

Dabei ist c die Lichtgeschwindigkeit. Die Masse ist jedoch von der Geschwindigkeit v des Teilchens abhängig; es gilt

$$m = \frac{m_0}{\sqrt{1-(\frac{v}{c})^2}}.$$

Hier ist m_0 die Ruhmasse des Teilchens; die Ruhenergie ist demnach $E_0 = m_0 c^2$. Die kinetische Energie ist definiert als

$$E_{kin} = E - E_0 .$$

Da $v < c$, kann man zur Berechnung die binomische Reihe verwenden:

$$\begin{aligned} E_{kin} &= mc^2 - m_0 c^2 = m_0 c^2 \left(\frac{1}{\sqrt{1-(\frac{v}{c})^2}} - 1 \right) \\ &= m_0 c^2 \left(\tfrac{1}{2}(\tfrac{v}{c})^2 + \tfrac{3}{8}(\tfrac{v}{c})^4 + \dots\right) \\ &= \tfrac{1}{2} m_0 v^2 + \tfrac{3}{8} m_0 v^2 (\tfrac{v}{c})^2 + \text{Glieder höherer Ordnung.} \end{aligned}$$

Der Term $\frac{1}{2} m_0 v^2$ repräsentiert die kinetische Energie im klassischen Fall ($v \ll c$), der Term $\frac{3}{8} m_0 v^2 (\frac{v}{c})^2$ ist das Glied niedrigster Ordnung der Abweichung zwischen dem relativistischen und nicht-relativistischen Fall.

Wir wollen noch untersuchen, in welchen Fällen die binomische Reihe am Rande des Konvergenzintervalls konvergiert und beweisen dazu folgenden Hilfssatz.

Hilfssatz. *Sei* $\alpha \in \mathbb{R} \setminus \mathbb{N}$. *Dann gibt es eine Konstante* $c = c(\alpha) \in \mathbb{R}_+^*$, *so daß folgende asymptotische Beziehung besteht:*

$$\left|\binom{\alpha}{n}\right| \sim \frac{c}{n^{1+\alpha}} \quad \textit{für } n \to \infty .$$

Beweis

a) Sei zunächst $\alpha < 0$. Wir setzen $x := -\alpha$. Es ist

$$\left|\binom{-x}{n}\right| = \left| \frac{-x(-x-1)\cdot \ldots \cdot(-x-n+1)}{n!} \right| = \frac{x(x+1)\cdot \ldots \cdot (x+n)}{n!\,(x+n)} .$$

Daraus folgt unter Verwendung von § 20, Satz 5

$$\lim_{n\to\infty} n^{1-x} \left|\binom{-x}{n}\right| = \lim_{n\to\infty} \frac{x(x+1)\cdot \ldots \cdot (x+n)}{n!\, n^x} \cdot \frac{n}{n+x} = \frac{1}{\Gamma(x)} .$$

Die Behauptung gilt also mit der Konstanten $c(\alpha) = \dfrac{1}{\Gamma(-\alpha)}$.

b) Sei $k-1 < \alpha < k$ mit einer natürlichen Zahl $k \geq 1$. Dann ist auf $\alpha' = \alpha - k$ Teil a) anwendbar, d.h.

$$\lim_{n\to\infty} \left|\binom{\alpha-k}{n}\right| n^{1+\alpha-k} = \frac{1}{\Gamma(k-\alpha)} ,$$

also auch

$$\lim_{n\to\infty} \left|\binom{\alpha-k}{n-k}\right| n^{1+\alpha-k} = \frac{1}{\Gamma(k-\alpha)} .$$

Da $\binom{\alpha}{n} = \frac{\alpha(\alpha-1)\cdot\ldots\cdot(\alpha-k+1)}{n(n-1)\cdot\ldots\cdot(n-k+1)}\binom{\alpha-k}{n-k}$, folgt

$$\lim_{n\to\infty} |\binom{\alpha}{n}|\, n^{1+\alpha} = \lim_{n\to\infty} \frac{n^k\alpha(\alpha-1)\cdot\ldots\cdot(\alpha-k+1)}{n(n-1)\cdot\ldots\cdot(n-k+1)} |\binom{\alpha-k}{n-k}|\, n^{1+\alpha-k}$$

$$= \frac{\alpha(\alpha-1)\cdot\ldots\cdot(\alpha-k+1)}{\Gamma(k-\alpha)} =: c(\alpha), \quad \text{q.e.d.}$$

Zusatz zu Satz 7

a) *Für* $\alpha \geq 0$ *konvergiert die binomische Reihe*

$$(1+x)^\alpha = \sum_{n=0}^{\infty} \binom{\alpha}{n} x^n$$

absolut und gleichmäßig im Intervall $[-1, +1]$.

b) *Für* $-1 < \alpha < 0$ *konvergiert die binomische Reihe für* $x = +1$ *und divergiert für* $x = -1$.

c) *Für* $\alpha \leq -1$ *divergiert die binomische Reihe sowohl für* $x = +1$ *als auch für* $x = -1$.

Beweis

a) Wir können annehmen, daß $\alpha \notin \mathbb{N}$, da für $\alpha \in \mathbb{N}$ die binomische Reihe abbricht. Aus dem Hilfssatz folgt, daß es eine Konstante $K > 0$ gibt mit

$$|\binom{\alpha}{n}| \leq \frac{K}{n^{1+\alpha}} \quad \text{für alle } n \geq 1.$$

Da die Reihe $\sum \frac{1}{n^{1+\alpha}}$ für $\alpha > 0$ konvergiert, folgt die Behauptung.

b) Für $-1 < \alpha < 0$ gilt $\binom{\alpha}{n} = (-1)^n |\binom{\alpha}{n}|$. Die Konvergenz der binomischen Reihe für $x = 1$ folgt nun aus dem Leibnizschen Konvergenzkriterium für alternierende Reihen, die Divergenz an der Stelle $x = -1$ daraus, daß $\sum \frac{1}{n^{1+\alpha}}$ für $\alpha < 0$ divergiert.

c) Aus dem Hilfssatz folgt, daß $\binom{\alpha}{n}$ für $n \to \infty$ nicht gegen 0 konvergiert, falls $\alpha \leq -1$. Deshalb divergieren in diesem Fall die Reihen

$$\sum_{n=0}^{\infty} \binom{\alpha}{n} \quad \text{und} \quad \sum_{n=0}^{\infty} \binom{\alpha}{n} (-1)^n.$$

(22.8) *Beispiel.* Für $|x| \leq 1$ gilt auch $|x^2 - 1| \leq 1$. Also haben wir die im Intervall $[-1, 1]$ gleichmäßig konvergente Entwicklung

$$|x| = \sqrt{x^2} = \sqrt{1 + (x^2-1)} = \sum_{n=0}^{\infty} \binom{1/2}{n} (x^2-1)^n.$$

Die Funktion abs kann also in $[-1,1]$ gleichmäßig durch Polynome approximiert werden.

Aufgaben

22.1. Man bestimme die Taylor-Reihe der Funktion $x \mapsto x^\alpha$ mit Entwicklungspunkt $a \in \mathbb{R}_+^*$.

22.2. Man berechne den Anfang der Taylor-Reihe der Funktion $\tan:]-\pi/2, \pi/2[\to \mathbb{R}$ mit Entwicklungspunkt 0 bis einschließlich des Gliedes 5. Ordnung.

22.3. Man bestimme die Taylor-Reihe der Funktion $\arcsin: [-1, 1] \to \mathbb{R}$ mit Entwicklungspunkt 0 durch Integration der Taylor-Reihe der Ableitung von arcsin.

22.4. Sei p eine natürliche Zahl mit $1 \leq p \leq n+1$. Man beweise für das Restglied R_{n+1} der Taylorschen Formel (Satz 1): Es gibt ein ξ zwischen a und x, so daß

$$R_{n+1}(x) = \frac{f^{(n+1)}(\xi)}{p \cdot n!}(x-\xi)^{n+1-p}(x-a)^p.$$

(Dies ist das sogenannte *Schlömilchsche Restglied.*)

22.5. Man beweise die Funktionalgleichung des Arcus-Tangens: Für $x, y \in \mathbb{R}$ mit $|\arctan x + \arctan y| < \frac{\pi}{2}$ gilt

$$\arctan x + \arctan y = \arctan \frac{x+y}{1-xy}.$$

Man folgere hieraus die „Machinsche Formel"

$$\frac{\pi}{4} = 4 \arctan \frac{1}{5} - \arctan \frac{1}{239}$$

und die Reihenentwicklung

$$\frac{\pi}{4} = \frac{4}{5}\sum_{k=0}^{\infty} \frac{(-1)^k}{2k+1}\left(\frac{1}{5}\right)^{2k} - \frac{1}{239}\sum_{k=0}^{\infty} \frac{(-1)^k}{2k+1}\left(\frac{1}{239}\right)^{2k}.$$

Welche Glieder muß man berücksichtigen, um π mit einer Genauigkeit von 10^{-12} zu berechnen?

§ 23. Fourier-Reihen

In diesem letzten Paragraphen behandeln wir die wichtigsten Tatsachen aus der Theorie der Fourier-Reihen. Es handelt sich dabei um die Entwicklung von periodischen Funktionen nach dem Funktionensystem $\cos kx$, $\sin kx$, $(k \in \mathbb{N})$. Im Unterschied zu den Taylor-Reihen, die im Innern ihres Konvergenzbereichs immer gegen eine unendlich oft differenzierbare Funktion konvergieren, können durch Fourier-Reihen z. B. auch periodische Funktionen dargestellt werden, die nur stückweise stetig differenzierbar sind und deren Ableitungen Sprungstellen haben.

Periodische Funktionen

Eine auf ganz $\mathbb{R}$ definierte reell- oder komplexwertige Funktion f heißt *periodisch* mit der Periode $L > 0$, falls

$$f(x + L) = f(x) \text{ für alle } x \in \mathbb{R}.$$

Es gilt dann natürlich auch $f(x + nL) = f(x)$ für alle $x \in \mathbb{R}$ und $n \in \mathbb{Z}$. Durch eine Variablen-Transformation kann man Funktionen mit der Periode L auf solche mit der Periode 2π zurückführen: Hat f die Periode L, so hat die Funktion F, definiert durch

$$F(x) := f\left(\frac{L}{2\pi} x\right)$$

die Periode 2π. Aus der Funktion F kann man f durch die Formel

$$f(x) = F\left(\frac{2\pi}{L} x\right)$$

wieder zurückgewinnen. Bei der Behandlung periodischer Funktionen kann man sich also auf den Fall der Periode 2π beschränken. Im folgenden verstehen wir unter periodischen Funktionen stets solche mit der Periode 2π.

Spezielle periodische Funktionen sind die *trigonometrischen Polynome.* Eine Funktion $f: \mathbb{R} \to \mathbb{R}$ heißt trigonometrisches Polynom der Ordnung n, falls sie sich schreiben läßt als

$$f(x) = \frac{a_0}{2} + \sum_{k=1}^{n} (a_k \cos kx + b_k \sin kx)$$

mit reellen Konstanten a_k, b_k. Diese Konstanten sind durch die Funktion f eindeutig bestimmt, denn es gilt

$$a_k = \frac{1}{\pi} \int_0^{2\pi} f(x) \cos kx \, dx \quad \text{für } k = 0, 1, \dots, n,$$

$$b_k = \frac{1}{\pi} \int_0^{2\pi} f(x) \sin kx \, dx \quad \text{für } k = 1, \dots, n.$$

Dies folgt daraus, daß

$$\int_0^{2\pi} \cos kx \sin lx \, dx = 0 \text{ für alle natürlichen Zahlen } k \text{ und } l,$$

$$\int_0^{2\pi} \cos kx \cos lx \, dx = \int_0^{2\pi} \sin kx \sin lx \, dx = 0 \text{ für } k \neq l,$$

$$\int_0^{2\pi} \cos^2 kx \, dx = \int_0^{2\pi} \sin^2 kx \, dx = \pi \text{ für alle } k \geq 1.$$

Es ist häufig zweckmäßig, auch komplexwertige trigonometrische Polynome zu betrachten, bei denen für die Konstanten a_k, b_k beliebige komplexe Zahlen zugelassen sind. Unter Verwendung der Formeln

$$\cos x = \frac{1}{2}(e^{ix} + e^{-ix}), \quad \sin x = \frac{1}{2i}(e^{ix} - e^{-ix})$$

läßt sich das oben angegebene trigonometrische Polynom f auch schreiben als

$$f(x) = \sum_{k=-n}^{n} c_k e^{ikx},$$

wobei $c_0 = \frac{a_0}{2}$ und

$$c_k = \tfrac{1}{2}(a_k - ib_k), \quad c_{-k} = \tfrac{1}{2}(a_k + ib_k) \text{ für } k \geq 1.$$

Um in diesem Fall die Koeffizienten c_k durch Integration aus der Funktion f zu erhalten, brauchen wir den Begriff des Integrals einer komplexwertigen Funktion. Seien $u, v: [a, b] \to \mathbb{R}$ reelle Funktionen. Dann heißt die komplexwertige Funktion $\varphi := u + iv: [a, b] \to \mathbb{C}$ integrierbar, falls u und v integrierbar sind und man setzt

$$\int_a^b (u(x) + iv(x)) \, dx := \int_a^b u(x) \, dx + i \int_a^b v(x) \, dx.$$

Speziell für die Funktion $\varphi(x) = e^{imx}$, $m \neq 0$, ergibt sich

$$\int_a^b e^{imx} \, dx = \frac{1}{im} e^{imx} \Big|_a^b,$$

also insbesondere

$$\int_0^{2\pi} e^{imx}\,dx = 0 \text{ für alle } m \in \mathbb{Z}\setminus\{0\}.$$

Damit erhält man für das trigonometrische Polynom $f(x) = \sum_{k=-n}^{n} c_k e^{ikx}$

$$c_k = \frac{1}{2\pi}\int_0^{2\pi} f(x)\,e^{-ikx}\,dx \text{ für } k = 0, \pm 1, \ldots, \pm n,$$

da $f(x)\,e^{-ikx} = \sum_{m=-n}^{n} c_m e^{i(m-k)x}$.

Definition. Sei f: $\mathbb{R} \to \mathbb{C}$ eine periodische, über das Intervall $[0, 2\pi]$ integrierbare Funktion. Dann heißen die Zahlen

$$c_k := \frac{1}{2\pi}\int_0^{2\pi} f(x)\,e^{-ikx}\,dx, \quad k \in \mathbb{Z},$$

die *Fourier-Koeffizienten* von f und die Reihe

$$\sum_{k=-\infty}^{\infty} c_k e^{ikx},$$

d. h. die Folge der Partialsummen

$$S_n(x) = \sum_{k=-n}^{n} c_k e^{ikx}, \quad n \in \mathbb{N},$$

heißt *Fourier-Reihe* von f.

Die Fourier-Reihe läßt sich auch in der Form

$$\frac{a_0}{2} + \sum_{k=0}^{\infty} (a_k \cos kx + b_k \sin kx)$$

schreiben, wobei

$$a_k = \frac{1}{\pi}\int_0^{2\pi} f(x) \cos kx\,dx,$$

$$b_k = \frac{1}{\pi}\int_0^{2\pi} f(x) \sin kx\,dx.$$

Die oben abgeleiteten Formeln für trigonometrische Polynome legen die Vermutung nahe, daß die Fourier-Reihe einer Funktion gegen die Funktion konvergiert. Folgendes läßt sich leicht feststellen: Wenn die Funktion f sich überhaupt in der Gestalt

$$f(x) = \sum_{k=-\infty}^{\infty} \gamma_k e^{ikx}$$

bei gleichmäßig konvergenter Reihe darstellen läßt, dann muß diese Reihe die Fourier-Reihe von f sein. Weil nämlich gleichmäßige Konvergenz vorliegt, kann man bei der Berechnung der Fourier-Koeffizienten Integration und Limesbildung vertauschen und man erhält

$$c_k = \frac{1}{2\pi} \int_0^{2\pi} \left(\sum_{m=-\infty}^{\infty} \gamma_m e^{imx} \right) e^{-ikx}\, dx$$

$$= \frac{1}{2\pi} \sum_{m=-\infty}^{\infty} \int_0^{2\pi} \gamma_m e^{i(m-k)x}\, dx = \gamma_k .$$

Im allgemeinen konvergiert jedoch die Fourier-Reihe von f weder gleichmäßig noch punktweise gegen f. Den Fourier-Reihen ist ein anderer Konvergenzbegriff besser angepaßt, die Konvergenz im quadratischen Mittel. Um diesen Begriff einzuführen, treffen wir zunächst einige Vorbereitungen.

Skalarprodukt für periodische Funktionen

Im Vektorraum V aller periodischen Funktionen $f\colon \mathbb{R} \to \mathbb{C}$, die über das Intervall $[0, 2\pi]$ Riemann-integrierbar sind, führen wir ein Skalarprodukt ein durch die Formel

$$\langle f, g\rangle := \frac{1}{2\pi} \int_0^{2\pi} \overline{f(x)}\, g(x)\, dx \quad \text{für } f, g \in V.$$

Folgende Eigenschaften sind leicht nachzuprüfen ($f, g, h \in V$, $\lambda \in \mathbb{C}$):

a) $\langle f + g, h\rangle = \langle f, h\rangle + \langle g, h\rangle$,

b) $\langle f, g + h\rangle = \langle f, g\rangle + \langle f, h\rangle$,

c) $\langle \lambda f, g\rangle = \overline{\lambda}\langle f, g\rangle$,

d) $\langle f, \lambda g\rangle = \lambda \langle f, g\rangle$,

e) $\langle f, g\rangle = \overline{\langle g, f\rangle}$.

Für jedes $f \in V$ gilt

$$\langle f, f\rangle = \frac{1}{2\pi} \int_0^{2\pi} |f(x)|^2\, dx \geq 0.$$

Aus $\langle f, f\rangle = 0$ kann man jedoch i. a. nicht schließen, daß $f = 0$. Ist z. B. f im Intervall $[0, 2\pi]$ nur an endlich vielen Stellen von Null verschieden, so gilt $\langle f, f\rangle = 0$. Für stetiges $f \in V$ folgt jedoch aus $\langle f, f\rangle = 0$, daß $f = 0$.
Man setzt $\|f\|_2 := \sqrt{\langle f, f\rangle}$.
Für diese Norm gilt die Dreiecksungleichung

$$\|f + g\|_2 \leq \|f\|_2 + \|g\|_2, \quad \text{vgl. (18.5)}.$$

Definiert man die Funktionen $e_k : \mathbb{R} \to \mathbb{C}$ durch

$$e_k(x) := e^{ikx},$$

so lassen sich die Fourier-Koeffizienten einer Funktion $f \in V$ einfach schreiben als

$$c_k = \langle e_k, f\rangle, \quad k \in \mathbb{Z}.$$

Die Funktionen e_k haben die Eigenschaft

$$\langle e_k, e_l\rangle = \delta_{kl} = \begin{cases} 0, & \text{falls } k \neq l, \\ 1, & \text{falls } k = l, \end{cases}$$

sie bilden also ein *Orthonormalsystem.*

Hilfssatz 1. *Die Funktion* $f \in V$ *habe die Fourier-Koeffizienten* $c_k, k \in \mathbb{Z}$. *Dann gilt für alle* $n \in \mathbb{N}$

$$\|f - \sum_{k=-n}^{n} c_k e_k\|_2^2 = \|f\|_2^2 - \sum_{k=-n}^{n} |c_k|^2.$$

Beweis. Wir setzen $g := \sum_{k=-n}^{n} c_k e_k$. Dann gilt

$$\langle f, g\rangle = \sum_{k=-n}^{n} c_k \langle f, e_k\rangle = \sum_{k=-n}^{n} c_k \bar{c}_k = \sum_{k=-n}^{n} |c_k|^2$$

und $\langle e_k, g\rangle = c_k$, also

$$\langle g, g\rangle = \sum_{k=-n}^{n} \bar{c}_k \langle e_k, g\rangle = \sum_{k=-n}^{n} |c_k|^2.$$

Daraus folgt

$$\|f - g\|_2^2 = \langle f - g, f - g\rangle = \langle f, f\rangle - \langle f, g\rangle - \langle g, f\rangle + \langle g, g\rangle$$

$$= \|f\|_2^2 - \sum_{k=-n}^{n} |c_k|^2 - \sum_{k=-n}^{n} |c_k|^2 + \sum_{k=-n}^{n} |c_k|^2$$

$$= \|f\|_2^2 - \sum_{k=-n}^{n} |c_k|^2, \quad \text{q.e.d.}$$

Satz 1 (Besselsche Ungleichung). *Sei* f: $\mathbb{R} \to \mathbb{C}$ *eine periodische, über das Intervall* $[0, 2\pi]$ *Riemann-integrierbare Funktion mit den Fourier-Koeffizienten* c_k. *Dann gilt*

$$\sum_{k=-\infty}^{\infty} |c_k|^2 \leq \frac{1}{2\pi} \int_0^{2\pi} |f(x)|^2 dx.$$

Beweis. Aus Hilfssatz 1 folgt

$$\sum_{k=-n}^{n} |c_k|^2 \leq \|f\|_2^2$$

für alle $n \in \mathbb{N}$. Durch Grenzübergang ergibt sich die Behauptung.

Definition. Seien f: $\mathbb{R} \to \mathbb{C}$ und $f_n: \mathbb{R} \to \mathbb{C}$, $n \in \mathbb{N}$, periodische, über das Intervall $[0, 2\pi]$ Riemann-integrierbare Funktionen. Man sagt, die Folge (f_n) konvergiere im *quadratischen Mittel* gegen f, falls

$$\lim_{n \to \infty} \|f - f_n\|_2 = 0,$$

d. h. wenn das quadratische Mittel der Abweichung zwischen f und f_n, nämlich

$$\frac{1}{2\pi} \int_0^{2\pi} |f(x) - f_n(x)|^2 dx$$

für $n \to \infty$ gegen 0 konvergiert.

Man sieht unmittelbar: Konvergiert die Folge (f_n) gleichmäßig gegen f, so auch im quadratischen Mittel. Die Umkehrung gilt aber nicht. Eine im quadratischen Mittel konvergente Funktionenfolge braucht nicht einmal punktweise zu konvergieren.

Bemerkung. Der Hilfssatz 1 sagt, daß die Fourier-Reihe von f genau dann im quadratischen Mittel gegen f konvergiert, wenn

$$\sum_{k=-\infty}^{\infty} |c_k|^2 = \|f\|_2^2,$$

d. h. wenn die Besselsche Ungleichung zu einer Gleichung wird. Das Bestehen dieser Gleichung bezeichnet man auch als *Vollständigkeitsrelation.*

Hilfssatz 2. *Sei* f: $\mathbb{R} \to \mathbb{R}$ *eine periodische Funktion, so daß* $f|[0, 2\pi]$ *eine Treppenfunktion ist. Dann konvergiert die Fourier-Reihe von* f *im quadratischen Mittel gegen* f.

Beweis

a) Wir behandeln zunächst den speziellen Fall, daß für f gilt

$$f(x) = \begin{cases} 1 \text{ für } 0 \leq x < a, \\ 0 \text{ für } a \leq x < 2\pi, \end{cases}$$

wobei a ein Punkt im Intervall $[0, 2\pi]$ ist. Die Fourier-Koeffizienten c_k dieser Funktion lauten

$$c_0 = \frac{a}{2\pi},$$

$$c_k = \frac{1}{2\pi}\int_0^a e^{-ikx}\,dx = \frac{i}{2\pi k}(e^{-ika} - 1) \text{ für } k \neq 0.$$

Für $k \neq 0$ gilt

$$|c_k|^2 = \frac{1}{4\pi^2 k^2}(1 - e^{ika})(1 - e^{-ika}) = \frac{1 - \cos ka}{2\pi^2 k^2},$$

also

$$\sum_{k=-\infty}^{\infty} |c_k|^2 = \frac{a^2}{4\pi^2} + \sum_{k=1}^{\infty} \frac{1 - \cos ka}{\pi^2 k^2}$$

$$= \frac{a^2}{4\pi^2} + \frac{1}{\pi^2}\sum_{k=1}^{\infty}\frac{1}{k^2} - \frac{1}{\pi^2}\sum_{k=1}^{\infty}\frac{\cos ka}{k^2}$$

$$= \frac{a^2}{4\pi^2} + \frac{1}{6} - \frac{1}{\pi^2}\left(\frac{(\pi - a)^2}{4} - \frac{\pi^2}{12}\right) = \frac{a}{2\pi},$$

wobei (21.8) benützt wurde. Es gilt deshalb

$$\sum_{k=-\infty}^{\infty} |c_k|^2 = \frac{a}{2\pi} = \frac{1}{2\pi}\int_0^{2\pi} |f(x)|^2\,dx = \|f\|_2^2.$$

Nach Hilfssatz 1 folgt daraus die Konvergenz der Fourier-Reihe im quadratischen Mittel.

b) Ist $f\,|\,[0, 2\pi]$ eine beliebige Treppenfunktion, so gibt es Funktionen $f_1, \dots, f_r$ der in a) beschriebenen speziellen Gestalt und Konstanten $\gamma_1, \dots, \gamma_r$, so daß

$$f(x) = \sum_{j=1}^{r} \gamma_j f_j(x)$$

für alle $x \in \mathbb{R}$ mit evtl. Ausnahme der Sprungstellen. Sind S_n bzw. S_{jn} die n-ten Partialsummen der Fourier-Reihen von f bzw. f_j, so gilt

$$S_n = \sum_{j=1}^{r} \gamma_j S_{jn},$$

also

$$\|f - S_n\|_2 = \|\sum_{j=1}^{r} \gamma_j (f_j - S_{jn})\|_2 \le \sum_{j=1}^{r} |\gamma_j| \, \|f_j - S_{jn}\|_2 .$$

Nach Teil a) konvergiert dies für $n \to \infty$ gegen 0.

Satz 2. Sei $f: \mathbb{R} \to \mathbb{C}$ *eine periodische Funktion, so daß* $f|[0, 2\pi]$ *Riemann-integrierbar ist. Dann konvergiert die Fourier-Reihe von* f *im quadratischen Mittel gegen* f. *Sind* c_k *die Fourier-Koeffizienten von* f, *so gilt die Vollständigkeitsrelation*

$$\sum_{k=-\infty}^{\infty} |c_k|^2 = \frac{1}{2\pi} \int_0^{2\pi} |f(x)|^2 \, dx.$$

Beweis. Es genügt den Fall zu behandeln, daß f reellwertig ist und der Abschätzung $|f(x)| \le 1$ für alle $x \in \mathbb{R}$ genügt.

Sei $\epsilon > 0$ vorgegeben. Dann gibt es periodische Funktionen $\varphi, \psi: \mathbb{R} \to \mathbb{R}$ mit folgenden Eigenschaften:

a) $\varphi|[0, 2\pi]$ und $\psi|[0, 2\pi]$ sind Treppenfunktionen,

b) $-1 \le \varphi \le f \le \psi \le 1$,

c) $\displaystyle\int_0^{2\pi} (\psi(x) - \varphi(x)) \, dx \le \frac{\pi}{4} \epsilon^2 .$

Wir setzen $g := f - \varphi$. Dann gilt

$$|g|^2 \le |\psi - \varphi|^2 \le 2(\psi - \varphi),$$

also

$$\frac{1}{2\pi} \int_0^{2\pi} |g(x)|^2 \, dx \le \frac{1}{\pi} \int_0^{2\pi} (\psi(x) - \varphi(x)) \, dx \le \frac{\epsilon^2}{4} .$$

Es seien $S_{f,n}$, $S_{\varphi,n}$ bzw. $S_{g,n}$ die n-ten Partialsummen der Fourier-Reihen von f, φ bzw. g. Dann ist

$$S_{f,n} = S_{\varphi,n} + S_{g,n} .$$

Nach Hilfssatz 2 gibt es ein N, so daß

$$\|\varphi - S_{\varphi,n}\|_2 \le \frac{\epsilon}{2} \quad \text{für alle } n \ge N.$$

Für alle n gilt nach Hilfssatz 1

$$\|g - S_{g,n}\|_2^2 \le \|g\|_2^2 \le \frac{\epsilon^2}{4} .$$

Daher gilt für alle $n \geq N$

$$\|f - S_{f,n}\|_2 \leq \|\varphi - S_{\varphi,n}\|_2 + \|g - S_{g,n}\|_2 \leq \frac{\epsilon}{2} + \frac{\epsilon}{2} = \epsilon,$$

die Fourier-Reihe konvergiert also im quadratischen Mittel gegen f. Wie schon bemerkt, folgt daraus, daß aus der Besselschen Ungleichung eine Gleichung wird.

Beispiele

(23.1) Wir betrachten die periodische Funktion $f: \mathbb{R} \to \mathbb{R}$ mit

$$f(x) := \begin{cases} 1 & \text{für } 0 \leq x < \pi, \\ -1 & \text{für } \pi \leq x < 2\pi. \end{cases}$$

Die Berechnung der Fourier-Koeffizienten ergibt

$$c_0 = \frac{1}{2\pi} \int_0^{2\pi} f(x)\,dx = 0$$

und für $k \neq 0$

$$c_k = \frac{1}{2\pi} \left(\int_0^{\pi} e^{-ikx} dx - \int_{\pi}^{2\pi} e^{-ikx} dx \right)$$

$$= \frac{i}{2\pi k} \left(e^{-ikx} \Big|_0^{\pi} - e^{-ikx} \Big|_{\pi}^{2\pi} \right) = \frac{i}{2\pi k} (2e^{-ik\pi} - 2).$$

Also ist

$$c_k = \begin{cases} 0, & \text{falls } k \text{ gerade}, \\ \frac{2}{i\pi k}, & \text{falls } k \text{ ungerade}. \end{cases}$$

Die Fourier-Reihe von f lautet daher

$$\frac{2}{i\pi} \sum_{n=0}^{\infty} \frac{1}{2n+1} (e^{i(2n+1)x} - e^{-i(2n+1)x}) = \frac{4}{\pi} \sum_{n=0}^{\infty} \frac{\sin(2n+1)x}{2n+1}.$$

In Bild 43 sind die ersten Partialsummen dieser Reihe dargestellt.

(23.2) Wir haben in (21.8) hergeleitet, daß für $0 \leq x \leq 2\pi$ gilt

$$\frac{(\pi - x)^2}{4} = \frac{\pi^2}{12} + \sum_{k=1}^{\infty} \frac{\cos kx}{k^2} = \frac{\pi^2}{12} + \sum_{k=1}^{\infty} \frac{1}{2k^2} (e^{ikx} + e^{-ikx}).$$

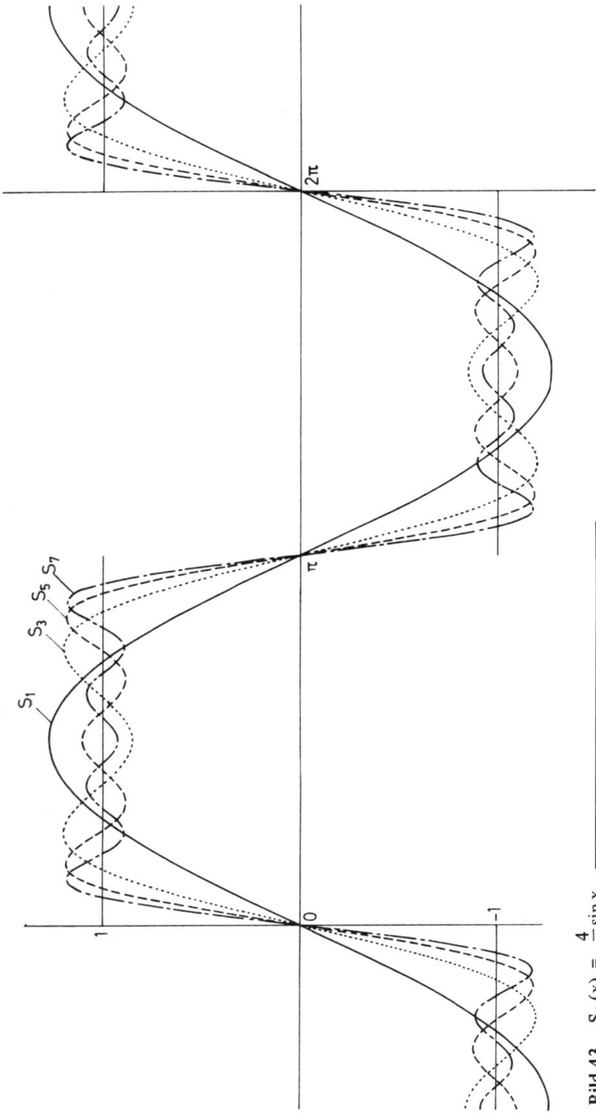

Bild 43 $S_1(x) = \frac{4}{\pi}\sin x$ ————————

$S_3(x) = \frac{4}{\pi}\left(\sin x + \frac{\sin 3x}{3}\right)$ ··················

$S_5(x) = \frac{4}{\pi}\left(\sin x + \frac{\sin 3x}{3} + \frac{\sin 5x}{5}\right)$ – – – – – – – –

$S_7(x) = \frac{4}{\pi}\left(\sin x + \frac{\sin 3x}{3} + \frac{\sin 5x}{5} + \frac{\sin 7x}{7}\right)$ —·—·—·—

Die Reihe konvergiert gleichmäßig, stellt also die Fourier-Reihe derjenigen periodischen Funktion $f: \mathbb{R} \to \mathbb{R}$ dar, die für $x \in [0, 2\pi]$ mit $(\pi - x)^2/4$ übereinstimmt, vgl. Bild 44.

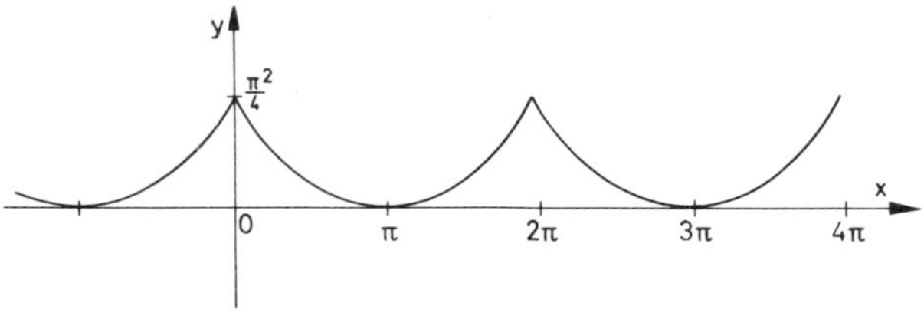

Bild 44. Die periodisch fortgesetzte Funktion $y = \frac{(\pi - x)^2}{4}$, $0 \leq x \leq 2\pi$

Die Vollständigkeitsrelation liefert

$$\frac{\pi^4}{144} + 2 \sum_{k=1}^{\infty} \frac{1}{4k^4} = \frac{1}{2\pi} \int_0^{2\pi} \frac{(\pi - x)^4}{16} \, dx = \frac{\pi^4}{80},$$

also

$$\sum_{k=1}^{\infty} \frac{1}{k^4} = \frac{\pi^4}{90},$$

womit der Beweis für die bereits in (21.6) benützte Formel nachgeholt ist.

Satz 3. *Es sei* $f: \mathbb{R} \to \mathbb{R}$ *eine stetige periodische Funktion, die stückweise stetig differenzierbar ist, d. h. es gebe eine Unterteilung*

$$0 = t_0 < t_1 < \ldots < t_r = 2\pi$$

von $[0, 2\pi]$, *so daß* $f | [t_{j-1}, t_j]$ *für* $j = 1, \ldots, r$ *stetig differenzierbar ist. Dann konvergiert die Fourierreihe von* f *gleichmäßig gegen* f.

Beweis. Es sei $\varphi_j: [t_{j-1}, t_j] \to \mathbb{R}$ die stetige Ableitung von $f | [t_{j-1}, t_j]$ und $\varphi: \mathbb{R} \to \mathbb{R}$ diejenige periodische Funktion, die auf $[t_{j-1}, t_j[$ mit φ_j übereinstimmt. Für die Fourier-Koeffizienten γ_k der Funktion φ gilt nach der Besselschen Ungleichung

$$\sum_{k=-\infty}^{\infty} |\gamma_k|^2 \leq \|\varphi\|_2^2 < \infty.$$

Für $k \neq 0$ lassen sich die Fourier-Koeffizienten c_k von f wie folgt durch partielle Integration aus den Fourier-Koeffizienten von φ gewinnen:

$$\int_{t_{j-1}}^{t_j} f(x)\, e^{-ikx} dx = \int_{t_{j-1}}^{t_j} f(x) \cos kx\, dx - i \int_{t_{j-1}}^{t_j} f(x) \sin kx\, dx$$

$$= \frac{1}{k}\left(f(x) \sin kx \Big|_{t_{j-1}}^{t_j} - \int_{t_{j-1}}^{t_j} \varphi_j(x) \sin kx\, dx \right)$$

$$+ \frac{i}{k}\left(f(x) \cos kx \Big|_{t_{j-1}}^{t_j} - \int_{t_{j-1}}^{t_j} \varphi_j(x) \cos kx\, dx \right)$$

$$= \frac{i}{k}\left(f(x)\, e^{-ikx} \Big|_{t_{j-1}}^{t_j} - \int_{t_{j-1}}^{t_j} \varphi(x)\, e^{-ikx} dx \right),$$

also

$$c_k = \frac{1}{2\pi} \int_0^{2\pi} f(x)\, e^{-ikx} dx = \frac{1}{2\pi} \sum_{j=1}^{r} \int_{t_{j-1}}^{t_j} f(x)\, e^{-ikx} dx$$

$$= \frac{-i}{2\pi k} \int_0^{2\pi} \varphi(x)\, e^{-ikx} dx = \frac{-i\gamma_k}{k}.$$

Da für alle $\alpha, \beta \in \mathbb{C}$ gilt $|\alpha\beta| \leq \frac{1}{2}(|\alpha|^2 + |\beta|^2)$, ist

$$|c_k| \leq \frac{1}{2}\left(\frac{1}{|k|^2} + |\gamma_k|^2 \right).$$

Weil $\sum_{k=1}^{\infty} \frac{1}{k^2}$ und $\sum_{k=-\infty}^{\infty} |\gamma_k|^2$ konvergent sind, folgt

$$\sum_{k=-\infty}^{\infty} |c_k| < \infty.$$

Die Fourier-Reihe $\sum_{k=-\infty}^{\infty} c_k e^{ikx}$ von f konvergiert also absolut und gleichmäßig gegen eine (nach § 21, Satz 1) stetige Funktion g. Somit konvergiert die Fourier-Reihe im quadratischen Mittel sowohl gegen f als auch g, woraus folgt

$$\|f - g\|_2 = 0.$$

Da f und g stetig sind, folgt daraus, daß f und g übereinstimmen. Satz 3 ist damit bewiesen.

Aufgaben

23.1. Man berechne die Fourier-Reihe der periodischen Funktion $f: \mathbb{R} \to \mathbb{R}$ mit

$$f(x) = |x| \text{ für } -\pi \leq x \leq \pi.$$

23.2. Man berechne die Fourier-Reihe der Funktion $f(x) = |\sin x|$.

23.3. Man beweise: Ist $f: \mathbb{R} \to \mathbb{R}$ eine gerade (bzw. ungerade) periodische Funktion, so hat die Fourier-Reihe von f die Gestalt

$$\frac{a_0}{2} + \sum_{k=1}^{\infty} a_k \cos kx \quad \text{bzw.} \quad \sum_{k=1}^{\infty} b_k \sin kx.$$

23.4. a) Man zeige: Jede stetige periodische Funktion $f: \mathbb{R} \to \mathbb{R}$ läßt sich gleichmäßig durch stetige, stückweise lineare periodische Funktionen approximieren. Dabei heißt eine stetige periodische Funktion $\varphi: \mathbb{R} \to \mathbb{R}$ stückweise linear, wenn es eine Unterteilung

$$0 = t_0 < t_1 < \ldots < t_r = 2\pi$$

von $[0, 2\pi]$ und Konstanten α_j, β_j gibt, so daß für $j = 1, \ldots, r$ gilt

$$\varphi(x) = \alpha_j x + \beta_j \quad \text{für} \quad t_{j-1} \leq x \leq t_j.$$

b) Man beweise mit Teil a) und Satz 3, daß sich jede stetige periodische Funktion $f: \mathbb{R} \to \mathbb{C}$ gleichmäßig durch trigonometrische Polynome approximieren läßt (Weierstraßscher Approximationssatz für periodische Funktionen).

23.5. Man beweise: Jede stetige Funktion $f: [0, 1] \to \mathbb{C}$ läßt sich gleichmäßig durch Polynome approximieren (Weierstraßscher Approximationssatz).

Anleitung: Man konstruiere eine stetige periodische Funktion $F: \mathbb{R} \to \mathbb{C}$ mit $F|[0, 1] = f$, approximiere F nach 23.4b durch trigonometrische Polynome und entwickle diese in ihre Taylor-Reihe.

23.6. Man beweise die Formel

$$\sum_{k=1}^{\infty} \frac{1}{k^6} = \frac{\pi^6}{945}.$$

Zusammenstellung der Axiome der reellen Zahlen

<table>
<tr><td colspan="2">Körperaxiome: Es sind zwei Verknüpfungen (Addition und Multiplikation) definiert, so daß folgende Axiome erfüllt sind.</td><td rowspan="3">Körper</td><td rowspan="7">angeordneter Körper</td><td rowspan="8">archimedisch angeordneter Körper</td><td rowspan="9">vollständiger archimedisch angeordneter Körper</td></tr>
<tr><td>Axiome der Addition
Assoziativgesetz
Kommutativgesetz
Existenz der Null
Existenz des Negativen</td><td>Axiome der Multiplikation
Assoziativgesetz
Kommutativgesetz
Existenz der Eins ($\neq 0$)
Existenz des Inversen
(zu Elementen $\neq 0$)</td></tr>
<tr><td colspan="2">Distributivgesetz</td></tr>
<tr><td colspan="2">Anordnungsaxiome: Es sind gewisse Elemente als positiv ausgezeichnet ($x > 0$), so daß folgende Axiome erfüllt sind.</td></tr>
<tr><td colspan="2">Für jedes Element x gilt genau eine der Beziehungen
$x > 0, \; x = 0, \; -x > 0$</td></tr>
<tr><td colspan="2">$x > 0 \;\&\; y > 0 \Rightarrow x + y > 0$</td></tr>
<tr><td colspan="2">$x > 0 \;\&\; y > 0 \Rightarrow xy > 0$</td></tr>
<tr><td colspan="2">Archimedisches Axiom: Zu $x > 0$, $y > 0$ existiert eine natürliche Zahl n mit $nx > y$.</td></tr>
<tr><td colspan="2">Vollständigkeitsaxiom: Jede Cauchy-Folge konvergiert.</td></tr>
</table>

Bemerkung: In vielen Lehrbüchern wird das sog. Dedekindsche Schnittaxiom verwendet. Dieses ist gleichwertig mit dem Archimedischen und dem Vollständigkeits-Axiom und kann deshalb anstelle dieser beiden Axiome verwendet werden. Ebenfalls gleichwertig mit dem Archimedischen und Vollständigkeits-Axiom ist der Satz, daß jede nicht-leere, nach oben beschränkte Menge von reellen Zahlen eine kleinste obere Schranke besitzt (§ 9, Satz 3). Also kann man auch diesen Satz statt der beiden Axiome selbst als Axiom verwenden.

Literaturhinweise

Einige Lehrbücher der Analysis:

[1] *M. Barner* und *F. Flohr:* Analysis I. De Gruyter 1974.

[2] *R. Courant:* Vorlesungen über Differential- und Integralrechnung. Springer, 4. Aufl. 1971.

[3] *J. Dieudonné:* Foundations of modern analysis. Academic Press 1960. Dtsch. Übersetzung: Grundzüge der modernen Analysis. Vieweg 1971.

[4] *F. Erwe:* Differential- und Integralrechnung I, II. B. I. Mannheim 1962.

[5] *H. Grauert* und *I. Lieb:* Differential- und Integralrechnung I. Springer 1967.

[6] *S. Lang:* Analysis I. Addison-Wesley 1969.

[7] *W. Maak:* Differential- und Integralrechnung. Vandenhoeck und Rupprecht 1960.

Das Buch von Courant ist besonders wegen seiner vielen physikalischen Beispiele interessant. Das Buch von Dieudonné behandelt die Analysis von einem höheren, abstrakten Standpunkt aus.

Literatur zu den Grundlagen der Analysis:

[8] *D. Hilbert:* Grundlagen der Geometrie. Teubner. 10. Aufl. 1968.

[9] *E. Landau:* Grundlagen der Analysis. Nachdruck Chelsea 1965.

[10] *A. Oberschelp:* Aufbau des Zahlensystems. Vandenhoeck und Rupprecht 1968.

Für die benötigten Begriffe und Tatsachen aus der Linearen Algebra verweisen wir auf

[11] *G. Fischer:* Lineare Algebra. Vieweg. 7. Aufl. 1981.

Namens- und Sachverzeichnis

Otto Forster wurde am 8. Juli 1937 in München geboren. Nach einem Studium der Mathematik und Physik promovierte er 1961 an der Universität München und wurde 1965 dort Privatdozent. 1968 übernahm er einen Lehrstuhl für Mathematik an der Universität Regensburg, 1975 wurde er an die Universität Münster berufen. Seit 1982 ist er Professor am Mathematischen Institut der Universität München. Er war zu Studienaufenthalten am Institute for Advanced Study in Princeton, N.J. und verschiedenen ausländischen Universitäten. Sein Hauptarbeitsgebiet ist die Komplexe Analysis mehrerer Veränderlichen.

Symbolverzeichnis

$\mathbb{N} = \{0, 1, 2, 3, \ldots\}$ = Menge der natürlichen Zahlen

$\mathbb{Z} = \{0, \pm 1, \pm 2, \ldots\}$ = Menge der ganzen Zahlen

$\mathbb{Q} = \{\frac{p}{q} : p, q \in \mathbb{Z}, q \neq 0\}$ = Körper der rationalen Zahlen

$\mathbb{R}$ = Körper der reellen Zahlen

$\mathbb{R}^*$ = Menge der reellen Zahlen $\neq 0$

$\mathbb{R}_+$ = Menge der reellen Zahlen ≥ 0

$\mathbb{R}_+^*$ = Menge der reellen Zahlen > 0

$\mathbb{C}$ = Körper der komplexen Zahlen

$\mathbb{F}_2$ = Körper mit zwei Elementen 13

$[a, b]$, $[a, b[$, $]a, b]$, $]a, b[$ Intervalle 51

$T[a, b]$ = Menge der Treppenfunktionen auf $[a, b]$ 125

$[x]$ = entier(x) Entier-Funktion 17

$\|x\|_p$ p-Norm für Vektoren 114

$\|f\|_p$ p-Norm für Funktionen 138

$\|f\|_K$ Supremums-Norm 165

f_+, f_- positiver (negativer) Anteil einer Funktion 132

f'_+, f'_- rechtsseitige (linksseitige) Ableitung 102

$f \mid A$ Beschränkung einer Abbildung $f: X \to Y$ auf eine Teilmenge $A \subset X$

Die üblichen Bezeichnungen aus der Mengenlehre werden als bekannt vorausgesetzt, siehe etwa [11], Abschnitt 1.1.

Inhaltsverzeichnis

Analysis 2

Analysis 3